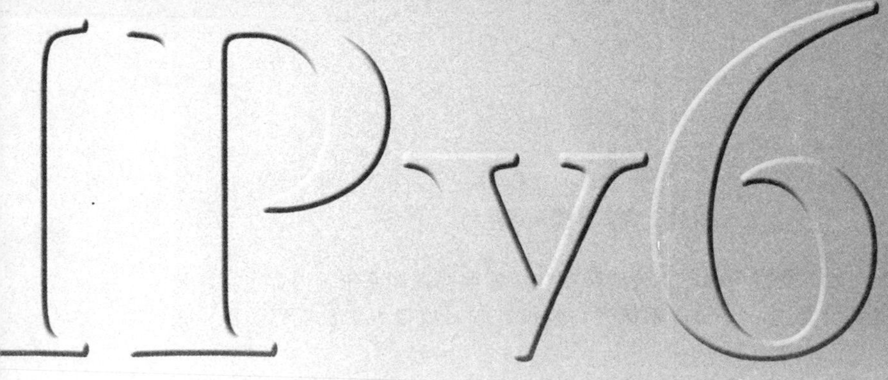

奥林匹克公园

基于IPv6的数字化照明网络控制系统

段旺　马世龙　暴伟　陈峰　等 著

中国水利水电出版社
www.waterpub.com.cn

内　容　提　要

本书系统介绍了北京奥林匹克公园数字化智能照明控制系统。内容包括：绪论，照明控制系统概述，IPv6 技术概述，建设需求，项目方案，工程实施，系统运行，工程特色，总结。

本书所介绍的北京奥林匹克公园数字化智能照明控制系统，技术先进，自动化程度高，可为城市大规模照明系统设计提供范例。

图书在版编目（CIP）数据

奥林匹克公园基于IPv6的数字化照明网络控制系统 / 段旺等著. -- 北京 : 中国水利水电出版社, 2012.4
ISBN 978-7-5084-9676-4

Ⅰ. ①奥… Ⅱ. ①段… Ⅲ. ①照明—智能控制—自动控制系统 Ⅳ. ①TU113.6

中国版本图书馆CIP数据核字(2012)第074377号

书　　名	**奥林匹克公园基于 IPv6 的数字化照明网络控制系统**
作　　者	段旺　马世龙　暴伟　陈峰　等 著
出版发行	中国水利水电出版社 （北京市海淀区玉渊潭南路 1 号 D 座　100038） 网址：www.waterpub.com.cn E-mail：sales@waterpub.com.cn 电话：(010) 68367658（发行部）
经　　售	北京科水图书销售中心（零售） 电话：(010) 88383994、63202643、68545874 全国各地新华书店和相关出版物销售网点
排　　版	中国水利水电出版社微机排版中心
印　　刷	三河市鑫金马印装有限公司
规　　格	170mm×240mm　16 开本　14.25 印张　272 千字
版　　次	2012 年 4 月第 1 版　2012 年 4 月第 1 次印刷
印　　数	0001—3000 册
定　　价	**35.00** 元

本书编委会

主　编　段　旺　马世龙　暴　伟　陈　峰

副主编　荣晓慧　郭皓明　邓　攀　刘允桢　武群惠

编　委　冯永忠　田　忠　刘　海　梁　峰　宗复芃

前言

景观照明系统是北京奥林匹克公园中心区建设内容的重要组成部分，也是城市重要基础设施。北京奥林匹克公园中心区景观照明的IPv6数字化网络控制系统通过将IPv6技术、物联网技术和大规模设备协同技术有机融合，构建新一代数字化智能照明控制系统。该系统第一次在奥林匹克运动会实现多达97hm^{2}的大规模区域照明，第一次在大规模区域实现基于IPv6的数字化照明的网络管理，第一次实现多达2万多部的大规模照明设备协同工作，是国内早期的物联网应用案例。系统主要研究内容包括以下几个方面。

(1) 基于IPv6的大规模设备协同平台，包括：提出了设备协同平台体系结构、设备模型及设备能力模型、异构设备统一通信协议，解决大规模异构设备的抽象描述与统一接入等问题。

(2) 区域景观艺术照明支撑系统，包括：提出了照明设备协同流程建模语言、照明协同流程安全执行机制等，解决了景观艺术照明设计方案描述、景观艺术照明任务有效实施和景观艺术照明流程的安全保障等问题。

(3) 区域景观绿色照明支撑系统，包括：提出了照明设备资源选择机制、照明设备能耗模型及节能分析方法等，解决了区域景观照明的节能问题。

这些研究成果成功应用于2008年北京奥林匹克公园中心区景观照明的IPv6数字化网络控制系统中，实现了18000只普通照明灯具、2500只LED灯的控制和管理，与传统控制方式相比，节能约20%。

本书适合不同层次的读者阅读，读者可以自己寻找阅读点。希望了解设备控制与IPv6技术应用的读者可以重点阅读第2、第3章；希望从整体角度了解城市建设中物联网技术应用发展的读者可以重点阅读第4、第5章；对基于IPv6的大规模设备网络控制系统具体技术感兴趣的读者可以重点阅读第5章及后续章节的内容。

在此，感谢北京市“2008”工程建设指挥部办公室、北京市建筑设计研究院、中国建筑业协会智能建筑分会、松下电工（中国）有限公司、中国电信集团系统集成有限责任公司、北京欧伏电气设备有限公司、中建电子工程有限责任公司在项目的科研、设计、施工等方面给予的帮助。

由于IPv6技术较为前沿，加之作者水平有限，时间较紧，书中难免存在不足，恳请读者批评指正，同时欢迎读者与我们联系沟通。

作者

2012年1月

目　　录

前言

第 1 章　绪论 …… 1

1.1　北京奥林匹克公园中心区照明概况 …… 1

1.2　景观照明控制系统特点 …… 2

1.3　建设目标与任务 …… 2

1.4　解决的主要问题 …… 3

1.5　关键技术 …… 4

第 2 章　照明控制系统概述 …… 6

2.1　总线式控制系统 …… 6

2.2　传统智能控制系统 …… 7

2.2.1　智能照明的意义 …… 7

2.2.2　智能照明控制手段 …… 8

2.3　典型智能照明控制系统及应用 …… 8

第 3 章　IPv6 技术概述 …… 11

3.1　IPv4 照明控制 …… 11

3.2　IPv6 技术内涵 …… 11

3.2.1　IPv6 报头格式 …… 11

3.2.2　IPv6 地址结构 …… 13

3.3　IPv6 技术发展 …… 14

3.4　IPv6 应用分析 …… 16

3.4.1　简化的报头和灵活的扩展 …… 16

3.4.2　层次化的地址结构 …… 16

3.4.3　低延时 …… 18

3.4.4　即插即用的联网方式 …… 18

3.4.5　网络层的认证与加密 …… 19

3.4.6　服务质量的满足 …… 20

3.5　工作基础和条件 …… 21

第 4 章　建设需求 ………………………………………… 23
4.1　网络互联方案 ………………………………………… 23
4.1.1　数据流量需求 ………………………………………… 23
4.1.2　可靠性需求 ………………………………………… 24
4.1.3　QoS 需求 ………………………………………… 25
4.1.4　网络管理需求 ………………………………………… 26
4.1.5　视频终端需求 ………………………………………… 27
4.2　软件平台需求分析 ………………………………………… 27
4.2.1　照明状态监测 ………………………………………… 28
4.2.2　艺术照明设计 ………………………………………… 28
4.2.3　现场场景展示 ………………………………………… 29
4.2.4　运营分析 ………………………………………… 29
第 5 章　项目方案 ………………………………………… 30
5.1　基础网络方案 ………………………………………… 30
5.1.1　建设原则 ………………………………………… 30
5.1.2　网络拓扑设计 ………………………………………… 31
5.1.3　网络总体及 VLAN 设计 ………………………………………… 36
5.1.4　网管网段 VRRP 设计 ………………………………………… 37
5.1.5　路由设计 ………………………………………… 43
5.2　中心控制软件平台 ………………………………………… 44
5.2.1　照明设备统一访问平台 ………………………………………… 44
5.2.2　现场场景展示系统 ………………………………………… 54
5.2.3　运营分析系统 ………………………………………… 67
5.2.4　照明设备监控系统 ………………………………………… 71
5.2.5　照明日程管理系统 ………………………………………… 83
5.3　系统安全保障方案 ………………………………………… 95
5.3.1　访问控制 ………………………………………… 95
5.3.2　数据加密 ………………………………………… 97
5.3.3　日志机制 ………………………………………… 99
5.3.4　小结 ………………………………………… 99
5.4　系统测试 ………………………………………… 100
第 6 章　工程实施 ………………………………………… 101
6.1　工程规划与管理 ………………………………………… 101
6.2　产学研结合 ………………………………………… 101

6.3 工程施工 …… 102
6.4 系统部署 …… 102
6.4.1 逻辑部署结构 …… 102
6.4.2 物理部署结构 …… 102
第7章 系统运行 …… 105
7.1 服务器软硬件环境要求 …… 105
7.2 网络要求 …… 105
7.3 照明状态监控 …… 106
7.3.1 事件管理 …… 106
7.3.2 异常管理 …… 106
7.3.3 特殊日管理 …… 109
7.3.4 日程管理 …… 117
7.3.5 实时控制 …… 125
7.3.6 照明状态查看 …… 131
7.3.7 当前状态查看 …… 134
7.4 艺术照明设计 …… 136
7.4.1 场景设计 …… 136
7.4.2 群组设计 …… 142
7.4.3 顺序工作流设计 …… 147
7.4.4 艺术工作流设计 …… 155
7.4.5 工作流执行 …… 169
7.4.6 工作流监控 …… 174
7.5 运营分析 …… 175
7.5.1 能耗分析 …… 175
7.5.2 故障分析 …… 178
7.5.3 运营状态分析 …… 181
7.5.4 设备寿命分析 …… 183
7.5.5 运营数据统计 …… 189
7.6 系统管理 …… 190
7.6.1 用户列表 …… 190
7.6.2 用户添加 …… 192
7.6.3 用户审批 …… 192
7.6.4 角色管理 …… 192
7.6.5 日志管理 …… 194

7.6.6 拓扑结构 …… 194
7.7 现场场景展示 …… 197
7.7.1 用户登录及密码修改 …… 197
7.7.2 网络摄像机配置 …… 198
7.7.3 自动控制配置 …… 201
7.7.4 场景配置 …… 202
7.7.5 用户配置 …… 204
7.7.6 实时控制 …… 204
7.7.7 实时监视 …… 206
7.7.8 日志查看 …… 209
7.7.9 录像回放 …… 209
第8章 工程特色 …… 212
8.1 软件系统特点 …… 212
8.1.1 适应大规模照明 …… 212
8.1.2 智能化 …… 212
8.1.3 绿色节能 …… 212
8.1.4 艺术性 …… 213
8.1.5 分布式控制与集中式管理相结合 …… 213
8.1.6 先进性 …… 213
8.2 基础网络特点 …… 213
8.2.1 系统高度可靠性 …… 213
8.2.2 系统高度可扩展性 …… 213
第9章 总结 …… 215

第1章　绪　　论

1.1　北京奥林匹克公园中心区照明概况

为2008年北京奥运会而建设的，北京奥林匹克公园中心区（以下简称中心区），作为北京奥运会功能和位置的核心，作为北京市中轴线上的一环，其建设显得尤为重要。其中，景观照明是中心区建设内容中的重要组成部分。

奥林匹克公园中心区的照明具有以下几个特点：

（1）灯具数量多、分布广。中心区占地面积$97hm^2$（不含市政道路），在如此大的范围内大约有21000盏各类不同的照明灯具，特别是在有体育赛事时照明灯具的数量更多，体育场馆周围灯具的分布更为紧密。在如此大的范围内对数量如此之多的照明设备进行统一管理，对管理与控制工作提出了巨大的挑战。

（2）控制复杂、精度要求高。照明场景的安排多种多样，同一个区域的照明在平时、节假日、重大节日截然不同。对灯具的控制既有开和关，又有调光，还会有色彩的变化，工作量之大可想而知。同时，可能会使用临时租赁的照明设备，临时设备的管理更加复杂。为了展现动态的照明效果，中心区对照明设备的控制粒度要求更高，在有些区域为了达到更好的照明效果，要求控制到每一个照明灯具，实现端到端的精确控制。

（3）延时敏感、同步要求高。一方面控制信令对延时敏感，过高的传播延时将会严重影响照明效果，因此中心区的控制软件必须能保证控制信令的高速传输；另一方面为了实现众多照明设备的协同工作，对照明系统的控制需要严格的时钟同步及操作同步功能。

（4）维护难度大。在如此大的范围内要保证数量如此众多的灯具各个工作状态正常，工作量是惊人的，不论是及时发现出现设备的故障还是快速定位故障设备的位置都是很复杂的事情，即便是具备数十人的专业维护队伍，要想实现上述目标也是很艰巨的。

（5）功率大、节能要求高。由于灯具数量多，而且存在大量大功率的照明设备，因此奥林匹克中心区的用电量相当大。据粗略估计，中心区用电负荷将达到8000kVA，如果没有良好的节能措施，中心区将会消耗大量的电力。因此对照明管理与控制平台的节能要求非常高。

1.2 景观照明控制系统特点

传统的照明控制方式要满足以上要求有较大的困难，需要有一套应用最新网络技术的数字化照明控制系统才能解决中心区在照明上面临的问题。软件技术，特别是 IP 技术，能够最大限度地提高控制和管理的水平，并有效改善运营能力和运行成本，成为迄今为止最具价值的技术之一。将软件技术与照明控制技术相结合，能有效改善大规模照明控制的能力，并提高管理和运营的水平。

（1）达到良好的节能效果，延长灯具寿命。高效节能是当今社会的主题曲，传统的区域照明工作模式，只能是白天开灯，晚上关灯。而采用了数字化技术的照明控制系统后，便可以根据不同场合、不同的人流量，进行时间段、工作模式的细分，进行照度的有序控制。同时，系统还能充分利用自然光，自动调节室内照度。控制系统实现了不同工作场合的多种照明工作模式，在保证必要照明的同时，有效减少了灯具的工作时间，节省了不必要的能源开支，也延长了灯具的寿命。

采用了数字化技术的照明控制系统是以计算机化自动控制为主、人工控制为辅的系统。在一般的情况下，不需要有人参与，照明网络根据人们事先编制好的脚本文件，自动实现开关和调光功能，既减少了管理人员的工作量，也排除了由于人为因素而出现的不定时开关所带来的一些负面影响。同时，利用运营状态分析技术实现对历史运营记录的综合分析，实现运营方案的优化，更好的实现节能。

（2）实现多种的照明效果，支持照明方案的艺术设计。多种照明控制方式，可以使同一建筑物具有多种艺术效果，为建筑增色不少。现代建筑物中，照明不再单纯地满足人们视觉上对明暗效果要求，更应具备多种的控制方案，使建筑物更加生动，艺术感更强，给人丰富的视觉效果和美感。奥运广场的景观照明、泛光照明可以预设为春夏秋冬四季变化，周末节假日场景，大型庆典场景；灯光的变化不但有亮度的变化，还有色彩的变化；同时不但能实现静态的照明场景，而且能通过控制实现复杂的动态的照明效果。

（3）灵活方便的照明控制方式。基于网络平台可以实现对照明控制系统的控制，从而使对照明设备的控制可以不局限于照明控制室，管理人员可以随时监控照明设备的状态，一旦照明设备出现问题，可以随时通过网络对照明设备进行控制，从而有效地提高管理效率。

1.3 建设目标与任务

项目建设内容为北京奥林匹克公园中心区照明运营管理系统，包括一个基于

IPv6的照明控制系统、一个基于IPv6的照明基础网络平台和一个用于照明软件平台的各种服务器硬件支撑环境。照明控制系统的控制节点采用IPv6技术，具有良好的稳定性和可靠性；基础网络平台支持IPv6应用，具有良好的可靠性、网络性能和可扩展性；服务器硬件支撑环境具有良好的性能并能满足今后一段时期内照明管理和控制的需要。

该项目将开发一套基于IPv6的照明管理与控制平台，该平台具有以下功能。

（1）场景照明监测。该功能负责对照明系统中设备和场景的状态进行监测，并及时发现系统中的突发故障，供系统管理员监控和维护系统使用。

（2）艺术照明设计。该功能提供管理人员方便、直观的场景定制能力，通过简单的场景组合实现对奥林匹克公园中心区场景的设计，展现动态的艺术效果。

（3）现场场景展示。现场场景展示提供给用户最直接的视频监控体验，并且能从宏观上把握整个场景的照明状况。

（4）运营状态分析。运营状态分析的目标，是以照明系统的状态检测、运行模型为基础，采用计算机辅助分析决策，实现设备和系统的运行分析和管理，最终达到营运状态、能耗、物耗的科学合理，以及照明效果智能评测和控制的最优化。

（5）系统管理。系统管理完成对整个系统的配置管理。通过对用户、配置文件等相应的修改完成对系统的管理。

1.4 解决的主要问题

该项目主要解决了以下问题。

（1）照明设备的异构性问题。在照明网络环境中照明设备的种类是多种多样的，这种多样性体现在以下几个方面：

1）照明设备通信协议的多样性。目前照明设备控制系统种类繁多，每个照明设备控制系统都具有不同的特点。目前常用的照明设备管理系统有：奇胜公司的C-Bus智能照明控制系统，ABB公司I-Bus智能照明控制系统以及松下公司的B-Bus智能照明系统。这些照明设备控制系统之间消息描述、消息处理的方式以及各照明控制系统供用户使用的接口都不尽相同，如果要将这些照明控制系统各异的照明设备统一控制和管理，就需要将其进行标准化和统一化。

2）照明设备硬件的多样性。由于嵌入式行业的快速发展，照明设备的硬件体系结构也在不断地改变，例如，原来占主流地位的16位CPU现在也逐渐被32位的嵌入式CPU所取代，而且在网络的配置上不同的照明设备之间也各有不同，一些专用于视频采集的照明设备的网络配置可以达到千兆级别，而对于一些普通的照明设备来说就只能达到百兆级别。

(2) 照明设备统一监控与管理困难问题。中心区照明设备具有灯具数量多、分布广，控制复杂、精度要求高，时延敏感、同步要求高，维护难度大等特点，控制、管理、维护难度相当大。

(3) 照明业务流程复杂多变问题。中心区的照明业务主要包括以下几点。

1) 日程控制。系统管理员根据日出日落及人们作息规律的特点，把 24 小时分为不同的时段，并对每个时段设置不同的照明控制编排，最终由照明控制器定时执行这些编排。在系统中日程控制的内容包括：特殊日设置、日程设置、日程有效/无效设置、特殊日有效/无效设置等。

2) 艺术照明。随着照明灯具品种的多样化，人们越来越注重灯具照明的艺术性，2008 年北京奥林匹克运动会，全世界的目光都集中在奥林匹克公园中心区，管理者迫切需要通过编排中心区各个区域的景观照明来表达一定的主题。

为了达到灯具艺术照明的效果，系统管理员需要系统能够准确高效的协调各个本地管理节点的工作。因为艺术照明既要保证每个区域的照明效果又要各个区域的协同工作来达到中心区整体的照明效果。

3) 现场控制。现场控制主要用来处理各种突发事件，如火灾、事故等。现场控制的范围既可能是几个灯具的精确控制，也可能是某一区域灯具的整体控制，因此系统管理员需要系统提供不同级别的控制范围原则。

4) 计量检测。计量检测主要完成任务包括：系统运行能耗的检测、灯具运行总时间的检测和灯具开关次数的检测。

由于本地照明管理节点的计量检测器和照明控制器不具备主动向中心节点发送检测数据的功能，因此系统管理员需要系统可以每隔一段时间进行上述 3 类信息的采集与比较，当采集值达到一定上限值时，系统可以向系统管理发送提示信息。

5) 异常报警。系统运行异常的情况包括：控制器 Flash 容量不足、时间未设定异常等。本地控制器会定期收集该节点的异常信息。

本地控制器具备主动向中心节点发送异常信息的能力，对于异常的处理包括多种方式，包括向系统管理者发送提示信息等。

1.5 关 键 技 术

(1) 异构照明设备的统一描述方法。该项目在充分分析照明设备通信协议异构性的基础上，提出了异构照明设备的统一访问平台，并给出了照明设备的统一描述方法。

1）屏蔽照明设备异构性。统一化和标准化的目的是屏蔽照明设备软硬件方面的差异，使得即使是不同的照明设备，对上层的管理系统来说它们的访问和调用接口是统一的，描述的方式也是一致的。

2）方便各组件之间的交互。在系统中涉及很多异构设备之间的交互，例如群组控制模块和消息发送模块之间的交互。这些交互都是统一控制和管理平台自动完成的，对信息进行统一描述能够便于这些模块之间进行相互协作。

3）便于系统扩展。由于平台采用统一化和标准化的消息，当有采用其他类型的照明设备接入系统中时，只需开发相应的通信协议组件即可实现对照明设备的控制与管理，从而降低开发的复杂度，方便系统扩展。

（2）照明设备的统一控制与管理机制。该项目开发了一套基于 IPv6 的照明控制与管理平台，实现对照明设备的统一监控与管理，该平台具有以下功能：场景照明监测、艺术照明设计、现场场景展示、运营状态分析、系统管理。

（3）面向照明领域的业务集成系统。工作流技术通过信息技术的支持为企业的经营过程提供了一个从模型分析、建立、管理、仿真到运行的完整框架，是实现业务过程管理与控制的一项关键性技术。随着工作流这一集成框架下所容纳技术的不断拓展与成熟，工作流管理系统成为业务集成中不可缺少的软件平台。

工作流技术可以使用工作流脚本定义照明的业务流程，当业务流程发生变化时可以通过修改工作流脚本实现业务流程的自动更新，从而简化系统管理的复杂度，提高管理效率。

第2章　照明控制系统概述

2.1　总线式控制系统

总线式照明控制系统是运用数字控制技术、网络技术，集多种照明控制方式为一体的控制系统，系统采用总线布线方式的拓扑结构，由系统单元、输出单元、输入单元部分组成，主要由传送单元（CPU）、智能输入面板、输出模块（T/U）、本地网络接口模块（LIU）、网络控制单元（NCU）、服务器模块（Web服务器）等组成，其组成结构如图2.1所示。

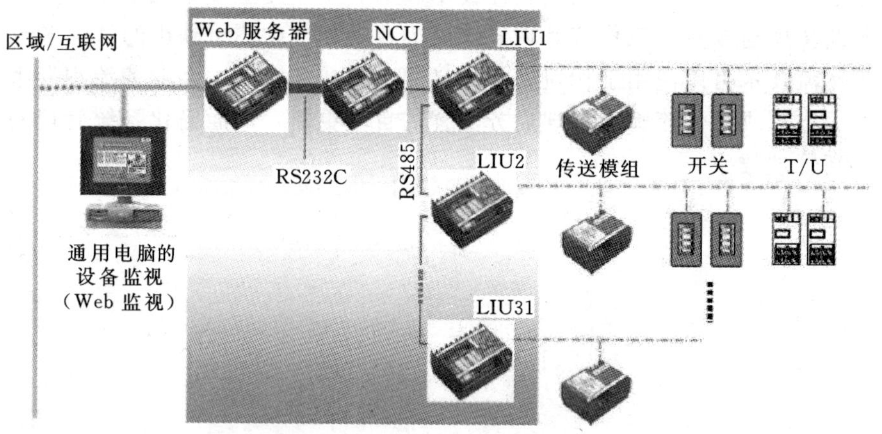

图2.1　智能照明控制系统组成图

总线式照明控制系统存在以下优点：

（1）技术成熟。总线式照明控制从出现至今已有几十年的历史，经过不断的改进，技术已经相当成熟。市场上存在大量的总线式控制设备，并且硬件成本比较低、可靠性较高。

（2）具有一定的场景定制能力。总线式照明控制系统具有一定的场景定制能力，管理人员可以通过选择相应的场景实现对照明系统的统一管理，大大简化了管理人员的工作量，提高了照明管理的效率。

（3）具有一定的节能效果。总线式照明控制系统结合传感器技术和不同的照

明控制方式，在环境照度比较高或者周围人员比较少的时候自动关闭适量的照明设备，在一定程度上实现了节能。

由于总线式照明控制系统的优点，使其在楼宇照明中被大量采用，并取得了成功。

2.2　传统智能控制系统

传统智能照明系统是指利用计算机、网络技术、无线通信数据传输、电力载波通信技术、计算机智能化信息处理技术、传感技术及节能型电器控制等技术组成的分布式无线或有线控制系统，通过预设程序的运行，根据某一区域的功能、每天不同的时间、室外光亮度或该区域的用途来自动控制照明。

照明控制系统是一个总线式或局域网式的智能控制系统。所有的单元器件均内置微处理器和存储单元，并由信号总线连接成网络，每个单元均可分配唯一的单元地址。当有输入时，输入单元首先将其转变为总线信号，然后在控制系统总线上广播，所有的输出单元接收信号后进行判断，继而控制相应回路输出。

2.2.1　智能照明的意义

（1）节能。当前我国的宏观经济建设中，节电节能的任务越来越紧迫。智能照明系统借助各种不同的“智能设置”控制方式和控制元件，对不同时间、不同环境的光照度进行精确设置和管理，以实现最大的节能效果。

（2）延长灯具寿命。无论是热辐射光源，还是气体放电光源，电网电压的波动是光源损坏的一个主要原因。智能照明系统可以有效抑制电网电压的波动，通过系统对电压的限定和轭流滤波等功能，避免过电压和欠电压对灯具的损害。另外，智能照明系统还可以利用软启动和软关断技术，避免冲击电流对光源的损害。

（3）改善照明质量。智能照明系统以调光模块控制面板代替传统的平开关控制灯具，可以整体地控制各房间内照度值，提高照度均匀性。同时，智能照明系统也可以避免频闪效应。

（4）实现多种照明效果。智能照明系统易于实现多种照明场景控制方案，按不同时间、不同用途、不同效果采用相应的预设置场景进行控制，可以达到丰富的艺术效果。

（5）管理维护方便。智能照明控制系统对照明的控制是以模块式的自动控制为主，手动控制为辅，照明预置场景的参数以数字形式存储在可擦除可编程 ROM 中，这些信息的设置和更换十分方便，加上灯具寿命的大大提高，使照明管理和设备维护变得更加简单。

2.2.2 智能照明控制手段

(1) 定时控制。通过时钟管理器、定时器等电气元件，实现对各区域内正常工作状态的照明灯具在时间上的不同控制。定时控制有两种：一种是相对时间间隔来控制，一种是根据天文时间控制。

(2) 开关控制。由控制中心自动或就地控制面板对灯光进行启闭控制。

(3) 调光控制。由控制中心自动或就地控制面板对灯光进行调光控制。

(4) 照明亮度自动调节控制。利用照度动态检测器等电气元件，通过开关控制或调光控制，实现对照明灯具的自动控制，使该区域内的照度不会随日照等外界因素的变化而改变，将照度自动调整到最适宜的水平（人工照度＝标准照度－天然照度）。

(5) 场景控制。通过每个调光模块和控制面板等电气元件，对各区域内正常工作状态的照明区域的场景切换控制。

(6) 动静探测控制。通过每个调光模块和动静探测器等电气元件，实现对各区域内正常工作状态的照明灯具的自动开关控制。

(7) 手动遥控器控制。在正常状态下通过红外线遥控器，实现对各区域内照明灯具的手动控制和区域场景控制。

(8) 自然光源利用控制。调节有控光功能的建筑设备（如百叶窗帘）来调节控制天然光，还可以和灯光系统联动。当天气发生变化时，系统能够自动调节，无论在什么场所或天气如何变化，系统均能保证室内的照度维持在预先设定的水平。

(9) 应急照明控制。智能照明控制系统对特殊区域内的应急照明实现控制，使得在正常状态时按一般工作照明灯具进行控制，应急状态时自动解除应急照明灯具智能控制，按照应急照明工作模式运行。

2.3 典型智能照明控制系统及应用

典型智能照明控制系统通常由调光模块、开关模块、控制面板、液晶显示触摸屏、智能传感器、编程插口、时钟管理器、手持式编程器和 PC 监控机等部件组成（图 2.2 和图 2.3）。

(1) PC 监控机。PC 监控机一般设置在智能照明管理中心，通常具有以下功能：

1) 管理及设定功能。在计算机操作平台上完成日常的运转与管理工作。根据集成管理软件中每日的预定时间表、每年的预定日程表以及假期、特定日期的安排表等进行时间程序编程，提供全年的照明计划安排表。

2）统计功能。根据软件提供的关于照明系统的运行时间、照度值等参数的汇总报告（区别各照明场所内各照明回路）来统计照明灯具的运行时间、照度水平等。

3）控制功能。实现对各照明分区的照明回路的照明自动控制，自动调节室内照度，并维持在设定值上，通过图形化界面以鼠标单击的方式可灵活地修改各照明回路的开关控制和照度的连续调节。根据统计数据，结合软件中预置的工作循环程序表，自动切换各照明回路灯具的运行，从而均衡各照明回路的灯具的运行时间，并根据汇总报告定期对灯具进行维护检修，延长灯具的使用寿命。

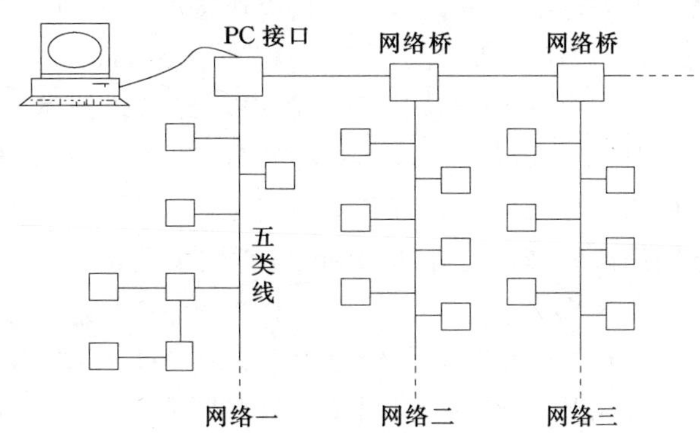

图 2.2　典型智能照明控制系统网络结构图

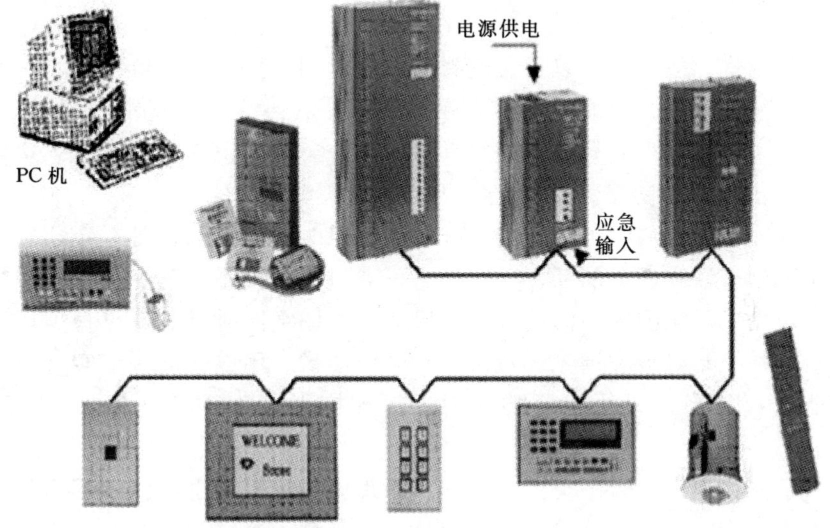

图 2.3　典型智能照明控制系统图

4）诊断及故障报警功能。能自动检查负载状态，检查坏灯、少灯，保护装置状态，故障自动报警、自动切断电路，MCB 跳闸报警等。

5）图像处理功能。可实现动静探测、图形操作等。

（2）调光模块。用于对灯具进行调光或开关控制，能记忆多个预设置灯光场景，不因停电而被破坏，调光模块按型号不同其输入电源有三相、也有单相，输出回路功率有 2VA、5VA、10VA、16VA、20VA 等，输出回路数也有 1、2、4、6、12 等不同组合供用户选用。有些调光模块控制灯具亮度采用了软启动方式，即渐增渐减方式，这样的调节方式能防止电压突变对灯具的冲击，同时使人的视觉十分自然地适应亮度的变化，没有突然变化的感觉。有些调光模块输入电源采用微处理机控制的 RMS 电压调节技术，确保输出电压稳定，不会对负载回路产生过压。

(3) 开关模块。用继电器开关输出的控制模块。这种模块主要用于实现对照明的智能开关管理，适用于所有对照明智能化开关管理的场所，如办公区域、大型购物中心、道路景观、体育场馆、建筑物外墙照明等。开关模块具有按序启动功能，避免灯具集中启动时的浪涌电流。一些模块自带电流检测功能，可检测照明输出回路实时电流值并可真实记录灯具的运行时间。

(4) 场景切换控制面板。由各照明回路不同的亮暗搭配组成的某种灯光效果，称之为场景。使用者可以通过选择面板上不同的按键来切换不同的场景。

(5) 智能传感器。智能传感器有较多种类，其传感原理基本利用了红外线、超声波、光敏元件、声音等或上述物理量的组合，用于识别有无人进入房间、照度动态检测、遥控接收等。

(6) 时钟管理器。时钟管理器用于提供一定时间内（周、月、年）内各种复杂的照明控制事件和任务的动作定时。它可通过按键设置，改变各种控制参数。

(7) 液晶显示触摸屏。液晶显示触摸屏，可图文同时显示，可根据用户需要产生模拟各种控制要求和调光区域灯位亮暗的图像，用以在屏幕上实现形象直观的多功能面板控制。这种面板既可用于就地控制，也可用作多个控制区域的监控。

(8) 手持式编程器。手持式编程器，管理人员只要将手持编程器插头插入编程插口即能与 Dynet 网络连接，便可对楼宇的任何一个楼层、任何一个调光区域的灯光场景进行预设置、修改或读取并显示各调光回路的现行预置值。

第 3 章　IPv6 技术概述

3.1　IPv4 照明控制

目前的全球因特网所采用的协议族是 TCP/IP 协议族。IP 是 TCP/IP 协议族中网络层的协议，是 TCP/IP 协议族的核心协议。目前 IP 协议的版本号是 4（简称为 IPv4），它的下一个版本就是 IPv6，在不久的将来将取代目前被广泛使用的 IPv4。

由于 IPv4 技术的局限性，基于 IPv4 的照明控制系统在奥林匹克公园中心区的照明控制上存在严峻的挑战。

（1）IPv4 地址空间紧张。IPv4 的地址容量现在成了制约因特网发展的瓶颈，据统计，中国的网民到 2004 年年底已经高达 9000 多万，但中国所拥有的 IPv4 的地址还不到 5000 万，占 IPv4 全部地址的 1/100 多一点，每 26 个中国人只能分享一个地址。根据预测，中国的网民数量还将大幅度上升，但中国能获得新的 IPv4 地址的机会将会越来越困难。由此可见，IPv4 地址在中国非常紧张。由于使用内网地址将会导致无法在局域网外部对照明设备进行控制，因此所有的节点都必须采用 IPv4 公网地址。照明控制属于 IP 地址密集的应用，对于奥林匹克公园中心区的照明来说，有数以万计的照明设备，为了实现对照明节点的控制需要大量的 IPv4 地址，这将会消耗大量的公网地址。

（2）即插即用性差。IPv4 无法实现地址的自动配置，当照明系统中加入新的设备的时候，需要管理人员手工添加地址并进行相应的配置工作之后，新设备才能接入到管理系统中，这对于将来系统的扩展将会带来很大的复杂性。特别是在将来大型比赛时，会存在一些临时租赁的照明设备，基于 IPv4 的照明控制系统对临时设备的管理面临很大的挑战。

3.2　IPv6 技术内涵

3.2.1　IPv6 报头格式

在 RFC2460 中定义了 IPv6 数据包的报头结构。该报头固定为 40 字节长。

源和目的地址各占16字节（128位），因此，只有8字节是用于普通报头信息的（图3.1）。

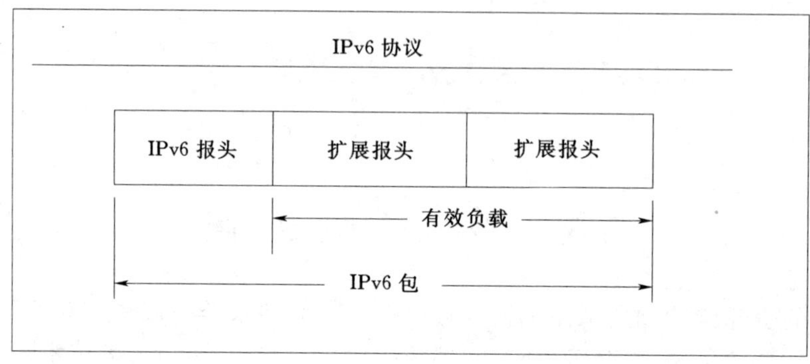

图3.1　报头部的结构

1. IPv6普通报头格式

IPv6普通报头的格式如下（表3.1）。

表3.1　IPv6报头部的详细结构

版本号	业务流类别	流标签	
有效负载长度		下一报头	跳极限
源IP地址			
目的IP地址			
数据部分			

（1）版本号（Version，4位），值为4表示IPv4，值为6表示为IPv6。

（2）业务流类别（Traffic Classes，8位），这个8位字段可为包赋予不同的类别或优先级。

（3）流标签（Flow Label，20位），是IPv6的新增字段，源节点使用这个字段为特定序列的包请求特殊处理。实时数据传输如语音和视频可以使用Flow Label确保QoS。不支持流标记域功能的主机或路由器在产生一个数据包的时候将该域置0，在转发一个数据包的时候则不改变该域；接受一个数据包的时候则忽略该域。

（4）有效负载长度（Payload Length，16位），有效负载长度使用16位无符号整数表示的，代表信息包中除IPv6报头之外其余部分的长度，以字节一记数。扩展报头也被认为是有效负载的一部分，将被计算在内。

（5）下一报头（Next Header，8位），这个8位字段类似IPv4中的Protocol字段，但有些差异。在IPv4包中，传输层报头如TCP或UDP始终跟在IP报头

后面。在IPv6中，扩展部分可以插在IP报头和传输层报头当中（如插入IPsee报头）。这类扩展部分包括验证、加密和分片功能。

（6）跳极限（Hop Limit，8位），类似于IPv4中的TTL，用8位无符号整数表示，当被转发的数据包经过一个节点时，该值将减1，当减至0时，则丢弃该数据包。

（7）源地址（Source Address，128位），数据包发送方的地址。

（8）目的地址（Destination Address，128位），数据包的接收方地址。

2. IPv6扩展报头

IPv4的问题在于一些选项的存在改变了IP报头的大小，路由器不能高效地转发数据包。IPv6中实现的扩展头可把选项从IP报头移到载荷（扩展报头）中，路由器不需要处理与路由无关的选项，因此能大大加快数据包的转发速度。RFC1883中为IPv6定义了如下选项扩展。

通常，一个典型的IPv6包是没有扩展报头的。仅当需要路由器或目的主机做某些特殊处理时，才由发送方添加一个或多个扩展头。与IPv4不同，IPv6扩展头长度任意，不受40字节限制，但是为了提高处理选项头和传输层协议的性能，扩展头总是8字节长度的整数倍。

目前，RFC2460中定义了6个IPv6扩展报头：Hop-by-Hop（逐个跳段）选项报头、目的地选项报头、路由报头、分段报头、AH认证报头和ESP协议报头。

（1）Hop-by-Hop选项报头。包含分组传送过程中，每个路由器都必须检查和处理的特殊参数选项。

（2）目的地选项报头。需要被中间目的地或最终目的地检查的信息。

（3）路由报头。类似于IPv4的松散源路由。IPv6的源节点可以利用路由扩展报头指定一个松散源路由，即分组从信源到信宿需要经过的中转路由器列表。

（4）分段报头。提供分段和重装服务。当分组大于链路最大传输单元（MTU）时，源节点负责对分组进行分段，并在分段扩展包头中提供重装信息。在IPv6中，只有源节点才能对载荷进行分段。

（5）AH认证报头。提供数据源认证、数据完整性检查和反重播保护。认证报头不提供数据加密服务。

（6）ESP协议报头。提供加密服务。

3.2.2 IPv6地址结构

IPv6拥有几乎不可耗尽的地址空间，在IPv4中地址长度为32位，而IPv6则拥有128位的地址长度。IPv4地址可以被分为2～3个不同部分（网络标识符、节点标识符，有时还有子网标识符）；IPv6地址分为两个部分：子网前缀和接口标识符。IPv6中拥有更大的地址空间，可以支持更多的字段。

1. IPv6 地址的表示方式

IPv4 地址一般用 4 个十进制整数表示，中间用“.”分开。例如 10.10.222.125。IPv6 的地址长度为 128 位，表达方式有所不同。IPv6 地址的基本表达方式是 X：X：X：X：X：X：X：X，其中 X 是一个十六进制的整数（共 16 位）。每一个地址包含 8 个整数，每个整数包含 4 个十六进制数字，每个十六进制数字占 4 位，共计 128 位。例如一个合法的 IPv6 地址：FESO：0000：0000：0000：0202：B3FF：FEIE：8329。

这是一种标准的 IPv6 地址表示方式，此外还有更加清楚和简洁的表示方法，允许某些 IPv6 地址使用“空隙”来表示地址中出现的长串连“0”。比如地址 FE80：0000：0000：0000：0202：B3FF：FEIE：8329 可以简写为 FE80：：202：B3FF：FEIE：8329。

2. 地址前缀的文本表示

IPv6 地址前缀的表示方法和 IPv4 地址前缀在无类别域间路由 CIDR 中的表示方法很相似。一个 IPv6 地址前缀可以表示为如下的形式：“IPv6 地址/前缀长度”。其中，前缀长度是组成前缀的十进制值，说明地址最左边的连续的地址位的长度。例如，前缀有 60 位长的 IPv6 地址 1234：：ABCD：0：0：0：0 可以用这样的方式来表示为 1234：：ABCD：0：0：0：0/60。

3. 地址空间

IPv6 最初只使用了大约 15%的地址空间，其余的地址空间留做将来使用。值得注意的是保留地址和未分配地址是不一样的，保留地址占地址空间的1/256，是用做非指定地址、环回地址和嵌入 IPv4 地址的 IPv6 地址（表 3.2）。

表 3.2　　IPv6 地址分配

分　配	二进制前缀	占地址空间的比率
保留	0000 0000	1/256
为 NSAP 分配保留	0000 001	1/128
为 IPX 分配保留（在后来的草案中遭到反对）	0000 010	1/128
可聚类的全局单播地址	001	1/8
本地链路单播地址	1111 1110 10	1/1024
本地站点单播地址	1111 1110 11	1/1024
多播地址	1111 111	1/256

3.3 IPv6 技术发展

美国是启动下一代互联网研究计划比较早的国家（1996 年），但对 IPv6 技术的实施比较晚。在 2003 年 6 月，美国国防部发表了一份 IPv6 备忘录，提出在美国军方的“全球信息网格”中全面部署 IPv6 的重要决策，并做出了 300 亿美元以上的预算。美国国防部 IPv6 进度时间表显示：2002～2004 年形成标准的 IPv6 协议；2005～2007 年，IPv6 和 IPv4 协议共同运行；2008 年实现美国本土全面的 IPv6 计划，IPv4 协议同时退出。

日本是积极推进 IPv6 的典型，1996 年由 NTT 建立了 IPv6 实验网络。日本政府于 2001 年推出的 e-Japan 战略，从国家战略的高度支持与推动 IPv6 的发展。要求所有信息设备在 2005 年以后必须支持 IPv6，日本政府的高度支持使该国已成为目前全球 IPv6 发展水平最高的国家。

我国启动下一代互联网的研究工作比较早，在 1998 年，建成了我国第一个在国际 6Bone 组织正式注册的、连接国内八大城市的 IPv6 试验网。1999 年，由北京航空航天大学与清华大学共同倡导，在国家自然科学基金委的支持下，我国组建了“中国高速互联研究试验网络 NSFCNET”（NSFCNET 是我国第一个 Internet2 试验网络，连接了清华大学、北京大学、北京航空航天大学、北京邮电大学、中科院和国家自然科学基金委等单位，并且与美国 Internet2 进行了互联）。基于 NSFCNET，开展了千兆网技术研究，为高速互联的网络管理与应用技术提供示范参考。

通过第一阶段的研究和论证，我国下一代互联网进入第二阶段，并开展了一系列示范工程建设。2002 年，中日政府合作建设连接北京、广州、上海和日本东京的 IPv6 实验网络 IPv6-CJ（截至 2004 年 8 月，开通了连接北京、上海和广州的主干网络；建成了北京、上海、广州三地的城域网；开通了从北京连接到日本东京的国际线路）。

北京城域网部分，建成了连接清华大学、北京大学、北京航空航天大学等 6 家单位的高速 IPv6 试验网，北京市建筑设计研究院通过北航节点连入 IPv6-CJ，后面所提到的中日 IPv6 政府合作项目，正是基于这个网络展开的。2003 年，我国下一代互联网示范工程的起步项目 CERNET2 投入试运行。

截至 2004 年底，建成了连接分布在全国 20 个城市的核心节点的主干网络，并与北美、欧洲、亚太等地的国际下一代互联网实现了互联。北京将建成连接清华大学、北京大学、北京航空航天大学等科研单位的城域网络。其他主要的商业实验示范及实验网络包括：中国电信集团、中国网通集团及相关部委建设的示范网络。

我国下一代互联网的产业化建设刚刚开始，由国家八部委领导，国内六大网络运营商参加的，面向下一代互联网络技术和应用的产业化示范工程 CNGI，2003 年 8 月，正式立项实施。该示范网络一期工程将覆盖全国 20 个城市，建立 39 个核心节点，2 个交换中心，全面支持 IPv6 协议，并具有支持 IPv6 和 IPv4

协议的接入能力，2005年底建成世界上最大规模的IPv6网络基础设施。

3.4 IPv6 应 用 分 析

基于IPv4地址结构的Internet获得了空前的成功，而它所面临的几个问题也越来越突出。根据专家的预测IPv4地址池空间大概在2015年或更早时间将全部分配完毕，因此IPv4的地址容量现在成了制约因特网发展的瓶颈。IPv6基本协议标准自从1995年由IETF制定至今已经将近10年的历史，大部分IPv6相关标准已经RFC化，作为一种技术，无论是其本身的技术优势，还是在用户市场的应用需求方面，都取得了长足的发展，技术已经非常成熟。随着IPv6应用逐渐增多，几乎所有的路由器、交换机等的硬件生产厂商都表示产品将支持IPv6，因此采用IPv6技术而增加的成本也是微乎其微的。人们早已形成共识，那就是IPv6最终取代IPv4是大势所趋。

3.4.1 简化的报头和灵活的扩展

IPv6对数据报头作了简化，以减少处理器开销并节省网络带宽。IPv6的报头由一个基本报头和多个扩展报头（Extension Header）构成，基本报头具有固定的长度（40字节），放置所有路由器都需要处理的信息。由于Internet上的绝大部分包都只是被路由器简单的转发，因此固定的报头长度有助于加快路由速度。IPv4的报头有15个域，而IPv6的只有8个域，IPv4的报头长度是由IHL域来指定的，而IPv6的是固定40个字节。这就使得路由器在处理IPv6报头时显得更为轻松。与此同时，IPv6还定义了多种扩展报头，这使得IPv6变得极其灵活，能提供对多种应用的强力支持，同时又为以后支持新的应用提供了可能。这些报头被放置在IPv6报头和上层报头之间，每一个可以通过独特的“下一报头”的值来确认。除了逐个路程段选项报头（它携带了在传输路径上每一个节点都必须进行处理的信息）外，扩展报头只有在它到达了在IPv6的报头中所指定的目标节点时才会得到处理（当多点播送时，则是所规定的每一个目标节点）。在那里，在IPv6的下一报头域中所使用的标准的解码方法调用相应的模块去处理第一个扩展报头（如果没有扩展报头，则处理上层报头）。每一个扩展报头的内容和语义决定了是否去处理下一个报头。因此，扩展报头必须按照它们在包中出现的次序依次处理。一个完整的IPv6的实现包括下面这些扩展报头的实现：逐个路程段选项报头，目的选项报头，路由报头，分段报头，身份认证报头，有效载荷安全封装报头，最终目的报头。

3.4.2 层次化的地址结构

IPv6将现有的IP地址长度扩大4倍，由当前IPv4的32位扩充到128位，以支持大规模数量的网络节点。这样 IPv6 的地址总数就大约有 3.4×10E38 个。平均到地球表面上来说，每平方米将获得 6.5×10 E23 个地址。IPv6 支持更多级别的地址层次，IPv6 的设计者把 IPv6 的地址空间按照不同的地址前缀来划分，并采用了层次化的地址结构，以利于骨干网路由器对数据包的快速转发。如可聚集全球单点传送地址的地址前缀是 001，接下来的三个大的地址层次是：TLA ID（Top - Level aggregation Identify），NLA ID（Next - Level aggregation Identify）和 SLA I（Dsite - Level Identify），然后是接口 ID。

IPv6 定义了三种不同的地址类型。分别为单点传送地址（Unicast Address），多点传送地址（Multicast Address）和任意点传送地址（Anycast Address）。所有类型的 IPv6 地址都是属于接口（Interface）而不是节点（node）。一个 IPv6 单点传送地址被赋给某一个接口，而一个接口又只能属于某一个特定的节点，因此一个节点的任意一个接口的单点传送地址都可以用来标示该节点。

IPv6 中的单点传送地址是连续的，以位为单位的可掩码地址与带有 CIDR 的 IPv4 地址很类似，一个标识符仅标识一个接口的情况。在 IPv6 中有多种单点传送地址形式，包括基于全局提供者的单点传送地址、基于地理位置的单点传送地址、NSAP 地址、IPX 地址、节点本地地址、链路本地地址和兼容 IPv4 的主机地址等。

多点传送地址是一个地址标识符对应多个接口的情况（通常属于不同节点）。IPv6 多点传送地址用于表示一组节点。一个节点可能会属于几个多点传送地址。在 Internet 上进行多播是在 1988 年随着 D 类 IPv4 地址的出现而发展起来的。这个功能被多媒体应用程序所广泛使用，它们需要一个节点到多个节点的传输。RFC2373 对于多点传送地址进行了更为详细的说明，并给出了一系列预先定义的多点传送地址。

任意点传送地址也是一个标识符对应多个接口的情况。如果一个报文要求被传送到一个任意点传送地址，则它将被传送到由该地址标识的一组接口中的最近一个（根据路由选择协议距离度量方式决定）。任意点传送地址是从单点传送地址空间中划分出来的，因此它可以使用表示单点传送地址的任何形式。从语法上来看，它与单点传送地址间是没有差别的。当一个单点传送地址被指向多于一个接口时，该地址就成为任意点传送地址，并且被明确指明。当用户发送一个数据包到这个任意点传送地址时，离用户最近的一个服务器将响应用户。这对于一个经常移动和变更的网络用户大有益处。

IPv6 灵活与海量的地址很好地满足了对于大量地址的需求，这是 IPv4 所不能够做到的。

3.4.3 低延时

控制信令对延时敏感，因此底层的网络协议应该具有低延时的特点。IPv4 的报头信息包括 13 个域，而 IPv6 的报头信息包括 8 个域，中间路由器必须处理的域的数量从 6 个降低为 4 个，中间路由器不必进行数据包的校验和拆分以及重组，从而可以使路由器更快地处理分组，从而提高了路由器的吞吐量。由于系统中是对大规模的照明节点进行管理，因此在对照明节点的控制过程中，并发的控制数据包的数量将是很大的。所以说加快路由器的分组速度，提高路由器的吞吐量是提高本系统的效率的关键。

对于在网络中传输的数据包，其大部分时间都是花费在路由器对其处理上面，因此在此有必要讨论路由器对 IPv6 和 IPv4 的报文在处理方面的效率的差异，其详细的差异参看表 3.3。

表 3.3　　IPv4 与 IPv6 报文处理对比

	IPv4	IPv6
处理过程	路由器是通过对于数据报头的不同的域进行分析，来决定对数据包的处理方式	路由器是通过对于数据报头的不同的域进行分析，来决定对数据包的处理方式
花费时间	假设路由器平均对报头的一个域的处理时间为 T，并且由于 IPv4 的数据报头需要处理的有 6 个域，所以对于一个数据包，其处理的时间为 $6T$，总时间花费：$m6Tn$（m 代表 m 个照明控制节点，n 代表平均每个数据包并发经过的路由器的个数）	假设路由器平均对报头的一个域的处理时间为 T，并且由于 IPv6 的数据报头需要处理的有 4 个域，所以对于一个数据包，其处理的时间为 $4T$，总时间花费：$m4Tn$（m 代表 m 个照明控制节点，n 代表平均每个数据包并发经过的路由器的个数）
结论	通过上面的分析可以看出 IPv6 在路由器的转发效率上要高于 IPv4，因此在提高本系统的反应速度和工作效率的方面考虑，IPv6 要优于 IPv4	

3.4.4 即插即用的联网方式

IPv6 把自动将 IP 地址分配给用户的功能作为标准功能，只要机器一连接上网络便可自动设定地址，它有两个优点：一是最终用户用不着花精力进行地址设定；二是可以大大减轻网络管理者的负担。IPv6 有两种自动设定功能：一种是和 IPv4 自动设定功能一样的名为“全状态自动设定”功能；另一种是“无状态自动设定”功能。

在 IPv4 中，动态主机配置协议（Dynamic Host Configuration Protocol，DHCP）实现了主机 IP 地址及其相关配置的自动设置。一个 DHCP 服务器拥有一个 IP 地址池，主机从 DHCP 服务器租借 IP 地址并获得有关的配置信息（如缺省网关、DNS 服务器等），由此达到自动设置主机 IP 地址的目的。IPv6 继承了 IPv4 的这种自动配置服务，并将其称为全状态自动配置（Stateful Autoconfiguration）。

在无状态自动配置（Stateless Autoconfiguration）过程中，主机首先通过将它的网卡 MAC 地址附加在链接本地地址前缀 1111111010 之后，产生一个链路本地单点传送地址。接着主机向该地址发出一个被称为邻居发现（Neighbor Discovery）的请求，以验证地址的唯一性。如果请求没有得到响应，则表明主机自我设置的链路本地单点传送地址是唯一的。否则，主机将使用一个随机产生的接口 ID 组成一个新的链路本地单点传送地址。然后，以该地址为源地址，主机向本地链路中所有路由器多点传送一个被称为路由器请求（Router Solicitation）的配置信息。路由器以一个包含一个可聚集全球单点传送地址前缀和其他相关配置信息的路由器公告响应该请求。主机用它从路由器得到的全球地址前缀加上自己的接口 ID，自动配置全球地址，然后就可以与 Internet 中的其他主机通信了。使用无状态自动配置，无需手动干预就能够改变网络中所有主机的 IP 地址。例如，当企业更换了联入 Internet 的互联网服务提供商（ISP）时，将从新 ISP 处得到一个新的可聚集全球地址前缀。ISP 把这个地址前缀从它的路由器上传送到企业路由器上。由于企业路由器将周期性地向本地链路中的所有主机多点传送路由器公告，因此企业网络中所有主机都将通过路由器公告收到新的地址前缀，此后，它们就会自动产生新的 IP 地址并覆盖旧的 IP 地址。

由此可见，对于临时设备的配备问题，IPv6 也给予了很好的解决，使增减灯具都变得非常便捷。

3.4.5　网络层的认证与加密

IPv4 之所以安全性能不够，是由于在 IP 协议设计之初没有考虑安全性，因而在早期的 Internet 上时常发生诸如企业或机构网络遭到攻击、机密数据被窃取等不幸的事情。为了加强 Internet 的安全性，从 1995 年开始，IETF 着手研究制定了一套用于保护 IP 通信的 IP 安全（IPSec）协议，而这个协议是 IPv6 的一个必需组成部分。

IPSec 的主要功能是在网络层对数据分组提供加密和鉴别等安全服务，它提供了两种安全机制：认证和加密。认证机制使 IP 通信的数据接收方能够确认数据发送方的真实身份以及数据在传输过程中是否遭到改动。加密机制通过对数据进行编码来保证数据的机密性，以防数据在传输过程中被他人截获而失密。IPSec 的认证报头（Authentication Header，AH）协议定义了认证的应用方法，安全负载封装（Encapsulating Security Payload，ESP）协议定义了加密和可选认证的应用方法。在实际进行 IP 通信时，可以根据安全需求同时使用这两种协议或选择使用其中的一种。AH 和 ESP 都可以提供认证服务，不过，AH 提供的认证服务要强于 ESP。

AH 和 ESP 协议都将安全关联（SA）作为通信的一部分，一个 SA 是两个或多个通信实体间的安全服务方式的关系或合同。SA 可以包含认证算法、加密算法、用于认证和加密的密钥。IPSec 使用一种密钥分配和交换协议，如 Internet 安全关联和密钥管理协议（Internet Security Association and Key Management Protocol，ISAKMP），来创建和维护 SA。SA 是一个单向的逻辑连接，也就是说，两个主机之间的认证通信将使用两个 SA，分别用于通信的发方和接收方。

IPSec 定义了两种类型的 SA：传输模式 SA 和隧道模式 SA。传输模式 SA 是在 IP 报头（以及任何可选的扩展报头）之后和任何高层协议（如 TCP 或 UDP）报头之前插入 AH 或 ESP 报头；隧道模式 SA 是将整个原始的 IP 数据包放入一个新的 IP 数据包中。在采用隧道模式 SA 时，每一个 IP 数据包都有两个 IP 报头：外部 IP 报头和内部 IP 报头。外部 IP 报头指定将对 IP 数据包进行 IPSec 处理的目的地址，内部 IP 报头指定原始 IP 数据包最终的目的地址。传输模式 SA 只能用于两个主机之间的 IP 通信，而隧道模式 SA 既可以用于两个主机之间的 IP 通信，还可以用于两个安全网关之间或一个主机与一个安全网关之间的 IP 通信。安全网关可以是路由器、防火墙或 VPN 设备。

总之，IPv6 的安全性能大大提高，IPv6 提供了更加可靠的安全保障。

3.4.6 服务质量的满足

基于 IPv4 的 Internet 在设计之初，只有一种简单的服务质量，即采用“尽最大努力”（Best Effort）传输，从原理上讲服务质量 QoS 是无保证的。文本传输、静态图像等传输对 QoS 并无要求。随着 IP 网上多媒体业务增加，如 IP 电话、VoD、电视会议等实时应用，对传输延时和延时抖动均有严格的要求。

IPv6 数据包的格式包含一个 8 位的业务流类别（Class）和一个新的 20 位的流标签（Flow Label）。最早在 RFC1883 中定义了 4 位的优先级字段，可以区分 16 个不同的优先级。后来在 RFC2460 里改为 8 位的类别字段。其数值及如何使用还没有定义，其目的是允许发送业务流的源节点和转发业务流的路由器在数据包上加上标记，并进行除默认处理之外的不同处理。一般来说，在所选择的链路上，可以根据开销、带宽、延时或其他特性对数据包进行特殊的处理。

一个流是以某种方式相关的一系列信息包，IP 层必须以相关的方式对待它们。决定信息包属于同一流的参数包括：源地址、目的地址、QoS、身份认证及安全性。IPv6 中流的概念的引入仍然是在无连接协议的基础上的，一个流可以包含几个 TCP 连接，一个流的目的地址可以是单个节点也可以是一组节点。IPv6 的中间节点接收到一个信息包时，通过验证他的流标签，就可以判断它属

于哪个流，然后就可以知道信息包的 QoS 需求，进行快速的转发。

优秀的服务质量，保障了设备之间的“时时连接”，有效地防止了服务中断。

3.5 工作基础和条件

“下一代互联网中日 IPv6 合作项目”（IPv6 - CJ），是由国家发展和改革委员会和日本经济产业省立项，中方实施机构——中国教育和科研计算机网 CERNET 网络中心（简称 CERNET）和日方实施机构——日本信息通信网络产业协会 CIAJ（简称 CIAJ）共同负责实施、中日双方 20 多个单位联合参加的高技术研究开发项目。

2002～2005 年北京航空航天大学软件开发环境国家重点实验室承担了中日 IPv6 合作项目 16 子项——典型 IPv6 应用系统开发中的区域管理系统，此课题是在中日双方（北京航空航天大学、北京市建筑设计研究院、清华大学和日本松下电工株式会社）4 家单位共同合作的基础上完成的。经过 4 年的研究开发，在基于 IPv6 的区域管理系统建设方面取得了丰硕的成果，完成了北京建筑设计研究院的食堂照明网络的 IPv6 化（图 3.2 和图 3.3），并实现了对照明网络基于 IPv6 网络的控制和开发了用于照明控制的应用软件（图 3.4 和图 3.5）。主要研究成果如下。

（1）实现北京市建筑设计研究院的 IPv6 接入。

（2）搭建基于 IPv6 的照明网络。

（3）搭建了基于 IPv6 的区域管理系统演示平台。

（4）开发并完成了基于 IPv6 的照明管理与控制平台，实现了通过 IPv6 网络对照明系统的控制和管理。

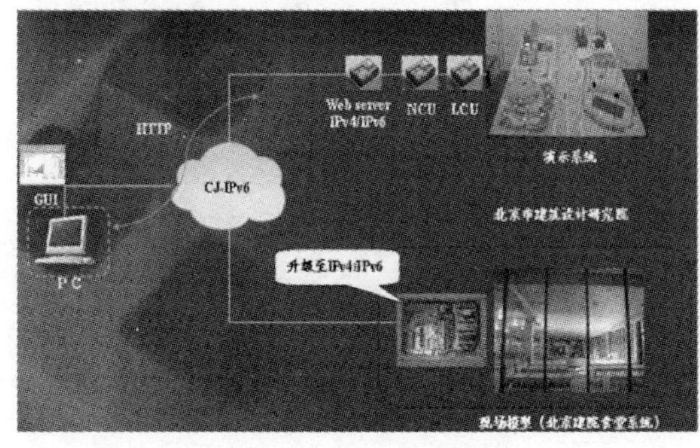

图 3.2 北京建筑设计研究院食堂控制系统网络拓扑图

图 3.3 北京市建筑设计研究院食堂照明控制系统

图 3.4　IPv6 区域照明管理系统模型

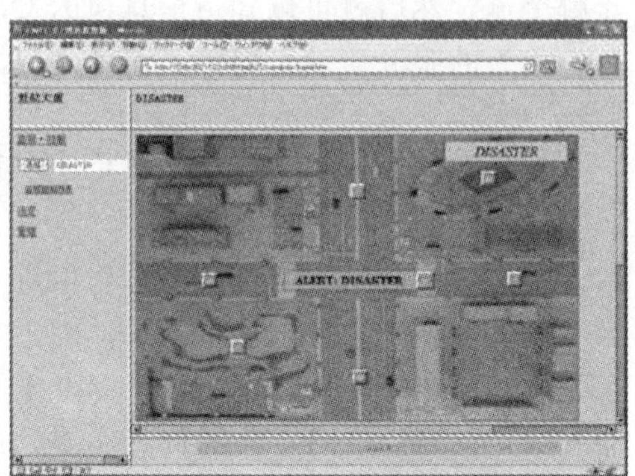

图 3.5　IPv6 区域照明管理系统操作画面

通过中日 IPv6 合作项目的开展，我们在基于 IPv6 的照明控制方面积累了大量的经验，培养了大量的具有 IPv6 专业技术知识的人才，为今后 IPv6 项目的开展奠定了良好的基础。

第4章　建　设　需　求

4.1　网络互联方案

从用户需求来看，照明系统基础网络主要有以下几个特点：

（1）所有设备都必须支持 IPv6 协议。

（2）照明接入节点数量比较多。

（3）对网络的可靠性要求较高。

（4）存在突发数据，网络流量不稳定。

（5）网络中存在多类不同的数据流，不同的数据流对网络要求不同。

（6）网络设备对网络管理要求较高。

针对以上的特点，利用现有的网络技术，对系统的可靠性、QoS 等方面的需求进行定性分析，同时通过对网络中流量、系统数据库容量进行定量分析，为设计方案提供支持。

4.1.1　数据流量需求

1. 网络数据报文的种类

（1）网络设备自身数据报文。

1）SNMP 报文。

2）ICMP 报文。

3）RIP/OSPF。

（2）本地照明系统报文。

1）45 个本地管理服务器和 45 个本地控制服务器与照明控制节点互发的报文。

2）AMS 系统。

3）AMS 系统对 45 个本地控制服务器发的控制报文。

4）AMS 系统对 45 个本地管理服务器发的状态查询报文。

（3）视频流。CCTY 发往 Web 服务器的流量，可采用压缩格式对流信息进行压缩，压缩后传输速率大约为 300KB/s。

2. 网络的最大流量

整个网络数据分为两个流。

（1）照明控制节点与本地控制服务器、监视服务器互发数据报文（表 4.1）。

表 4.1　　照明控制节点与本地控制服务器数据报文流量

数据流向	计算方法	变量说明
1 个本地管理服务器与所管照明控制节点的最大数据吐量	$w=k_1n_1+k_2n_2$	k_1：照明控制节点的数据发送速率 n_1：一个本地管理服务器管理照明控制节点个数 k_2：CCTV 的数据发送速率 n_2：一个本地服务器管理 CCTV 个数

设：$k_1=2\text{MB/s}$，$n_1=20$，$k_2=0.3\text{MB/s}$，$n_2=1$，则在网络最繁忙时，接入层网络带宽为

$$w=20\times2+1\times0.3=40.3(\text{MB/s})$$

k_1 的估算标准为：按照每次每个照明控制节点向本地管理服务器发送的数据为 10KB，在 50ms 内发送结束，估算照明控制节点的发送速率为 2000KB/s＝2MB/s。

（2）本地控制服务器、监视服务器与中心管理服务器互发数据报文（表 4.2）。

表 4.2　　本地控制及监控服务器与中心管理服务器数据报文流量

数据流向	计算方法	变量说明
中心管理服务器与所管本地监视服务器的最大吞吐量	$w=k_3n_3$	k_3：本地监视服务器上行最大传输速率 n_3：中心服务器管理本地监视服务器个数

设：$k_3=10\text{MB/s}$，$n_3=50$，则在网络最繁忙时，核心层网络带宽为

$$w=10\times50=500(\text{MB/s})$$

通过以上分析，该网络接入层采用 100M 以太网即可满足带宽的要求，在汇聚层和核心层应该采用 1000M 以太网以满足数据交换的要求。

4.1.2　可靠性需求

（1）要保证照明控制节点和 CCTV 等终端设备连接到接入层交换机的线路出现中断或者出现故障无法正常工作时，能够及时发现故障点。

（2）要保证接入层交换机到汇聚层交换机之间的连接具有高带宽和高可靠性，为终端设备提供稳定的高数据量上下行需求，当交换机之间的线路中断时，交换机之间的数据交换不能中断，如图 4.1 所示；要在接入层交换机和汇聚层交换机之间提供备用连接，当多线路中出现一条连接中断时，仍然能保持两层交换机之间的连接不中断，如图 4.2 所示，在正常情况下，两层交换机之间需要提供稳定的高带宽数据流容量；汇聚层交换机与核心层交换机之间也有同样的需求。

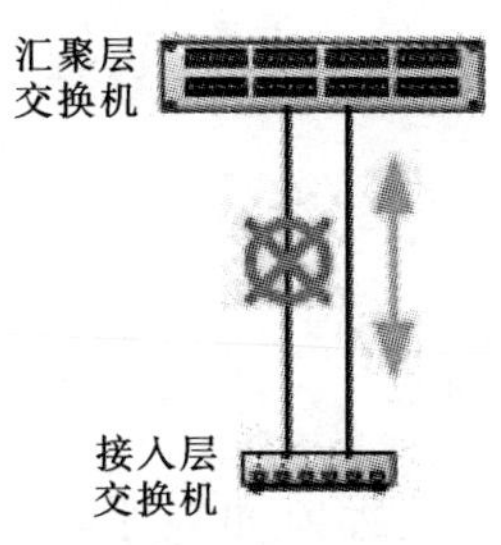

图 4.1 出现连接中断

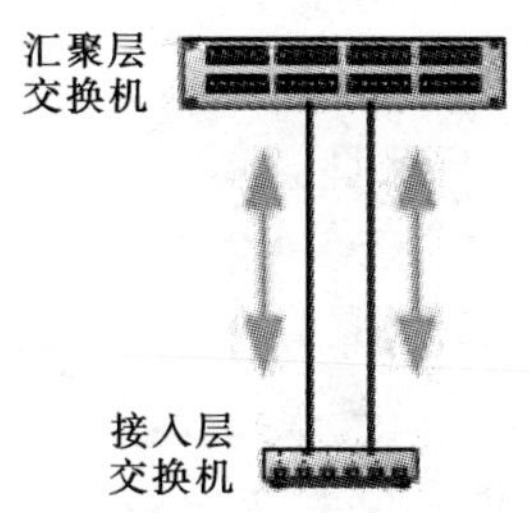

图 4.2 端口聚合提高带宽

(3) 要保证汇聚层交换机出现故障无法工作时，接入层交换机与上层交换机之间数据交换不能中断，如图 4.3 所示；接入层交换机到汇聚层交换机之间要冗余连接，并且支持汇聚层交换机之间透明的路由切换；核心层交换机出现故障无法工作时也要保持汇聚层与核心层之间的数据交换正常进行。

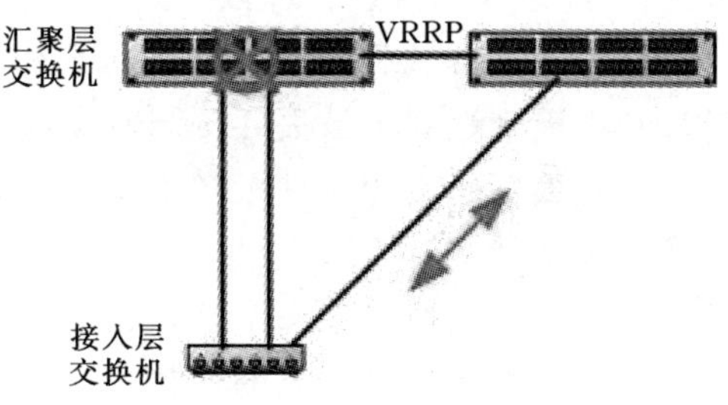

图 4.3 汇聚层交换机故障

(4) 要保证主要交换机和路由器设备主控板、交换网板、路由处理系统、电源系统等所有关键部件都采用了冗余热备份设计，其路由转发处理引擎采用分布式结构，直接排除核心路由交换机的单点故障。

(5) 要保证主要交换机和路由器设备出现故障无法正常工作时，能够通过网管系统及时发现故障设备和原因。

(6) 要保证设备之间网络连接线意外中断无法连接的情况下，能够通过网管系统及时发现故障线路。

4.1.3 QoS 需求

照明网络系统是以分层的思想来设计网络结构的，为了保证网络的服务质量，应该在各个层次上都有相应的 QoS，从而从整体上提高网络的效率和服务质量。网络结构主要分为面向终端的接入层及面向数据交换的核心、汇聚层，由于这两个层面向的对象的不同，所以其对 QoS 的处理方式也是不同的。

面向终端的接入层主要是通过对两层协议来实现对 QoS 的保证，面向数据交换的核心、汇聚层主要是通过对差分服务协议来实现对 QoS 的保证。

1. 接入层

要根据不同终端源对数据报文进行分类，保证不同终端设备具有不同的 QoS，这就需要接入层交换机支持以下数据源分类方式。

（1）源 MAC 地址。

（2）目的 MAC 地址。

（3）源 IP 地址。

（4）目的 IP 地址。

（5）物理端口。

2. 核心、汇聚层

根据照明网络系统中数据报文的 4 种报文类型（即时间同步报文、LED 报文、普通数据报文和视频报文）从高到低的优先级排列，因此，对核心、汇聚层交换机在 QoS 上对这 4 种报文具有以下要求。

（1）当网络过载或拥塞时，QoS 需要能够确保优先级高的报文（如时间同步报文）不被延迟或不被丢弃，同时保证网络的高效运行。

（2）根据确定的 4 种报文类型，需要交换机支持对每个端口都支持不少于 4 个优先级队列。

（3）需要交换机在每个端口的每个队列中支持灵活可变的队列调度算法调整，以实现对优先级策略的调整。

3. 交换机

交换机支持以下策略用以更好地保证 QoS。

（1）交换机要支持 CAR（Committed Access Rate）功能，以控制不同优先级报文的流量。

（2）交换机要支持对端口接收报文的速率和发送报文的速率进行限制，达到端口限速的目的，用以防止接入设备产生突发的大量报文。

（3）核心、汇聚层交换机要具有流量整形功能，在定时采集数据，网络中的数据流量是出现波动时，尤其是在某些突发情况下，优先级较低的报文超过速率限制时缓存而非丢弃超出的报文，在合适的时候再发送出去，从而使交换机的输出流量平滑缓和。

（4）交换机所有端口上都要支持基于带宽百分比和基于 pps（每秒通过的数据包个数）的广播风暴抑制功能，即当广播流量的带宽超过配置的限度或者 pps 超过配置的限额时，交换机将过滤超出的流量，保证网络的业务，使广播所占的流量比例降低到合理的范围。

（5）交换机要支持基于时间段（Time Range）的 ACL 和 QoS 控制，使得不同时间可以采用不同的 QoS 策略，提高 QoS 控制策略的灵活性。

4.1.4 网络管理需求

网络运行的质量除了依靠网络设备本身和网络架构的可靠性之外，网络管理是一个关键的环节，网络系统需要网络管理来保证系统的正常运行。

为保证网络的可靠性，网管系统要能提供故障管理功能，能够维护和检查网络错误日志、接受错误检测报告并做出响应等。

为使网络性能实现最优，网管系统要能提供配置管理功能，能够设置交换机的相关参数、获取交换机重要变化的信息、更改配置等。

为监视和分析网络的性能，网管系统要提供性能管理功能，收集网络的统计信息、维护和分析性能日志等，实现网络数据的增值分析。

网络对安全性要求相当高，所以必须提供网络的安全管理，包括对授权机制、访问机制、加密的管理。

根据照明网络的规模，不采用分层的网络管理，全网络只需要设置一个网络管理中心，对网络的管理及配置命令都从该中心发出。

根据网管系统的上述需求，照明网络中的交换机需要支持以下方面的功能。

（1）需要协议支持远程设备配置功能，例如 Telnet 远程访问配置和（或）SNMP 协议。

（2）需要支持设备分级告警、事件历史记录和系统日志。

（3）需要支持 NTP。

（4）需要支持设备电源备用部件的状态检测。

4.1.5 视频终端需求

根据照明网络部署地点的实际情况，视频终端会部署在室内和室外的不同地点，视频终端需要支持无线接入（802.11b/g）和有线接入（以太网）两种接入方式，同时，室外部署的视频终端要有很好的防水、防尘特性。

为了达到良好的视频监视效果，视频终端需要支持彩色视频，在分辨率为320×240 时，至少达到 30 帧/s，分辨率为 640×480 时，至少达到 12 帧/s。

为了提供多路访问的能力，视频终端需要有支持至少 10 路并发访问的能力。

基于 IPv6 的照明网络中的视频终端必须支持 IPv6 协议。

为了实现远程的视频监控，需要从监控服务器上以主动呼叫的方式获取指定视频终端的视频流数据，因此视频终端要支持 HTTP 协议/RTP 协议/RTSP 协议/MMS 协议传输视频流。

为了方便实现检查视频终端设备网络连通情况，视频终端需要支持 ICMP 协议。

为了方便实现对所有视频终端的 Web 方式配置和访问，视频终端需要支持 HTTP 协议。

4.2 软件平台需求分析

本节从软件平台的使用者角度对软件平台的最终功能进行分析，根据功能的

不同提出不同的需求，以使最终软件具有良好的性能并且方便用户使用。

4.2.1 照明状态监测

1. 照明状态监测的目标

照明状态监测实现对照明设备的运行状态的监测，照明状态监测完成以下目标。

(1) 监测各类设备的运行状态。

(2) 及时发现出现故障的设备。

(3) 提供管理人员相应的提示信息，并给出建议。

2. 照明状态监测的设备

监测的设备包括以下内容。

(1) 普通照明节点。

(2) 计量检测节点。

(3) 本地管理节点。

(4) 本地控制节点。

(5) LED节点。

(6) 联动节点。

(7) 视频终端设备。

3. 照明状态监测的要求

(1) 准确。能够准确地获取照明设备的运行状态。

(2) 及时。能够及时发现出现故障的设备。

4.2.2 艺术照明设计

1. 艺术照明设计的内容

艺术照明设计辅助管理人员对整个照明场景的设计，包括以下内容。

(1) 预设场景管理。

(2) 整个中心区照明艺术方案设计。

(3) 中心区不同区域照明艺术方案设计。

(4) 照明效果预览。

(5) 艺术方案评审。

2. 艺术照明设计的要求

(1) 方便。提供方便的艺术方案设计方法。

(2) 直观。能够直观地展示艺术方案的效果。

(3) 动态。系统能够根据管理员的设定生成动态的艺术照明效果。

4.2.3 现场场景展示

1. 现场场景展示的目标

现场场景展示的目标是以视频监视设备实时采集现场的场景，并展现给管理人员，完成以下功能。

(1) 获取现场场景。

(2) 图像化展示。

2. 现场场景展示的要求

(1) 准确。能够准确获取管理人员要求的现场的场景。

(2) 流畅。视频监视画面流畅。

(3) 虚拟现实（VR）展示。在一些关键地点，如信息柱附近，能够提供虚拟的场景展示。

4.2.4 运营分析

运营分析的目标，是以照明系统的状态检测、运行模型为基础，采用计算机辅助分析决策，实现设备和系统的运行分析和管理，最终达到营运状态、能耗、物耗的科学合理，以及照明效果智能评测和控制的最优化。

1. 运营分析的功能

(1) 运行状态分析。

(2) 能耗分析。

(3) 设备寿命分析。

(4) 故障分析。

(5) 运营成本分析。

2. 运营分析针对的设备

(1) 普通照明节点。

(2) 计量检测节点。

(3) 本地管理节点。

(4) 本地控制节点。

(5) LED节点。

(6) 联动节点。

(7) 视频终端设备。

3. 运营分析的要求

(1) 准确。运营分析的结果要准确反映照明网络的运营状况。

(2) 建议性。运营分析的结果能够对运营方案的调整提供指导建议。

第5章 项 目 方 案

5.1 基础网络方案

5.1.1 建设原则

运用国内外的成熟、先进的技术，把握计算机网络发展的大趋势，结合实际情况的特点和使用需求及未来发展，项目的网络建设方案遵循以下建设原则。

5.1.1.1 系统经济性

所选设备应该具有良好的性能价格比，应充分考虑性能良好、功能齐全、代表网络发展方向且价格合理的网络产品，着眼于近期目标和长期的发展，选用先进的设备进行最佳性能组合，利用有限的投资构造一个性能最佳的网络系统。

5.1.1.2 系统可靠性和稳定性

照明系统中控制信令的传输全部基于网络，网络一旦出现故障将严重影响到照明系统的正常运行，因此基础网络的高可靠性和稳定性是照明系统正常运行的首要条件。在保证系统可靠性的基础上，进一步提高系统的可用性。网络的高可靠性、稳定性是保证网络可以在任何时间、任何地点提供信息访问服务。设备要有可靠的质量，并支持热插拔特性，同时采取线路、电源备份，对核心层、汇聚层、接入层都采用冗余连接，确保物理层、链路层、网络层运营稳定、可靠。

5.1.1.3 系统实用性和可管理性

当今世界，通信技术和计算机技术的发展日新月异，网络设计要适应新技术发展的潮流，保证系统的先进性，选择代表世界先进水平的技术和设备，使投资的设备不在短时间内落伍。同时，也要兼顾技术的成熟性、标准性、实用性，不采用还未成为标准的技术及设备接口，降低由于新技术和新产品不成熟等因素给用户带来的风险。网络设计中，选择先进的网络管理软件是必不可少的。通过管理平台的控制，监控主机、网络设备状态，故障报警，从而简化管理工作，提高主机系统和网络系统的利用效率。

5.1.1.4 系统可扩展性

在网络设计时，首先要满足现有规模网络用户和应用的需求，同时考虑未来业务发展、规模的扩大，因此应该设计关键网络设备具备扩展能力以及网络实施新应用的能力。设备应采用开放技术、支持标准协议，具有灵活的端口扩充能力，模块扩充能力，满足网络规模的扩充。同时产品具有支持新应用的技术准备，能够符合实际要求，方便快捷地实施新应用。

5.1.1.5 系统安全性

合理的网络安全控制，可以使应用环境中的信息资源得到有效的保护。网络可以阻止任何非法的操作；网络设备可进行基于协议、基于IP地址的包过滤控制功能，不同的业务划分到不同的虚网中。通过划分VLAN和用户认证实现对照明网络系统的基本安全保障。

5.1.2 网络拓扑设计

5.1.2.1 方案1

奥林匹克公园中心区照明管理的实际结构是1个控制中心，100个区域中心，分布在奥运主题公园内，分别控制着公园内的照明设备。

根据项目的需求分析和对网络的要求，方案1采用3层网络结构建设奥运主体公园的照明系统，共分为1个控制中心、8个汇聚区域中心、100个区域中心，具体如图5.1所示。

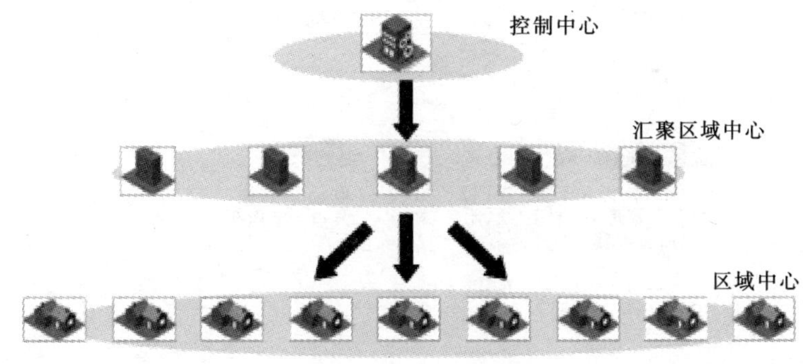

图5.1 网络物理拓扑结构方案1

方案1充分考虑网络的可扩展性、可靠性和网路性能，依据网络分层的思想，方案1采用3层结构，将100个区域中心分为8组，每一组中选出一个汇聚点，将本组的区域中心汇聚到汇聚点，然后再接入到控制中心。

核心层完成数据的快速转发功能，并将数据业务分配到各个汇聚层节点，采用高端千兆交换机，提供高速数据交换。汇聚层完成接入层流量的会聚，并实施一些网络控制策略，如流量控制、流量整形，带宽控制，可以对用户接入进行高级控制，如认证、带宽限制等，向上连接至核心层，收敛接入层带宽，向下连接接入层，并将数据业务分配到各接入层节点。接入层对上连接至汇聚层，对下实

现终端节点的接入，提供 100M 接入速度。建设方案如图 5.2 所示。网络拓扑方案结构设计思路如下。

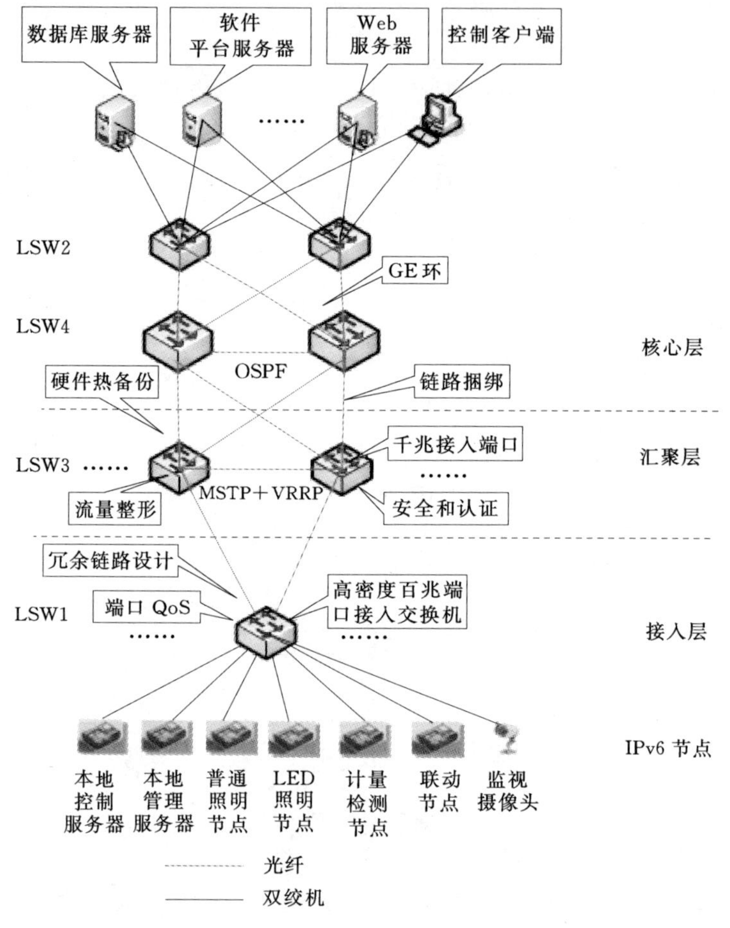

图 5.2　网络逻辑拓扑结构方案一

(1) 网络所选择用的交换机均支持 IPv6 协议。

(2) 基于对网络可靠性方面的考虑，汇聚层、核心层采用环形组网。

(3) 接入层。LSW1 是接入层交换机，提供两层接入功能，LSW1 提供百兆高密度的接入端口，上行通过千兆网络接口与 LSW3 连接。由于接入节点比较多，在交换机选型的时候需要选择具有较多接口的机型，从而可以有效降低成本，并有利于部署和管理。

(4) 汇聚层。LSW3 主要起到汇聚 LSW1 接入业务的作用，并可通过协议配置，使网络快速收敛，并提供一些相应的保护功能。在 LSW1 接入到 LSW3 时，LSW3 提供千兆接入端口，端口上可配置一些安全、认证特性，上行再与汇聚层交换机相连，连接链路采用多链路捆绑上行增加带宽。为了防止由于突发数据造成网络中流量的突变而引发的数据拥塞，在LSW3出进行流量整形，从而使网络流量相对稳定。

为了提供冗余路由，在LSW3开启VRRP协议，保证当一台LSW3设备出现故障时不影响整个网络的正常运行。同时开启MSTP协议，提供负载均衡能力，充分利用网络带宽，当一个交换机负载过重的时候，LSW3之间通过MSTP协议实现负载分摊，从而提高整个网络的吞吐量。LSW3通过链路捆绑技术增加系统可用带宽，充分利用设备资源，并为将来系统扩充提供一定的支持。

每两台汇聚层交换机组成一个汇聚区域中心，管理多个区域中心。两台交换机使用千兆多模光纤捆绑互通，满足接入层设备高带宽需求，并缓解当接入层设备数量众多时对核心层的冲击。

(5) 核心层。LSW4属于核心交换机，提供核心数据交换，并且具有很强的路由功能，上行于各控制服务器相连，对外通过路由器与用户终端相连，这样用户可以通过远程控制照明网络。照明网络管理平台服务器通过一个LSW3接入到核心网络中，此LSW3使用千兆网络接口与LSW4的千兆网络接口相连组成GE环，确保一台核心交换机出现故障的时候管理平台服务器仍然可以实现对整个照明网络的控制。

两台核心交换机组成控制中心，通过两条千兆链路捆绑互通，同时使用千兆单模光纤连接汇聚层交换机，充分满足核心设备的高可靠性需求。

(6) 整个系统的QoS保证。根据下接节点种类的不同，可通过QoS保证不同业务优先级。在系统中，存在4种不同类型的数据：①用于时间同步的数据流(ntp流)；②用于LED节点通信的数据流(LED数据流)；③用于一般照明节点、本地服务器、本地管理服务器、计量检测节点、联动节点通信的数据流(普通数据流)；④用于视频监视的数据流(视频流)。其中ntp流完成时间同步的功能，由于系统对时间精确度要求比较高，因此ntp流应该具有最高的优先级。普通数据流完成对整个系统照明设备的控制，较大的延时或者数据包丢失都将对系统造成较大的影响，因此控制流应该具有较高的优先级。视频流对实时性要求较高，但是少量的丢包不会造成严重的影响。因此，可以对不同端口设置不同的优先级，优先保证优先级较高的数据的通信质量。

(7) 抑制广播风暴。整个网络大量采用冗余链路保证可靠性，网络中存在一些环形回路，为了避免出现网络风暴，可以采用划分VLAN来隔绝冲突域减少广播风暴的范围，同时利用基于带宽百分比和基于pps(每秒通过的数据包个数)的广播风暴抑制策略抑制广播风暴。

根据以上分析，通过对市场产品的调研，设备选型方案见表5.1。

表 5.1　　方案 1 各层次网络设备选型表

设备编号	型　　号	设备编号	型　　号
LSW1	华为－3com S3610 交换机	LSW3	华为－3com S5510 交换机
LSW2	华为－3com S5510 交换机	LSW4	华为－3com S8505 交换机

5.1.2.2　方案 2

根据项目的需求分析和对网络的要求，方案 2 采用 2 层网络结构建设奥运主体公园的照明系统，共分为 1 个控制中心、100 个区域中心，具体如图 5.3 所示。

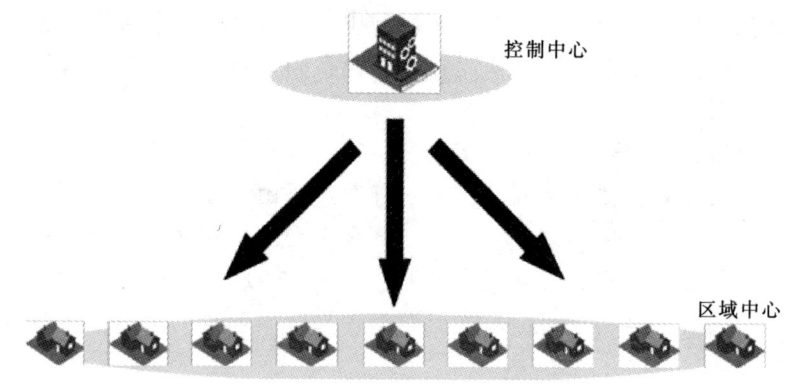

图 5.3　网络物理拓扑结构方案 2

方案 2 针对区域管理系统的网络特点，对网络性能、可扩展性和经济性进行权衡，在方案 1 的基础上进行适当修改，采用 2 层的简化结构。核心汇聚层完成数据的快速转发功能，并将数据业务分配到各个接入层节点，采用高端千兆交换机，提供高速数据交换。接入层对上连接至核心汇聚层，对下实现终端节点的接入，采用中端交换机，提供 100M 接入速度，并完成一定的 Qos 相关功能，建设方案如图 5.4 所示。网络拓扑方案结构设计思路如下。

（1）网络所选择用的交换机均支持 IPv6 协议。

（2）基于对网络可靠性方面的考虑，核心汇聚层采用环形组网。

（3）接入层。LSW1 是接入层交换机，提供 2 层接入功能，LSW1 提供百兆高密度的接入端口，上行通过千兆网络接口与 LSW2 连接。由于接入节点比较多，在交换机选型的时候需要选择具有较多接口的机型，从而可以有效降低成本，并有利于部署和管理，端口上可配置一些安全、认证特性，上行再与汇聚层交换机相连，连接链路采用多链路捆绑上行增加带宽。为了防止由于突发数据造成网络中流量的突变而引发的数据拥塞，在 LSW1 处进行流量整形，从而使核心汇聚层的网络流量相对稳定。

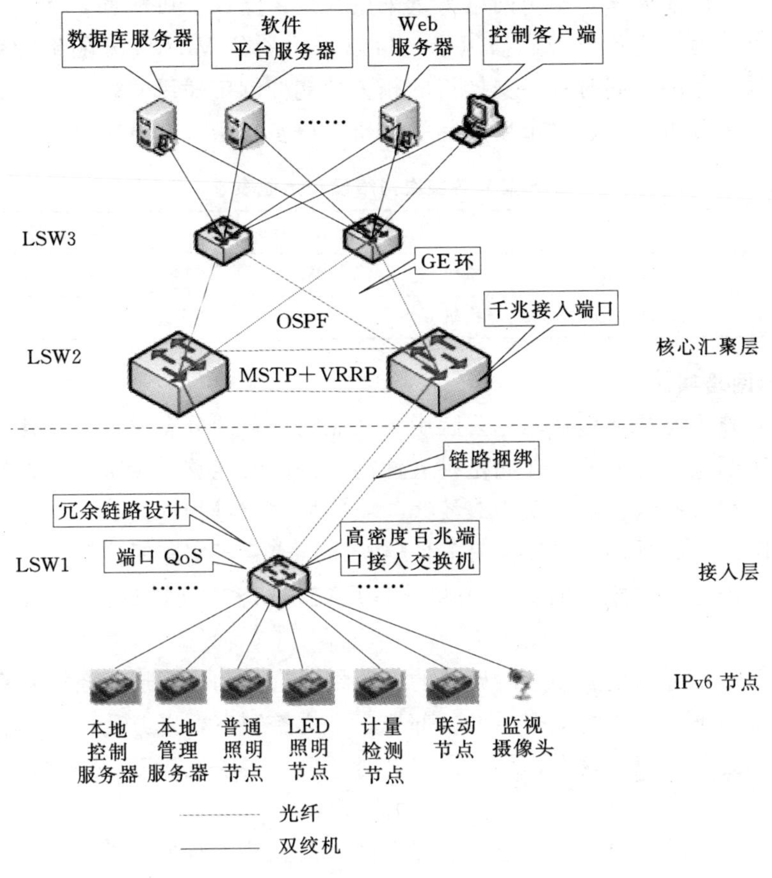

图 5.4　网络逻辑拓扑结构方案 2

（4）核心汇聚层。LSW2 主要起到汇聚 LSW1 接入业务的功能，提供核心数据交换，并提供一些相应的保护功能。为了提供冗余路由，启用 VRRP 协议，保证当一台 LSW2 设备出现故障时不影响整个网络的正常运行；启用 MSTP 协议，提供负载均衡能力，充分利用网络带宽，并实现 LSW2 之间的负载分摊，从而提高整个网络的吞吐量；同时，启用 OSPF 协议实现网络快速收敛。

（5）管理服务器接入。LSW3 采用中端 3 层交换机，用于连接照明管理系统平台的服务器。为满足安全性考虑，LSW3 采用 VLAN 划分不同的虚网，实现对不同类型数据的隔离。为满足大吞吐量的需求，服务器通过千兆以太网接入网络。

（6）系统的 QoS 保证。根据下接节点种类的不同，可通过 QoS 保证不同业务优先级。采用与方案 1 类似的方式，通过不同的优先级设定保证网络的服务质量。

(7) 抑制广播风暴。整个网络大量采用冗余链路保证可靠性，网络中存在一些环形回路，为了避免出现广播风暴，可以采用划分 VLAN 来隔绝冲突域，减少广播风暴的范围，同时利用交换机的相关功能抑制广播风暴。

根据以上分析，通过对市场产品的调研，设备选型方案见表 5.2。

表 5.2　　方案 2 各层次网络设备选型表

设备编号	型　号	设备编号	型　号
LSW1	华为－3com S3610 交换机	LSW3	华为－3com S5510 交换机
LSW2	华为－3com S8505 交换机		

5.1.2.3　网络实施

网络实施需要结合奥林匹克公园中心区照明设备的分布情况，采用合理的布局以满足照明系统的需要，在满足扩展性需要的同时能够尽量节省设备费用。

网络的接入层设备由于采用双绞线与照明控制节点相连接，受到双绞线的传输距离的限制；同时，为了保证可靠性，接入层交换机实施时应该尽量靠近照明控制节点，因此在实施的时候采用将接入层交换机和照明控制节点靠近部署的方式。

汇聚层设备可以根据接入层设备的部署情况选择和接入层设备一起部署于机柜中，连接各类服务器的汇聚层设备部署于中心控制室，以方便部署和管理。

核心层设备体积比较大，价格昂贵，对环境的要求比较高，因此部署于中心控制室。

作为奥运中轴线白天和夜晚的照明设施，信息柱内有大量的照明设备，同时信息柱内还有一定数量的视频设备，信息柱内的 IPv6 控制节点较为密集，因此接入层交换机适合部署于信息柱内的机柜中。在奥林匹克公园中心区的一些地点，照明控制节点、视频设备分布的比较广泛，交换机适合部署于距离大部分 IPv6 节点距离较近的配电箱附近，从而便于布线和管理，同时也能有效控制交换机的数量。奥林匹克公园中心区一共有 29 个中心杆，在其中的某些信息柱内会部署汇聚层交换机。核心层交换机统一部署在中心控制室。IPv6 控制节点和接入层之间采用双绞线连接，接入层交换机和汇聚层交换机之间、汇聚层和核心层之间采用光纤连接，从而保证整个网络的带宽和可靠性。根据网络拓扑设计，奥运景观照明控制系统设备采用 H3C 的网络设备，网络逻辑拓扑如图 5.5 所示。

5.1.3　网络总体及 VLAN 设计

奥林匹克公园中心 IP 地址空间分配，要与网络拓扑层次结构相适应，既要有效地利用地址空间，又要体现网络的可扩展性和灵活性，同时还要考虑到网络

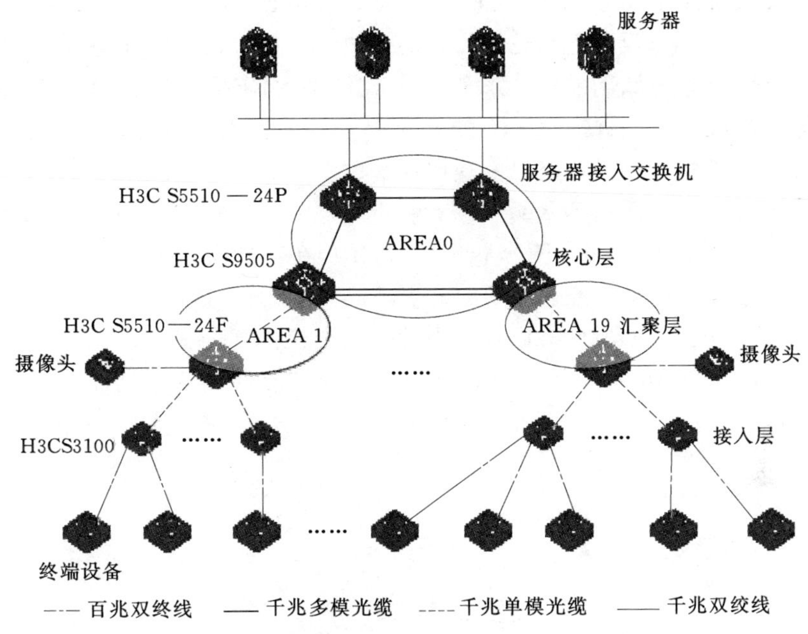

图 5.5 逻辑拓扑结构

地址的可管理性。

此次项目中，规划的IPv6网段地址为2001：0：0：＊＊＊＊：0：0：＊＊＊＊：＊＊＊＊，IPv4网段为10.＊＊＊.＊＊＊.＊＊＊。结合目前网络现状，对局域网内，网络网段目前规划为业务网段、网管网段、服务器网段和互联网段几个部分。

5.1.4 网管网段VRRP设计

在TCP/IP网络中，为保证一个主机与其他子网内机器的通信访问，需要对该主机指定一个默认网关。一般有两种方法：一种是使用最短路径优先（Open Shortest-Path First，OSPF）协议和路由信息协议（Routing Information Protocol，RIP）等动态路由协议来确定正确的默认网关，动态路由协议能够绕过任意故障点来选择最佳网关，但动态路由协议对于终端系统的处理开销较大，且收敛工程慢；另外一种是采用静态配置的默认网关来减少处理开销，但是，使用默认网关的风险是使用缺省网络的路由器成了单一的故障点，即如果该路由器发生故障，所有使用该网关作为下一跳主机的通信必然要中断。为此，Internet工程任务组（Internet Engineering Task Force，IETF）制定了虚拟路由器冗余协议（VRRP，RFC2338），应用于作为静态配置默认网关上的第三层交换机和路由器，为依赖于默认网关进行广域网接入或访问其他局域网的终端系统提供更快、更有效的冗余容错能力。

虚拟交换机冗余协议（Virtual Router Redundancy Protocol，VRRP）是一种容错协议，通过物理设备和逻辑设备的分离，很好地解决了上述问题。在具有组播或广播能力的局域网（如以太网）中，借助VRRP能在某台设备出现故障时仍然提供高可靠的缺省链路，有效避免单一链路发生故障后网络中断的问题，而无需修改动态路由协议、路由发现协议等配置信息。

VRRP协议的实现有VRRPv2和VRRPv3两个版本。其中，VRRPv2基于IPv4，VRRPv3基于IPv6。两个版本的VRRP在功能实现上并没有区别，只是在IPv4设备上和IPv6设备上使用的命令不同。

如图5.6所示，VRRP将局域网内的一组交换机划分在一起，称为一个备份组。备份组由一个Master交换机和多个Backup交换机组成，功能上相当于一台虚拟交换机。

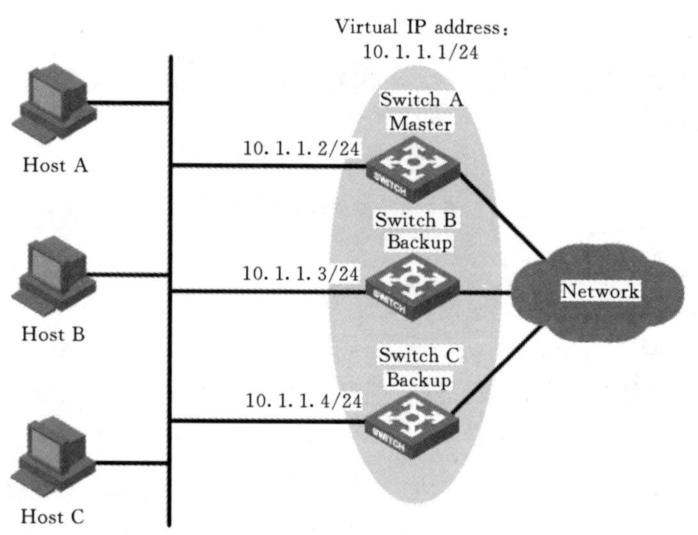

图5.6　VRRP规划

VRRP备份组具有以下特点。

（1）虚拟交换机具有IP地址。局域网内的主机仅需要知道这个虚拟交换机的IP地址，并将其设置为缺省路由的下一跳地址。

（2）网络内的主机通过这个虚拟交换机与外部网络进行通信。

（3）备份组内的交换机根据优先级，选举出Master交换机，承担网关功能。当备份组内承担网关功能的Master交换机发生故障时，其余的交换机将取代它继续履行网关职责。由于网络内的终端配置了VRRP虚拟网关地址，发生故障时，虚拟路由器没有改变，主机仍然保持连接，网络将不会受到网关单点故障的影响。

5.1.4.1 VRRP - Ping

VRRP - Ping 主要决定用户虚拟的网关地址是否可以进行 Ping 操作，如果要打开 VRRP - Ping 功能，需要在备份组建立之前就进行设定。如果交换机上已经建立了备份组，系统将不允许再进行本配置来设定虚拟 IP 地址是否可以使用 Ping 命令进行操作。

VRRP - Ping 命令默认关闭，即用户虚拟网关将不能 Ping 通，Ping 命令是一般网管进行网络故障排除的最基本命令，为了方便网络管理和排错，此次设计中统一都打开 VRRP - Ping 功能。

5.1.4.2 VRRP 参数

1. VRRP 设备实地址

VRRP 需要为 VRRP 组内的两台设备分配地址，为了统一各 VLAN 情况，结合 IP 地址规划，建议主机位采用 2 和 3 地址进行分配。

2. VRRP 虚拟地址

VRRP 的虚拟地址即用户的网关地址，根据 IP 地址规划中的设计，VRRP 的虚拟地址主机位统一采用 1。

3. VRRP hello time

VRRP hello time 是设置 VRRP 组间发送 hello 报文的时间，可根据网络的需求进行更改，默认的时间为 1s。

4. VRRP 组优先级

VRRP 根据优先级来确定备份组中每台交换机的角色（Master 交换机或 Backup 交换机）。优先级越高，则越有可能成为 Master 交换机。

VRRP 优先级的取值范围为 0～255（数值越大表明优先级越高），可配置的范围是 1～254，优先级 0 为系统保留给特殊用途来使用，255 则是系统保留给 IP 地址拥有者。当交换机为 IP 地址拥有者时，其优先级始终为 255，不允许对其进行优先级的配置。因此，当备份组内存在 IP 地址拥有者时，只要其工作正常，则为 Master 交换机。

5. VRRP VRID 选择

VRRP VRID 在 VRRP 设置中没有特殊要求，主要作用是计算出 VRRP 虚拟地址的 MAC 地址和区分组内成员。可随意设置，但必须保证同一组设备 VLAN 下的 VRID 一致。

6. VRRP 抢占模式

备份组中的交换机具有以下两种工作方式。

（1）非抢占方式。如果备份组中的交换机工作在非抢占方式下，则只要 Master 交换机没有出现故障，Backup 交换机即使随后被配置了更高的优先级也不会成为 Master 交换机。

（2）抢占方式。如果备份组中的交换机工作在抢占方式下，它一旦发现自己的优先级比当前的 Master 交换机的优先级高，就会对外发送 VRRP 通告报文，导致备份组内交换机重新选举 Master 交换机，并最终取代原有的 Master 交换机。相应地，原来的 Master 交换机将会变成 Backup 交换机。

此次网络设计中统一采用抢占方式，由 SW-CORE-5510-L3-01 当做 VRRP 的 Master 设备，由 SW-CORE-5510-L3-02 当做 VRRP 的 Backup 设备。

5.1.4.3 VRRP 负载分担

采用双设备冗余的组网模式，为了充分利用网络资源，在 2 台设备状态正常的情况下，对流量进行负载分担，优化网络性能。对于同一个 VRRP 组来说，主设备才是真正负责数据转发的设备，为了达到负载分担的目标，对业务根据 VLAN 进行分流，不同 VLAN 用户的 VRRP 组分布在不同的设备上，从而实现数据分流。

在交换机的一个接口上可以创建多个备份组，使得该交换机可以在一个备份组中作为 Master 交换机，在其他的备份组中作为 Backup 交换机，如图 5.7 所示。

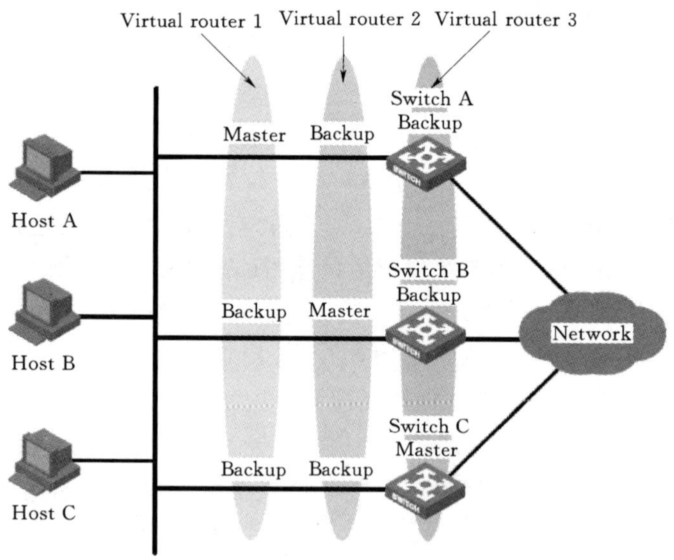

图 5.7 VRRP 负载分担

负载分担方式是指多台交换机同时承担业务，因此负载分担方式需要 2 个或者 2 个以上的备份组，每个备份组都包括一个 Master 交换机和若干个 Backup 交换机，各备份组的 Master 交换机可以各不相同。

5.1.4.4 VRRP优化

1. VRRP 定时器

VRRP定时器分为两种：VRRP 通告报文时间间隔定时器和 VRRP 抢占延迟时间定时器。

VRRP 通告报文时间间隔定时器：VRRP 备份组中的 Master 交换机会定时发送 VRRP 通告报文，通知备份组内的交换机自己工作正常。用户可以通过设置 VRRP 定时器来调整 Master 交换机发送 VRRP 通告报文的时间间隔。如果 Backup 交换机在等待了 3 个间隔时间后，依然没有收到 VRRP 通告报文，则认为自己是 Master 交换机，并对外发送 VRRP 通告报文，重新进行 Master 交换机的选举。

VRRP 抢占延迟时间定时器：在性能不够稳定的网络中，Backup 交换机可能因为网络堵塞而无法正常收到 Master 交换机的报文，导致备份组内的成员频繁地进行主备状态转换。用户可以通过设置 VRRP 抢占延迟时间的方法来解决这个问题。设置了 VRRP 抢占延迟时间后，Backup 交换机会在等待了 3 倍的通告报文时间间隔后，再等待 VRRP 抢占延迟时间。如在此期间还是没有收到 VRRP 通告报文，则此 Backup 交换机将认为自己是 Master 交换机，对外发送 VRRP 通告报文，触发备份组内交换机进行 Master 交换机的选举。

2. VRRP 监视接口功能

VRRP 的监视接口功能更好地扩充了备份功能：不仅能在备份组中某交换机的接口出现故障时提供备份功能，还能在交换机的其他接口不可用时提供备份功能。当被监视的接口处于 down 状态时，拥有该接口的交换机的优先级会自动降低一个指定的数额，从而可能导致备份组内其他交换机的优先级高于这个交换机的优先级，使优先级高的 Backup 交换机转变为 Master 交换机。

3. 备份组中交换机的认证方式

VRRP 提供了以下两种认证方式。

（1）Simple：简单字符认证。在一个有可能受到安全威胁的网络中，可以将认证方式设置为 Simple。发送 VRRP 报文的交换机将认证字填入到 VRRP 报文中，而收到 VRRP 报文的交换机会将收到的 VRRP 报文中的认证字和本地配置的认证字进行比较。如果认证字相同，则认为接收到的报文是真实、合法的 VRRP 报文；否则认为接收到的报文是一个非法报文。

（2）MD5：MD5 认证。在一个非常不安全的网络中，可以将认证方式设置为 MD5。发送 VRRP 报文的交换机利用认证字和 MD5 算法对 VRRP 报文进行加密，加密后的报文保存在 Authentication Header（认证头）中。收到 VRRP 报文的交换机会利用认证字解密报文，检查该报文的合法性。

在一个安全的网络中，用户也可以不设置认证方式。

5.1.4.5 VRRP配置

1. IPV6的配置

（1）SW - CORE - 5510 - L3 - 01配置：

```
[SW - CORE - 5510 - L3 - 01] vrrp ipv6 ping - enable
[SW - CORE - 5510 - L3 - 01] interface vlan 100
[SW - CORE - 5510 - L3 - 01] vrrp ipv6 vrid 1 virtual - ip FE80:: 1 link - local
[SW - CORE - 5510 - L3 - 01 - vlan - interface100] vrrp ipv6 vrid 1 virtual - ip
                                                   2001: 1:: 1/64
[SW - CORE - 5510 - L3 - 01 - vlan - interface100] vrrp ipv6 vrid 1 priority 110
[SW - CORE - 5510 - L3 - 01 - vlan - interface100] vrrp ipv6 vrid 1 track
                                                   interface ethernet 0/23
                                                   reduce 10
[SW - CORE - 5510 - L3 - 01 - vlan - interface100] vrrp ipv6 vrid 1 preempt - mode
[SW - CORE - 5510 - L3 - 01 - vlan - interface100] vrrp ipv6 vrid 1 timer advertise 3
```

（2）SW - CORE - 5510 - L3 - 02配置：

```
[SW - CORE - 5510 - L3 - 02] vrrp ipv6 ping - enable
[SW - CORE - 5510 - L3 - 02] interface vlan 100
[SW - CORE - 5510 - L3 - 01] vrrp ipv6 vrid 1 virtual - ip FE80:: 1 link - local
[SW - CORE - 5510 - L3 - 02 - vlan - interface100] vrrp ipv6 vrid 1 virtual - ip
                                                   2001: 1:: 1/64
[SW - CORE - 5510 - L3 - 02 - vlan - interface100] vrrp ipv6 vrid 1 priority 105
[SW - CORE - 5510 - L3 - 02 - vlan - interface100] vrrp ipv6 vrid 1 track interface
                                                   Ethernet 0/1 reduce 10
[SW - CORE - 5510 - L3 - 02 - vlan - interface100] vrrp ipv6 vrid 1 preempt - mode
[SW - CORE - 5510 - L3 - 02 - vlan - interface100] vrrp ipv6 vrid 1 timer ad
vertise 3
```

检测命令：display vrrp ipv6、display vrrp ipv6 statistics。

2. IPV4的配置

（1）SW - CORE - 5510 - L3 - 01配置：

```
[SW - CORE - 5510 - L3 - 01] vrrp ping - enable
[SW - CORE - 5510 - L3 - 01] interface vlan 100
[SW - CORE - 5510 - L3 - 01 - vlan - interface100] vrrp vrid 1 virtual -
ip 172.16.0.1
```

[SW - CORE - 5510 - L3 - 01 - vlan - interface100] vrrp vrid 1 priority 110

[SW - CORE - 5510 - L3 - 01 - vlan - interface100] vrrp vrid 1 track interface ethernet 0/23 reduce 10

[SW - CORE - 5510 - L3 - 01 - vlan - interface100] vrrp vrid 1 preempt - mode

[SW - CORE - 5510 - L3 - 01 - vlan - interface100] vrrp vrid 1 timer advertise 3

(2) SW - CORE - 5510 - L3 - 02 配置：

[SW - CORE - 5510 - L3 - 02] vrrp ping - enable

[SW - CORE - 5510 - L3 - 02] interface vlan 100

[SW - CORE - 5510 - L3 - 02 - vlan - interface100] vrrp vrid 1 virtual - ip 172.16.0.1

[SW - CORE - 5510 - L3 - 02 - vlan - interface100] vrrp vrid 1 priority 105

[SW - CORE - 5510 - L3 - 02 - vlan - interface100] vrrp vrid 1 track interface Ethernet 0/1 reduce 10

[SW - CORE - 5510 - L3 - 02 - vlan - interface100] vrrp vrid 1 preempt - mode

[SW - CORE - 5510 - L3 - 02 - vlan - interface100] vrrp vrid 1 timer advertise 3

检测命令：display vrrp、display vrrp statistics。

5.1.5 路由设计

在奥林匹克公园中心区 IPv6 数字化网络照明控制系统网络中，由于网络结构采用层次化结构，即以骨干网为中心，各汇聚区域中心连接到骨干网，建议将骨干网部分作为 OSPFv3 的 Backbone 区域，即 AREA 0，各汇聚区域中心网络所有 3 层设备作为 OSPFv3 的普通区域。

OSPFv3 是基于链路状态计算最短路径的路由协议，该类协议需要对每条链路赋予一个 Cost 值，路由的 Cost 为所有途径链路 Cost 的累加和。Cost 配置在端口上，为保证 OSPFv3 数据库的一致性，避免路由环出现，要求一条链路两端的端口 Cost 配置必需相等。

OSPFv3 协议本身没有规定 Cost 的计算方法，cost＝reference - bandwidth/interface - bandwidth，在缺省情况下 reference - bandwidth 为 10^8，即 100Mbps 端口的 Cost 为 1，这个值可以使用命令 auto - cost reference - bandwidth 来修改。

奥林匹克公园中心区 IPv6 数字化网络照明控制系统网络互联链路的速度范围是从 100M 到 GE，未来可能升级到更高速率的链路，考虑到基于光电转换的路由单端口极限为 40Gbps，因此建议局域网 OSPFv3 Cost 的参考速率为 160Gbps，即 160Gbps 端口的 OSPFv3 Cost 为 1，实际上这个 Cost 被保留给 Loopback 端口。

表 5.3 为局域网内部的 Cost 数值供参考。

表 5.3　　　　局域网内部Cost表

端口类型	速率（Mbps）	自动计算Cost值	实际Cost值
Loopback	n/a	1	1
10GE	10000	16	16
GE	1000	160	160
FE	100	1600	1600

5.2 中心控制软件平台

整个系统被分为5个模块，分别为照明设备统一访问平台、现场场景展示系统、运营分析系统、照明设备监控系统和照明日程管理系统。照明设备统一访问平台实现底层照明设备的统一接入与访问控制，是开展综合照明业务的基础；照明设备监控模块主要是对中心区的照明状态及各级别照明设备的生存状态进行监视和实时控制；运营分析模块主要是对存储于数据库中的灯具在各个时间段的能耗信息进行统计和对比分析并图形化显示，还提供对数据库中灯具的故障信息和寿命进行统计分析或设定的功能；现场场景展示主要是监视现场场景并以图像的形式展示给管理人员；系统管理模块主要是方便管理人员进行管理相关功能，管理人员通过对配置文件、系统运行参数进行相应的设置实现对系统运行方式的动态修改，并具有用户管理和日志管理等功能。

5.2.1 照明设备统一访问平台

照明设备统一访问平台包括：通信服务器调用接口，CGI模式通信方式，Ebus通信方式。其中Ebus通信方式又分为同步Ebus通信方式和异步Ebus通信方式。具体体系结构如图5.8所示。

（1）通信服务器调用接口。该模块主要为上层应用提供调用CGI或者Ebus通信方式的接口，它屏蔽了通信模块核心部分的实现方式，只以Servlet或者Webservice的调用接口展示给用户，既安全有效，又便于用户使用。

（2）服务器端程序结构。服务器端程序主要包括以下几方面。

1）CGI模式通信模块：该模块实现和本地服务器之间以CGI模式通信的功能。其功能子模块包括：消息的转发实现模块和CGI日志信息记录模块。

2）Ebus模式通信模块：该模块实现和本地服务器之间以Ebus模式通信的功能。其功能子模块包括：Ebus模式同步通信模块，Ebus模式异步通信模块，Ebus日志信息记录模块。

服务器端程序主要由以下5部分组成。

1）面向上层的CGI消息监听线程。该线程是一个Servlet。上层应用通过

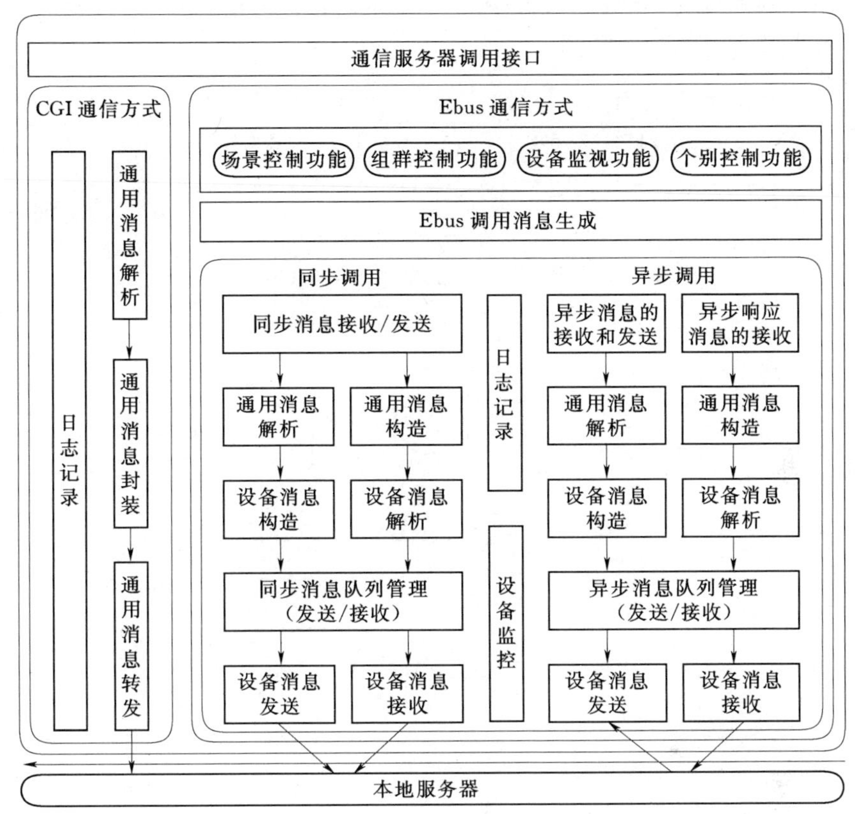

图 5.8 照明设备统一访问平台体系结构图

CGI 方式与本地控制服务器进行通信时，首先把消息发送给该线程，由该线程完成与本地控制服务器的 CGI 通信。

2）面向上层的 Ebus 消息监听线程。该线程是若干个 Webservice。上层应用通过 Ebus 方式与本地控制服务器进行通信时，首先把消息参数发送给该线程，由该线程接管后续的处理工作。

3）面向本地控制服务器的 Ebus 消息监听线程。该线程是一个 Servlet。下层本地控制服务器上发的消息，都由该线程接收。该线程根据消息的种类，将不同的消息放入不同的队列，并通知相应的处理程序处理。

4）Ebus 消息生成和发送模块。Ebus 消息生成和发送模块用于根据用户的调用 Webservice 时发送的消息参数，生成相对应类型的 Ebus 消息，并将该消息向下发送到本地服务器。

5）消息队列。消息队列用于缓存通信模块 Ebus 通信接收到的消息。通信队列主要分为等待下发给本地控制服务器的消息队列，接受来自本地控制服务器响应的消息队列和接受本地控制服务器主动上发的报文的消息队列。

服务器端程序结构图如图 5.9 所示。

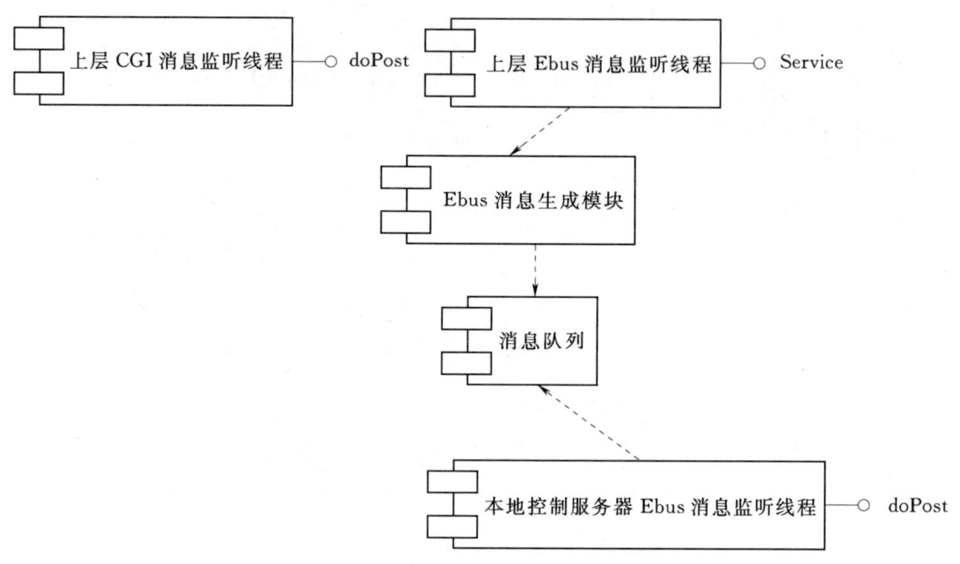

图 5.9　服务器端程序结构图

5.2.1.1　设备服务模块

设备服务模块框架图如图 5.10 所示。

流程逻辑如图 5.11 所示。

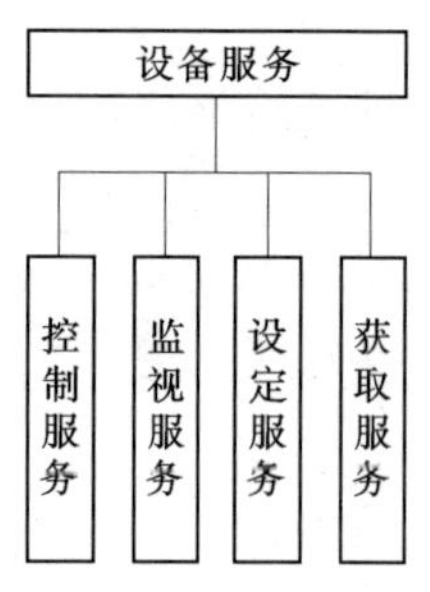

图 5.10　设备服务模块框架图

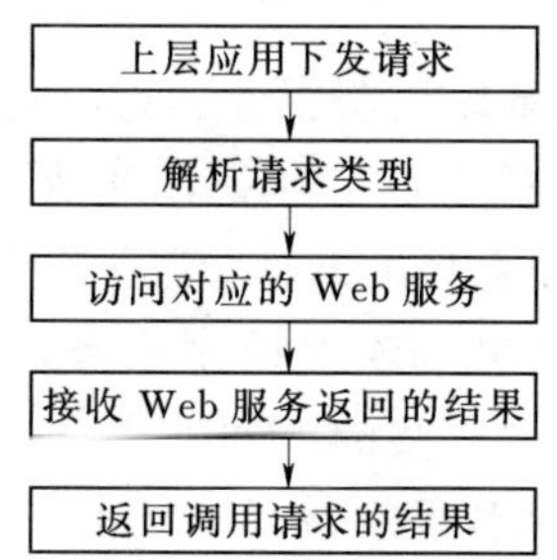

图 5.11　设备服务模块统一流程图

设备服务流程描述为：①用户层下发消息请求；②解析请求的类型，并获取参数列表；③根据请求类型调用不同的 Web 服务；④返回 Web 服务的调用结果。

该模块向上层提供统一的 API：invokeEbusWebService（）方法，提供 Ebus 模式通信的 API。以具体的调用类型不同，有多种实现，每一个实现方法

对应于服务器中的一个 Web 服务。

(1) 控制服务。

1) 功能描述。对底层的本地控制服务器进行场景和群组控制。

2) 输入。对全局场景控制，输入场景编号；对全局群组控制，输入群组编号和用户希望的群组值；对于本地场景控制，输入 IIU 的编号和场景编号；对于本地群组控制，输入 IIU 编号，群组编号以及用户希望的群组值。

3) 输出。本地服务器控制命令的执行结果，0 为正常结束，其他为异常。

(2) 监视服务。

1) 功能描述。对底层的本地控制服务器进行场景和群组监视。

2) 输入。对全局场景监视，输入所监视场景编号；对全局群组监视，输入用户监视群组编号；对于本地场景监视，输入 IIU 的编号和场景编号；对于本地群组监视，输入 IIU 编号，群组编号以及用户希望的群组值。

3) 输出。本地服务器监视命令的执行结果，针对具体的场景编号，监视返回是否一致，ture 为一致，false 为不一致。

(3) 设定服务。

1) 功能描述。设定底层本地控制服务器的开关次数和开始时间。

2) 输入。对开关次数的设定，输入 IIU 编号，群组编号和用户希望设定的开关次数；对开始时间的设定，输入 IIU 编号，群组编号和用户希望设定的开始时间，单位是秒。

3) 输出。本地服务器设定命令的执行结果，0 为正常结束，其他为异常。

(4) 获取服务。

1) 功能描述。获取底层本地控制服务器的开关次数，开始时间，各种异常和能耗值。

2) 输入。对开关次数的获取，输入 IIU 编号和具体照明设备的编号；对开始时间的获取，输入 IIU 编号和具体照明设备的编号；对能耗值的获取，需要输入 IIU 编号，群组编号，具体的时间（以 yyyyMMddHHmmss 表达方式输入）和具体照明设备的编号；对各种异常的获取：IIU 生存异常，输入具体的 IIU 编号；照明 IIU 异常，输入 IIU 编号和照明设备编号；计量 IIU 下个计量计的异常，输入 IIU 编号，群组编号和计量计编号；计量的异常，输入 IIU 编号和计量的编号。

3) 输出。本地服务器控制命令的执行结果，根据各个命令结果对应的数据类型。

5.2.1.2 生存管理模块

生存管理模块框架如图 5.12 所示。

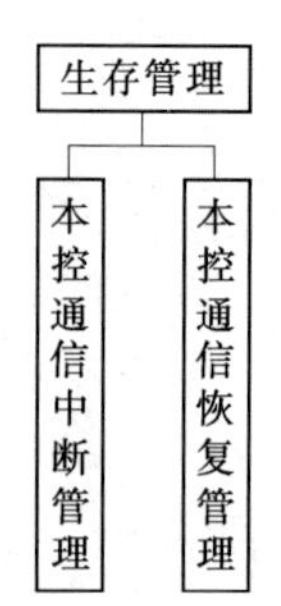

图 5.12　生存管理模块框架图

生存管理模块负责对所有本控通信状态的维护。

(1) 本控通信中断管理。

1) 功能描述。处理底层本地控制服务器的中断信息，更新本控生存信息队列状态。

2) 输入。无。

3) 输出。更新本控生存信息队列。

4) 封装 API。LSAliveManager 类中的 run () 方法。

(2) 本控通信恢复管理。

1) 功能描述。处理底层本地控制服务器的恢复信息，更新生存信息队列状态。

2) 输入。本控主动上报的报道信息。

3) 输出。更新本控生存信息队列。

4) 封装 API。LSAliveManager 类中的 declareAlive (String ipAddress) 方法。

这两个子模块共同构成了生存管理模块，它们相辅相成，缺一不可，共同完成了对本控生存状态的管理和维护，具体工作及交互过程如图 5.13 所示。

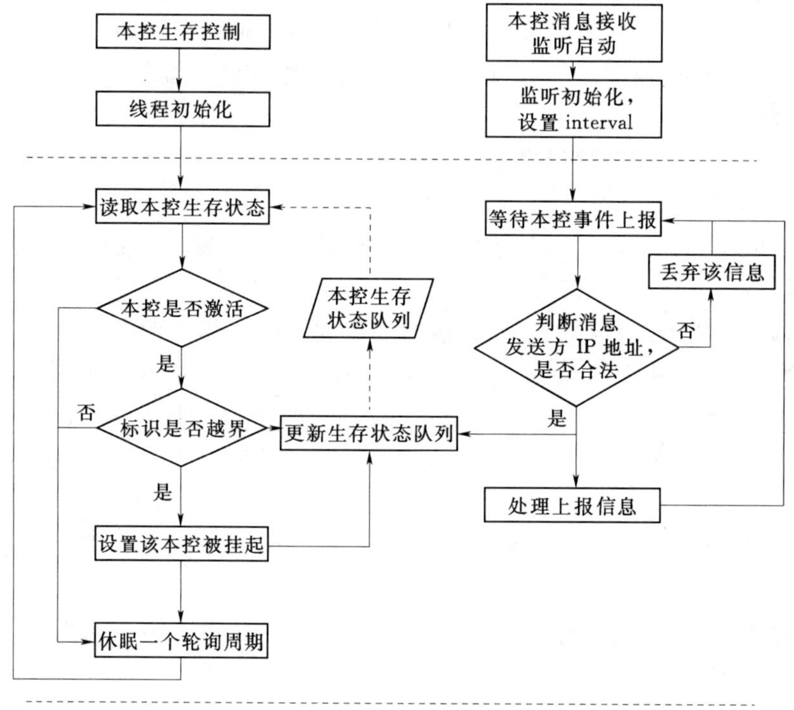

图 5.13　生存管理模块流程图

生存管理模块流程描述如下：

(1) 本控生存控制线程。

1) 本控生存控制线程初始化。

2) 读取本控生存状态。

3) 判断该本控状态是否为激活，如果没有被激活则直接跳转到2。

4) 判断该本控的越界标识是否达到越界点，如果没有达到该值，将越界标识加1后跳转到6。

5) 设置该本控状态为未激活。

6) 休眠一个轮询周期。

7) 跳转到2。

(2) 本控消息监听线程。

1) 本控消息监听线程初始化。

2) 等待本控信息上报。

3) 接收到消息，取出本控的IP地址，判断该IP地址是否合法，如果不合法，丢弃该消息，直接跳转到2。

4) 判断本控生存状态队列中与该IP相对应本控的状态，如果为未激活，则将其激活，并将越界标识重置，否则，重置越界标识。

5) 处理上报消息。

6) 返回2。

5.2.1.3 事件上报模块

事件上报模块在系统内部维护一个本控上报消息队列，将底层上报的消息处理后放入该队列，同时另一个上报消息自动处理线程以预定时间为周期，轮询上报消息队列，将处理结果上报预定端点。

事件上报模块流程逻辑如图5.14所示。

事件上报模块流程描述如下：

(1) 本控消息监听线程。

1) 本控消息监听线程初始化。

2) 等待本控信息上报。

3) 接收到消息，取出本控的IP地址，判断该IP地址是否合法，如果不合法，丢弃该消息，直接跳转到2。

4) 解析本控上报消息，生成临时对象。

5) 将临时对象放入本控上报消息队列。

6) 设置所有本控已响应请求的结果内容。

7) 跳转到2。

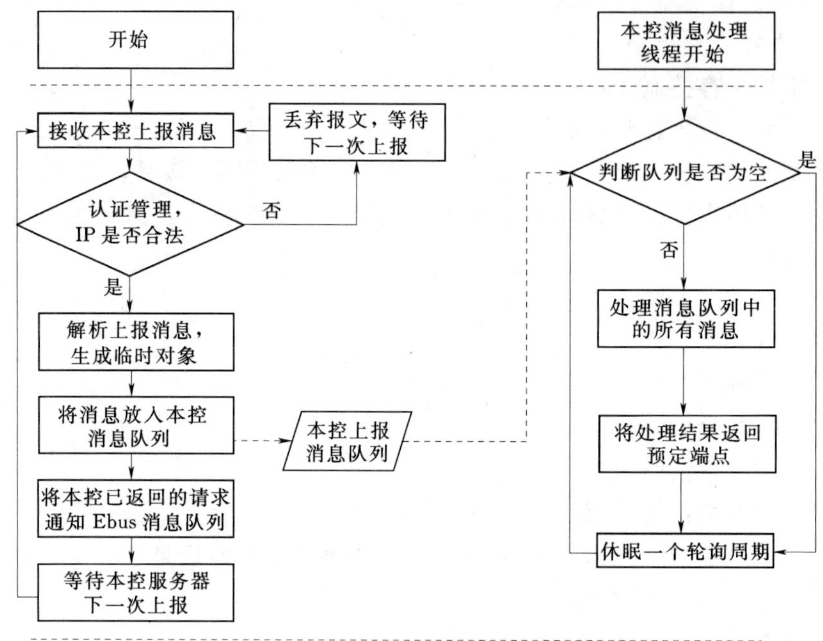

图 5.14　事件上报模块流程图

（2）本控消息处理线程：

1）本控消息处理线程初始化。

2）判断本控上报消息队列是否为空，如果是则跳转到 5。

3）处理该队列中的所有消息。

4）将处理结果发送到预定的 URL 端点。

5）休眠一个轮询周期。

6）跳转到 2。

5.2.1.4　队列管理模块

队列管理模块如图 5.15 所示。

队列管理模块在系统内部维护两个队列，分别用来存放 Ebus 同步消息和 Ebus 异步消息。并对这些队列所产生的各种情况进行管理。

图 5.15　队列管理模块框架图

1. 同步消息队列管理

同步消息队列管理子模块维护一个以 HashMap 形式存储于内存中的 Ebus 同步消息队列类。该 Map 的键值为本地控制服务器的 IP 地址，实例值是一个请求编号和请求消息相对应的 HashMap。形式如下：HashMap〈本控 IP 地址，HashMap

〈同步请求编号，同步请求消息〉〉。该类负责提供对 Ebus 同步消息属性的设置和获取 API。

该模块以用户定义的间隔，不断轮询消息队列中所有的同步消息，当有信息超时未发送时，或者有已发送信息超时未收到应答的，将其从队列中删除，并唤醒所有等待线程。

流程逻辑如图 5.16 所示。

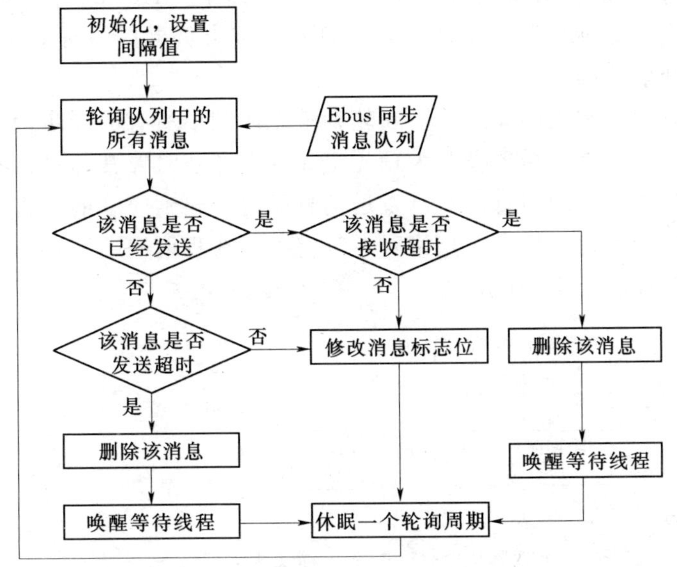

图 5.16 同步消息队列管理流程图

同步消息队列管理流程描述如下：

（1）设置轮询周期，初始化同步消息队列管理线程。

（2）轮询同步消息队列中的所有消息。

（3）判断该消息是否已经发送，如果没有发送则跳转到 8。

（4）该消息已发送，判断该消息是否接收超时，如果超时则跳转到 6。

（5）消息接收未超时，修改消息接收越界标志位，将其加 1，跳转到 12。

（6）该消息接收超时，删除该消息。

（7）唤醒该消息上的等待线程，跳转到 12。

（8）判断该消息发送是否超时，如果没有超时则跳转到 11。

（9）消息发送超时，删除该消息。

（10）唤醒该消息上的等待线程，跳转到 12。

（11）消息发送未超时，修改消息发送越界标志位，将其加 1。

（12）取出消息队列中的下一个为处理的消息，跳转到 3；如果消息队列中的所有消息都已经处理，则向下进行。

（13）休眠一个轮询周期。

（14）跳转到 2。

2. 异步消息队列管理

异步消息队列管理子模块维护一个以 HashMap 形式存储于内存中的 Ebus 异步消息队列类。该 Map 的键值为本地控制服务器的 IP 地址，实例值是一个请求编号和请求消息相对应的 HashMap。形式如下：HashMap〈本控 IP 地址，HashMap〈异步请求编号，异步请求消息〉〉。该类负责提供对 Ebus 异步消息属性的设置和获取 API。

该模块以用户定义的间隔，不断轮询消息队列中所有的同步消息，当有信息超时未发送时，将消息结果设置为预先定义的发送超时异常信息格式，并删除在本控消息队列中对应的消息，对已发送信息超时未收到应答的，将消息结果设置为预先定义的接收超时异常信息格式，等待上层线程取回结果。

流程逻辑如图 5.17 所示。

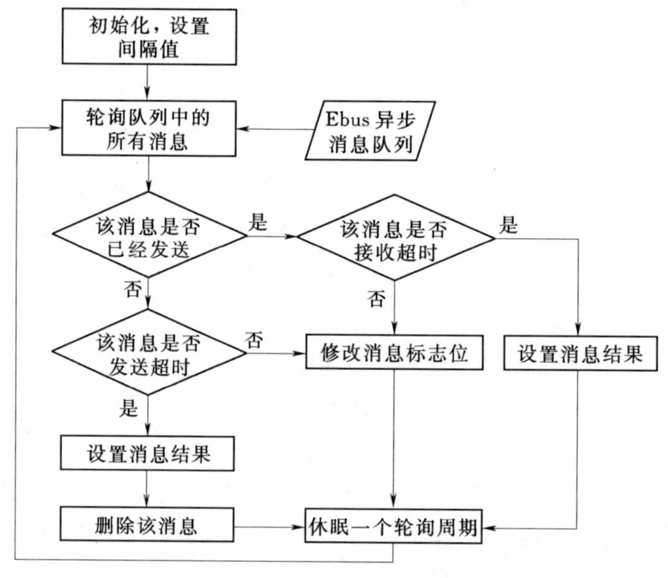

图 5.17　异步消息队列管理流程图

异步消息队列管理流程描述如下：

（1）设置轮询周期，初始化异步消息队列管理线程。

（2）轮询异步消息队列中的所有消息。

（3）判断该消息是否已经发送，如果没有发送则跳转到。

（4）该消息已发送，判断该消息是否接收超时，如果超时则跳转到 6。

（5）消息接收未超时，修改消息接收越界标志位，将其加1，跳转到11。

（6）该消息接收超时，设置消息结果，跳转到11。

（7）判断该消息发送是否超时，如果没有超时则跳转到10。

（8）消息发送超时，设置消息结果。

（9）删除该消息，跳转到11。

（10）消息发送未超时，修改消息发送越界标志位，将其加1。

（11）取出消息队列中的下一个为处理的消息，跳转到3；如果消息队列中的所有消息都已经处理，则向下进行。

（12）休眠一个轮询周期。

（13）跳转到2。

5.2.1.5 消息管理模块

消息管理模块框架如图5.18所示。

消息管理模块在接收到上层应用的Ebus请求时，生成本地服务器可以解析的Ebus请求消息；该模块还负责解析底层本地控制服务器上报的消息体，将解析结果更新至消息队列。对于上层应用的CGI请求，将解析出的结果发送给本地控制服务器，并将本地控制服务器的响应结果返回。

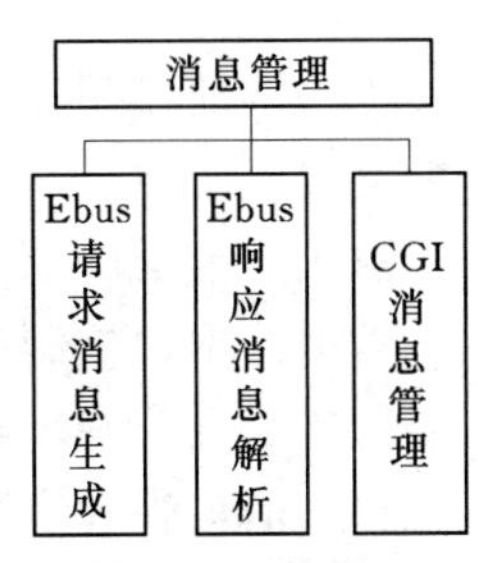

图5.18 消息管理模块框架图

1. Ebus请求消息生成

功能描述：归纳用户的下发请求，取出请求的重要属性，生成消息信息对象，作为消息队列的成员存储在内存中。再根据该消息信息对象，生成具体的针对本地控制服务器的请求消息体。

输入：用户的请求类型和参数列表。

输出：针对该请求的消息信息对象，以及针对底层的本地控制服务器请求消息体。

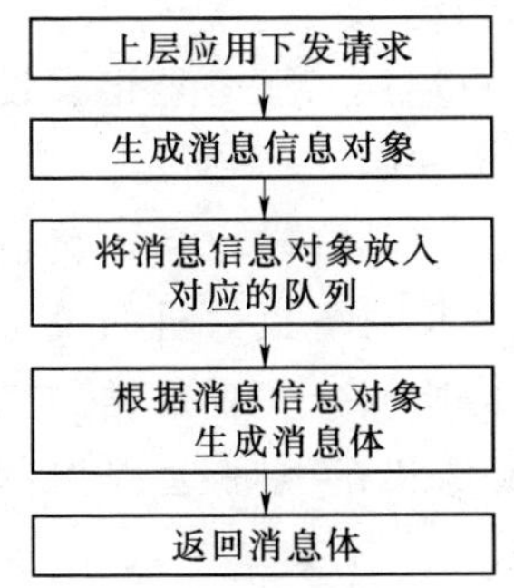

图5.19 Ebus请求消息生成流程图

Ebus请求消息生成流程逻辑如图5.19所示。

Ebus请求消息生成流程描述如下。

（1）上层应用下发Ebus请求。

（2）生成消息信息对象。

（3）将消息信息对象加入相对应的队列。

（4）根据消息信息对象生成消息体。

（5）返回消息体。

2. Ebus响应消息解析

功能描述：根据底层本地控制服务器上报的响应中

所包含的请求信息，查询请求类型，并根据请求类型对响应消息解析，将解析结果返回给用户。

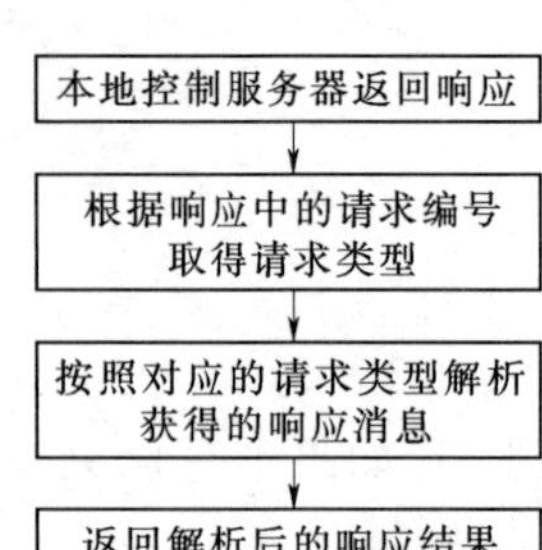

图 5.20 Ebus 响应消息解析流程图

输入：本地控制服务器上报消息的消息体。

输出：便于用户理解的响应结果。

Ebus 响应消息解析流程逻辑如图 5.20 所示。

Ebus 响应消息解析流程描述如下。

（1）本地控制服务器返回响应消息。

（2）根据响应中的请求编号取得请求类型。

（3）按照请求类型解析所获的响应消息。

（4）返回解析后的响应结果。

（5）返回消息体。

3. CGI 消息管理

功能描述：负责解析上层应用下发的所有 CGI 命令的封装，将解析出的结果发送给本地控制服务器，并将本地控制服务器的响应结果返回。

输入：上层应用下发的 CGI 命令的封装。

输出：本地控制服务器的响应结果。

CGI 消息管理流程逻辑如图 5.21 所示。

CGI 消息管理流程描述如下。

（1）上层应用下发 CGI 请求。

（2）解析该请求，获得具体的 URL 和消息体内容。

（3）将解析出的消息发送到目的地 URL。

（4）等待本控响应。

（5）返回响应结果。

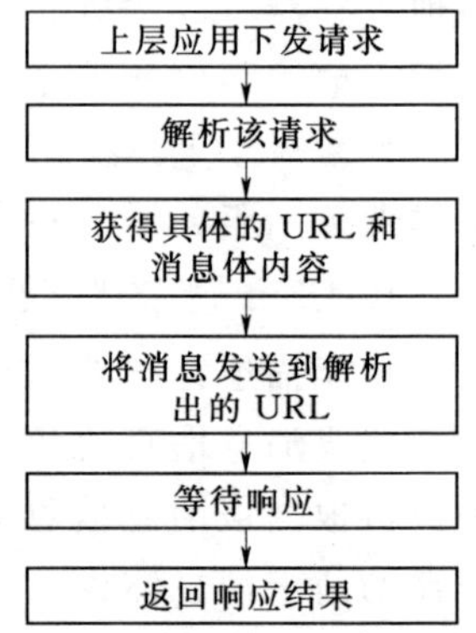

图 5.21 CGI 消息管理流程图

5.2.2 现场场景展示系统

现场场景展示系统（视频监控系统）从下到上分为客户端层、服务器层、设备层，服务器层分为数据分发和数据管理模块，其体系结构如图 5.22 所示。

在图 5.22 中的 3 层结构中，IPv6 网络摄像机是视频监控的终端设备，负责实时音视频数据的采集和处理；对应下来就是针对该类 IPv6 网络摄像机的设备服务器，它通过模仿该类 IPv6 网络摄像机支持的 CGI 通信协议，实现数据的交换操作；第三层客户端则是通过服务器层实现对网络摄像机的各种远程控制功能。

在服务器层中，存在两个相对独立的组成部分：一个是数据分发，另一个是数据管理。其中数据分发部分要完成的任务是通过网络摄像机 CGI 协议从相应

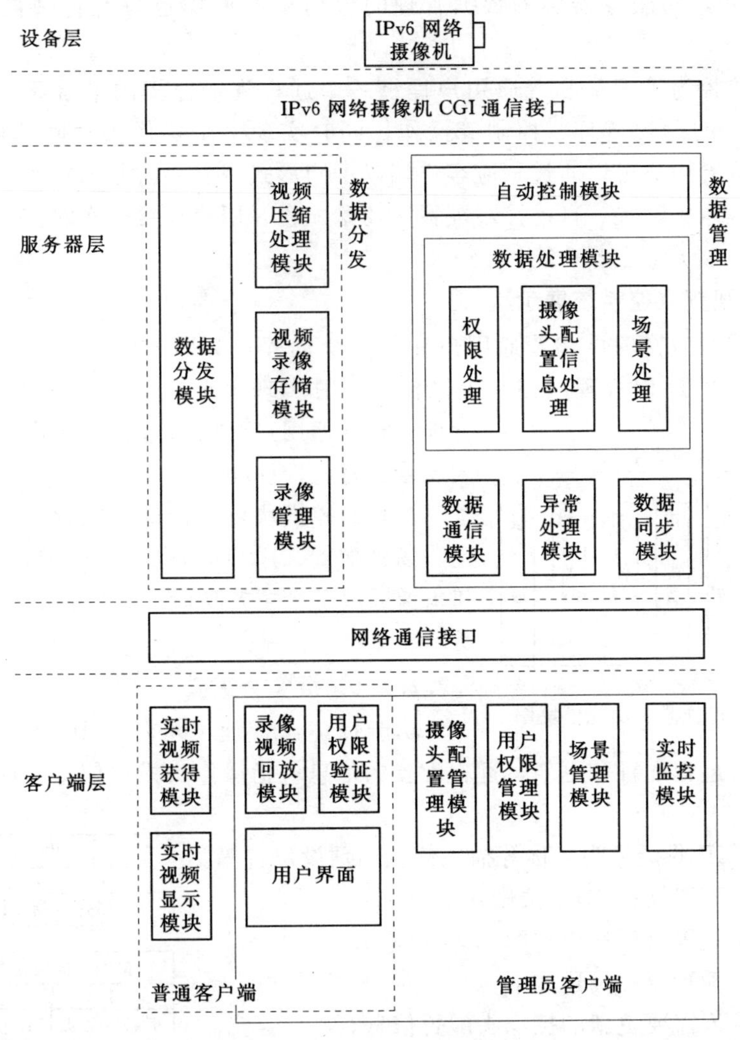

图 5.22 视频监控系统结构图

网络摄像机获取实时视频数据，然后对从网络摄像机获取的数据进行解析、压缩、存储以及分发操作；数据管理部分要完成的任务是保存所有网络摄像机的访问配置信息以及所有网络摄像机的自动控制信息，并根据这些信息实现对所有网络摄像机的自动控制操作。

在客户端层中，分为两种类型的客户端实现：一种是普通客户端，另一种是管理员客户端。其中普通客户端拥有的功能是从服务器的数据分发中间件获取网络摄像机的实时视频数据和录像数据；而管理员客户端可以直接从相应权限中获取实时音视频数据，同时可以向网络摄像机直接发送实时控制

指令，此外，对服务器层的数据管理的数据交换操作也只有管理员客户端具有权限。

视频监控为管理员和普通用户提供一个远程视频监控的平台，实现对多个 IPv6 摄像头的远程管理、控制等操作，同时实现多个摄像头之间的协同工作，管理员和普通用户可以通过相应客户端以不同形式观看实时监控视频。视频监控模块包括摄像头配置、自动控制配置、场景配置、用户配置、实时控制、实时监视和录像回放 7 个主要功能。

5.2.2.1 视频监控系统展示

视频监控为管理员和普通用户提供一个远程视频监控的平台，实现对多个 IPv6 摄像头的远程管理、控制等操作，同时实现多个摄像头之间的协同工作，管理员和普通用户可以通过相应客户端以不同形式观看实时监控视频。

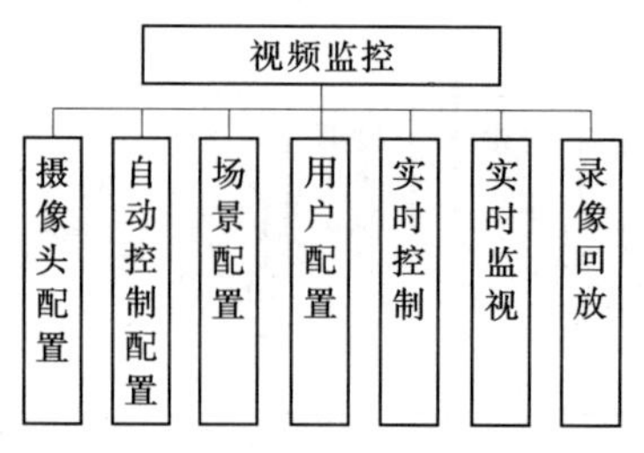

图 5.23 视频监控功能模块图

视频监控模块包括摄像头配置、自动控制配置、场景配置、用户配置、实时控制、实时监视和录像回放 7 个主要功能，其功能模块如图 5.23 所示。

5.2.2.1.1 摄像头配置

功能描述：管理员对各个 IPv6 摄像头的参数信息进行远程配置和更新，远程配置的信息包括摄像头描述信息、摄像头固定信息。

输入：IPv6 摄像头名称等描述信息、预设位置等。

输出：配置操作成功/失败。

摄像头配置流程逻辑如图 5.24 所示。

摄像头配置流程描述如下。

（1）输入需要更新的摄像头配置信息。

（2）摄像头固有信息直接将信息通过 CGI 协议更新至摄像头中。

（3）同时将信息更新至服务器数据管理系统中保存。

（4）返回更新操作成功或失败。

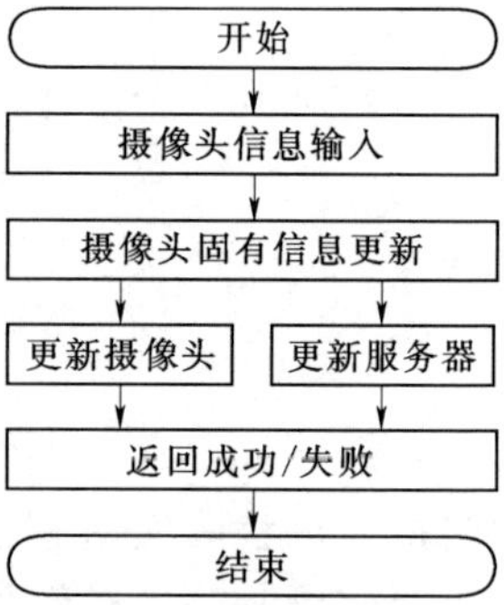

开始
摄像头信息输入
摄像头固有信息更新
更新摄像头　更新服务器
返回成功/失败
结束

图 5.24 摄像头配置流程逻辑图

5.2.2.1.2 自动控制配置

功能描述：管理员将各个 IPv6 摄像头的自动控制信息更新至服务器的数据管理系统中，并远程向服务器的数据管理系统发送指令启动/停止相应摄像头的自动控制操作；全局摄像头场景控制和单个摄像头的巡逻操作都属于自动

控制。

输入：IPv6 摄像头巡逻路径、全局摄像头场景配置。

输出：配置操作成功/失败。

自动控制配置流程逻辑如图 5.25 所示。

自动控制配置流程描述如下。

(1) 输入需要更新的摄像头自动控制配置信息。

(2) 将自动控制的相关配置信息更新至服务器数据管理中用于保存。

(3) 将自动控制的相关指令信息发送给服务器数据管理中用于执行自动控制操作。

(4) 返回更新操作成功或失败。

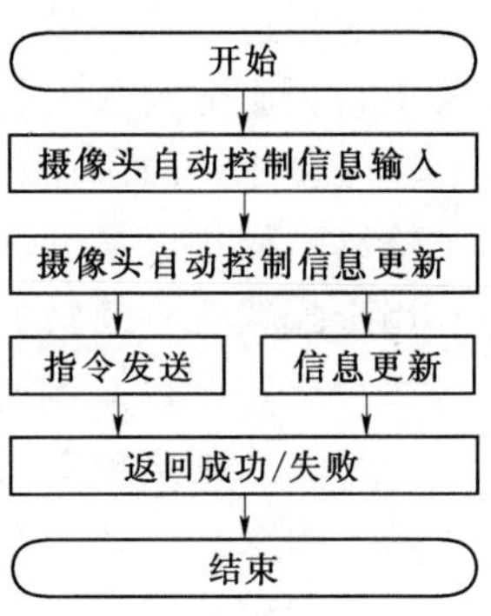

图 5.25 自动控制配置流程逻辑图

5.2.2.1.3 场景配置

功能描述：管理员根据 IPv6 摄像头的预设位置，对所有摄像头进行场景编排，并将场景信息更新至服务器上；然后通过发送启动/停止场景的指令至服务器数据管理系统实现对场景的远程调用。

输入：场景编排信息、场景启动/停止指令。

输出：操作成功/失败。

场景配置流程逻辑如图 5.26 所示。

场景配置流程描述如下。

(1) 输入摄像头场景配置信息。

(2) 将场景配置信息更新至服务器数据管理系统用于保存。

(3) 将场景控制指令发送至服务器数据管理系统用于场景的启动与停止。

(4) 返回更新操作成功或失败。

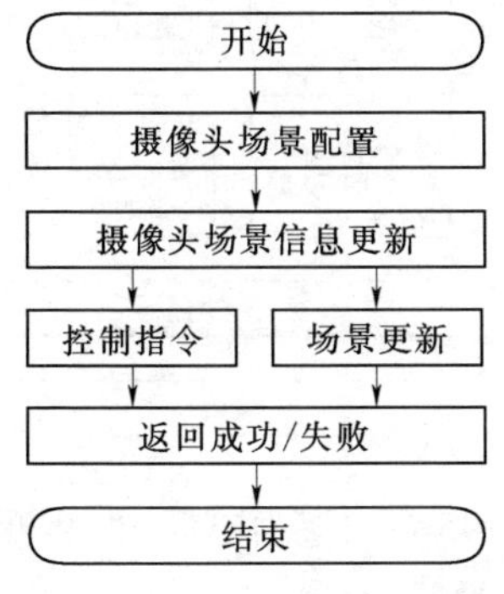

图 5.26 场景配置流程逻辑图

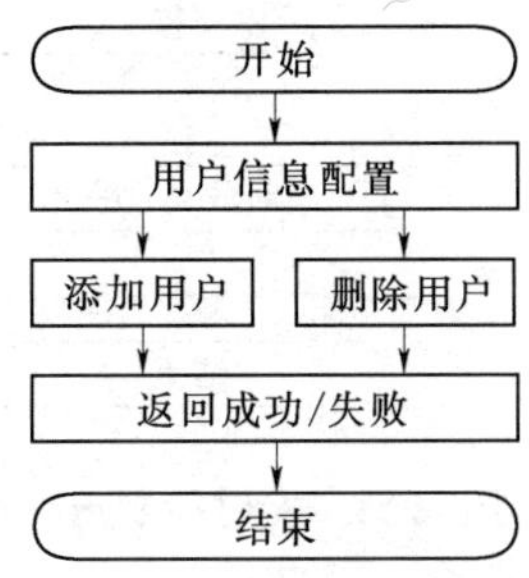

图 5.27 用户配置流程逻辑图

5.2.2.1.4 用户配置

功能描述：管理员对所有用户进行管理，包括用户的添加、删除操作，并将修改更新到服务器数据管理系统保存。

输入：用户的添加、删除操作。

输出：操作成功/失败。

用户配置流程逻辑如图 5.27 所示。

用户配置流程描述如下。

（1）输入用户配置信息。

（2）向服务器数据管理系统发送添加用户指令用于用户数据更新。

（3）向服务器数据管理系统发送删除用户指令用于用户数据更新。

（4）返回更新操作成功或失败。

5.2.2.1.5 实时控制

功能描述：管理员通过模仿 CGI 协议客户端直接向 IPv6 摄像头发送实时控制指令，实现对摄像头及其云台的实时控制。

输入：实时控制命令，包括云台位置移动、摄像头变焦等操作。

输出：操作成功/失败

实时控制流程逻辑如图 5.28 所示。

实时控制流程描述如下。

（1）按照控制类型和 CGI 协议准备控制指令。

（2）直接将控制指令发送给相应 IPv6 摄像头实施远程控制。

（3）返回更新操作成功或失败。

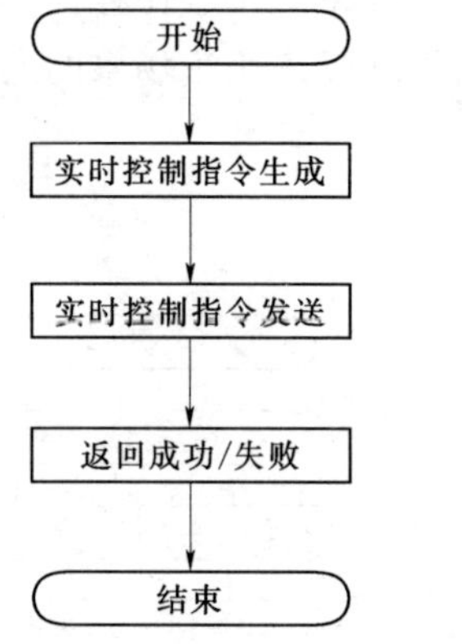

图 5.28 实时控制流程逻辑图

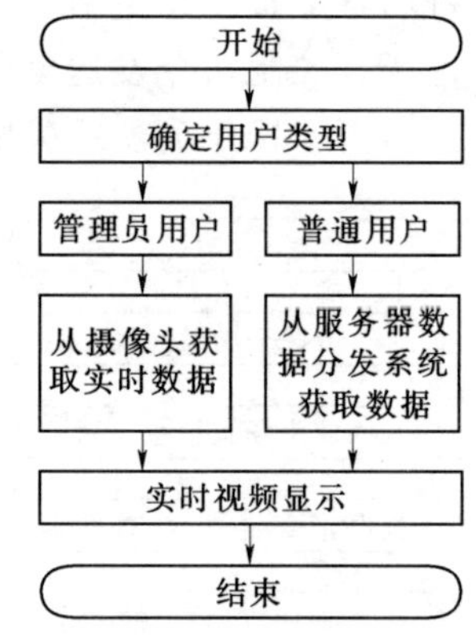

图 5.29 实时监视流程逻辑图

5.2.2.1.6 实时监视

功能描述：实时监视分为两类，一类是管理员的实时监视，另一类是普通用

户的实时监视；管理员用户直接从相应摄像头上获取实时地音视频数据进行监视，而普通用户客户端只能通过服务器的数据分发系统间接获取视频数据进行监视。

输入：相应的摄像头唯一标示和摄像头访问地址。

输出：实时视频数据。

实时监视流程逻辑如图 5.29 所示。

实时监视流程描述如下。

(1) 确定实时监视的用户类型。

(2) 管理员用户直接连接上 IPv6 摄像头并获取实时音视频数据监视。

(3) 普通用户从服务器数据分发系统获取实时数据坚实。

(4) 实时显示监视画面。

5.2.2.1.7 录像回放

功能描述：用户通过客户端访问服务器的数据分发服务获取历史录像数据并播放呈现。

输入：历史录像时间点和摄像头标示。

输出：录像视频内容。

录像回放流程逻辑如图 5.30 所示。

录像回放流程描述如下。

(1) 通过摄像头标示和时间点查找历史录像文件。

(2) 从服务器数据分发系统中获取录像文件数据。

(3) 录像视频的播放呈现。

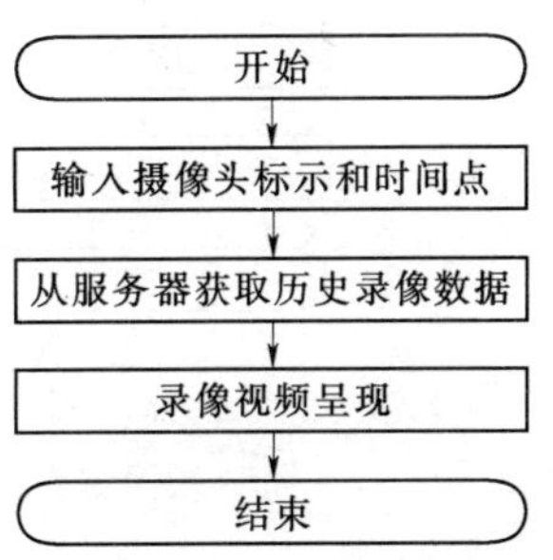

图 5.30 录像回放流程逻辑图

5.2.2.2 视频监控系统功能

5.2.2.2.1 管理员客户端视频模块

管理员客户端拥有权限直接连接到各个摄像头上，因此，视频流的管理流程对于管理员客户端而言相对简单，从 IPv6 摄像头开始，摄像头采集音视频图像数据并封装成指定格式的数据包；管理员客户端的数据获取模块直接按照 CGI 协议访问相应摄像头获取实时音视频数据，然后通过客户端上的视频呈现模块将音视频展示给管理员用户。

此外，管理员客户端还有权利修改摄像头的配置信息，通过视频配置模块将最新的音视频配置信息按照 CGI 协议更新至相应 IPv6 摄像头上，实现对摄像头视频采集的管理。管理员客户端视频数据流程所涉及的功能模块如图 5.31 所示。

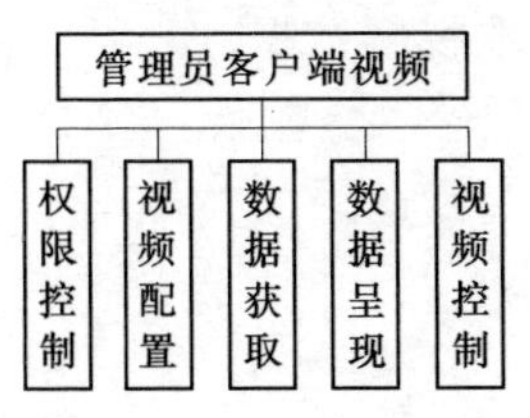

图 5.31 管理员客户端视频流程设计功能图

1. 权限控制

功能描述：管理员客户端通过权限控制的流程验证

管理员权限。

输入：管理员用户名、密码。

输出：验证成功/失败。

管理员客户端权限控制流程逻辑如图 5.32 所示。

管理员客户端权限控制流程描述如下。

(1) 管理员输入用户名和密码。

(2) 用户名、密码通过服务器数据管理系统进行权限验证。

(3) 返回权限验证结果，成功或者失败。

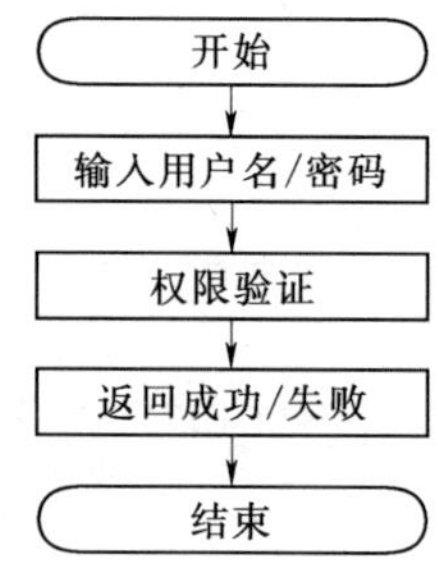

图 5.32 管理员客户端权限控制流程逻辑图

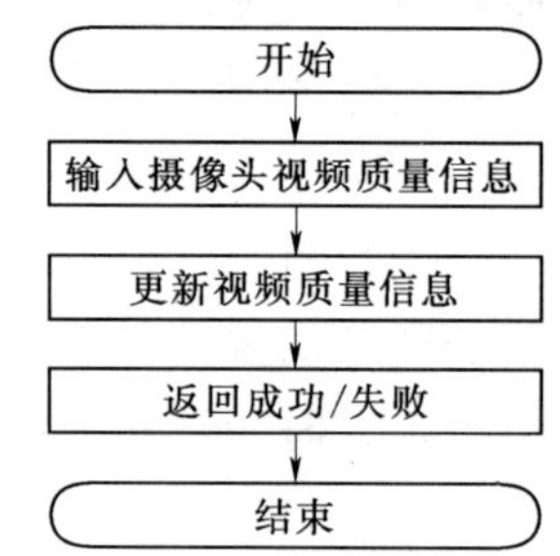

图 5.33 管理员客户端视频配置流程逻辑图

2. 视频配置

功能描述：管理员远程对摄像头视频采集的质量进行配置。

输入：摄像头视频采集质量描述信息。

输出：调用成功/失败。

管理员客户端视频配置流程逻辑如图 5.33 所示。

管理员客户端视频配置流程描述如下。

(1) 管理员输入摄像头的视频采集配置信息。

(2) 配置信息直接更新至相应摄像头。

(3) 返回更新操作成功/失败。

3. 数据获取

功能描述：客户端通过 CGI 协议直接从远程摄像头获取视频数据。

输入：远程摄像头的地址信息。

输出：摄像头返回的实时视频数据。

管理员客户端数据获取流程逻辑如图 5.34 所示。

管理员客户端数据获取流程描述如下。

(1) 管理员输入远程摄像头访问地址信息。

(2) 客户端根据输入的访问地址连接远程摄像头。

(3) 若连接未成功，则返回失败，结束流程。

(4) 若连接成功，则从远程摄像头获取实时视频数据。

(5) 获取实时视频过程中，若管理员中止视频获取操作，则流程结束。

(6) 否则持续从远程摄像头获取实时视频数据。

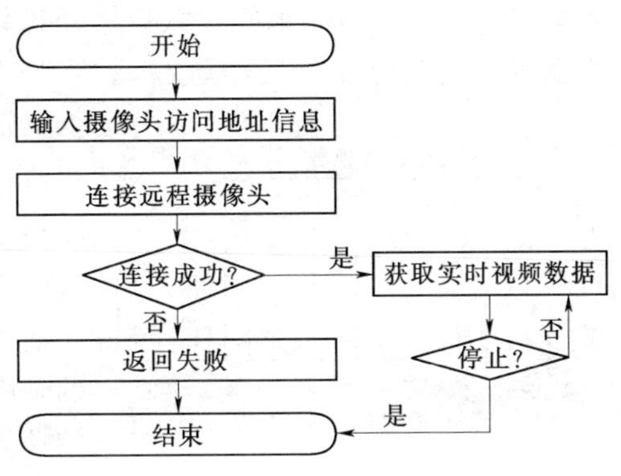

图 5.34　管理员客户端数据获取流程逻辑图

4. 数据呈现

功能描述：客户端将获取到的实时视频数据进行视频画面的呈现。

输入：实时视频数据。

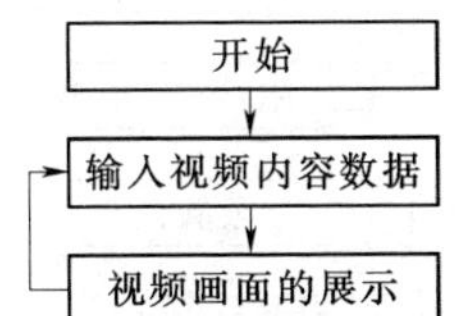

图 5.35　管理员客户端数据呈现流程逻辑图

输出：监控视频画面。

管理员客户端数据呈现流程逻辑如图 5.35 所示。

管理员客户端数据呈现流程描述如下。

(1) 从数据获取部分得到实时视频数据。

(2) 将实时视频数据解析显示。

(3) 重复将接收到的视频内容数据以视频画面形式展示。

5. 视频控制

功能描述：管理员实时对远程摄像头进行控制操作。

输入：摄像头控制指令。

输出：控制操作成功/失败。

管理员客户端视频控制流程逻辑如图 5.36 所示。

管理员客户端视频控制流程描述如下。

(1) 管理员在客户端上输入摄像头控制操作指令。

(2) 客户端将控制操作指令发送给相应远程摄像头。

(3) 发回控制操作指令发送以及执行成功/失败。

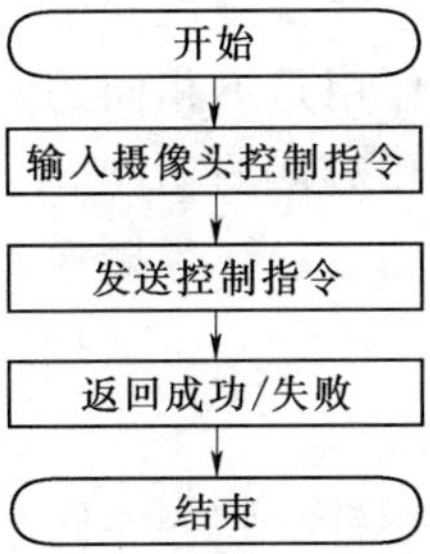

开始
输入摄像头控制指令
发送控制指令
返回成功/失败
结束

图 5.36　管理员客户端视频控制流程逻辑图

5.2.2.2.2　普通客户端视频模块

从 IPv6 摄像头开始，摄像头采集视频图像数据并封装成指定格式的数据包；对于普通客户端而言，由于权限和负载控制的原因，其获取视频数据的流程只能间接地通过服务器层来实现；需要有服务器层的数据获取模块按照 CGI 协议从摄像头获取到实时的视频数据，然后解析从摄像头接收到的

视频数据内容，解析出来的视频数据经过数据拆包模块进行适合网络传输的分包，再将这些分包交给数据发送模块；数据发送模块响应来自客户端数据接收模块的数据请求，并将相应的视频数据分包发送给数据接收模块；客户端的数据接收模块接收到视频数据分包后，再将这些分包交给数据拼包模块进行视频数据的重组，最后将重组完成可以用于播放的视频数据交由数据呈现模块实现最终的画面呈现。普通客户端视频数据流程所涉及的功能模块如图 5.37 所示。

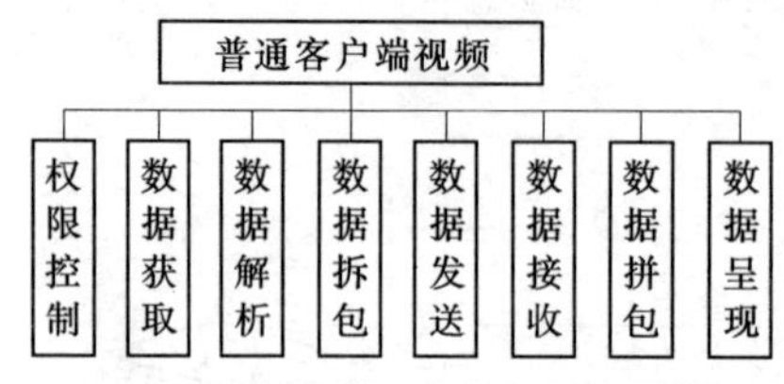

图 5.37 普通客户端视频流程设计功能

1. 权限控制

功能描述：普通客户端通过权限控制的流程验证普通用户的权限。

输入：用户名、密码。

输出：验证成功/失败。

普通客户端权限控制流程逻辑如图 5.38 所示。

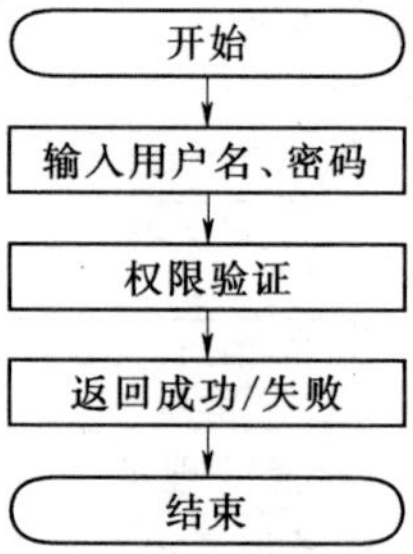

普通客户端权限控制流程描述如下。

（1）用户输入用户名和密码。

（2）用户名、密码通过服务器数据管理系统进行权限验证。

（3）返回权限验证结果，成功或者失败。

开始
输入用户名、密码
权限验证
返回成功/失败
结束

图 5.38 普通客户端权限控制流程逻辑图

2. 数据获取

功能描述：普通客户端视频流程中的数据获取与管理员客户端视频流程中的数据获取内部实现方式相同，但其在视频数据流程中所起到的作用是不相同的，视频获取实现的是服务器数据分发服务从摄像头上获取实时视频数据的功能。

输入：远程摄像头的地址信息。

输出：摄像头返回的实时视频数据。

普通客户端数据获取流程逻辑见图 5.39。

普通客户端数据获取流程描述如下。

（1）输入远程摄像头访问地址信息。

（2）服务器数据分发服务根据输入的访问地址连接远程摄像头。

（3）若连接未成功，则尝试重新连接。

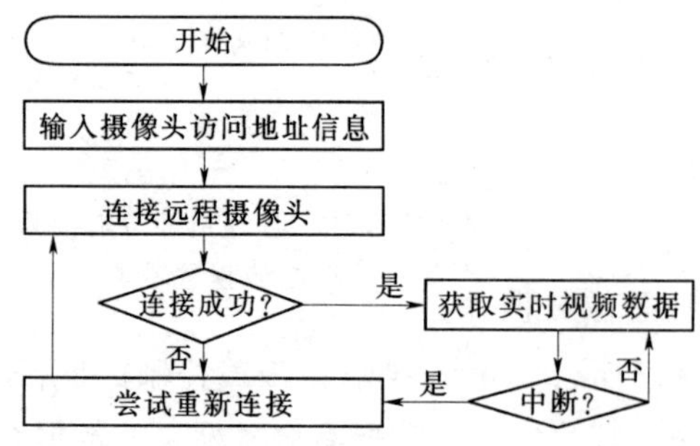

图 5.39 普通客户端数据获取流程逻辑图

(4) 若连接成功，则从远程摄像头获取实时视频数据。

(5) 获取实时视频过程中，若出现网络异常，连接中断，则尝试重新连接。

(6) 否则持续从远程摄像头获取实时视频数据。

3. 数据解析

功能描述：按照CGI协议将从IPv6摄像头中获取到的数据进行解析，得到完整的视频数据。

输入：从摄像头接收到的实时视频数据。

输出：解析获得的视频数据内容。

普通客户端数据解析流程逻辑如图5.40所示。

普通客户端数据解析流程描述如下。

(1) 输入从摄像头获得的实时视频数据。

(2) 对接收到的视频数据进行相应视频格式的解析。

(3) 解析出真正的视频内容，然后重复进行实时视频数据的解析。

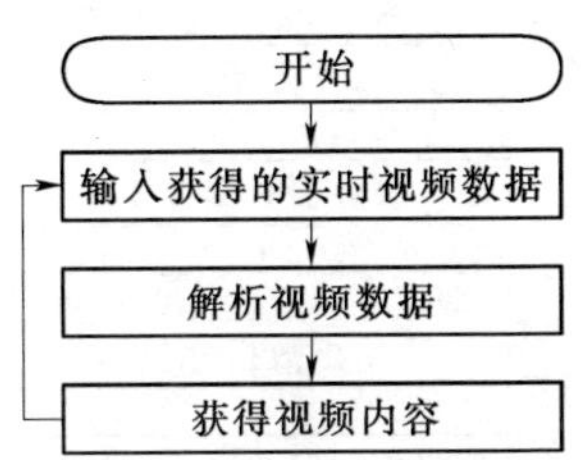

图5.40 普通客户端数据解析流程逻辑图

4. 数据拆包

功能描述：数据拆包模块的功能是将完整的视频数据根据网络分发的需要进行适当大小的拆包。

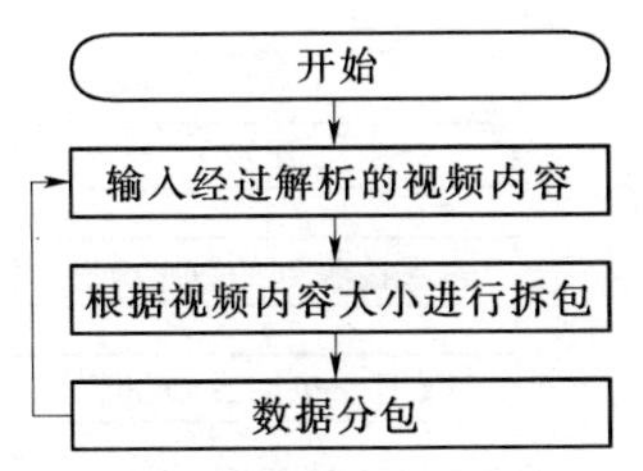

图5.41 普通客户端数据拆包流程逻辑图

输入：由数据解析模块获得的完整视频内容数据块。

输出：若干固定大小的数据分包。

普通客户端数据拆包流程逻辑见图5.41。

普通客户端数据拆包流程描述如下。

(1) 输入经过解析的视频内容。

(2) 根据视频内容数据的大小，进行适当的数据拆包。

(3) 获得固定大小的数据分包后，重复进行视频内容的数据拆包操作。

5. 数据发送

功能描述：数据发送模块的功能是将经过拆包处理的数据分包按照客户端的请求进行分发。

输入：固定大小的数据分包。

输出：将数据分包转发给需要的客户端。

普通客户端数据发送流程逻辑如图5.42所示。

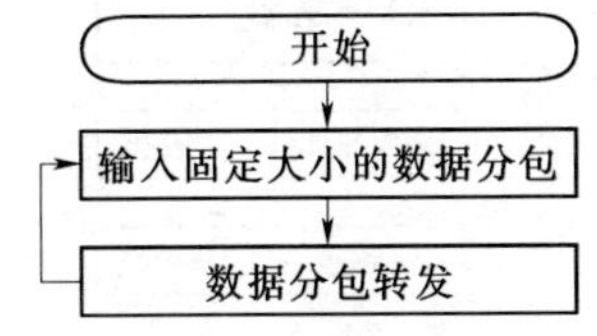

图5.42 普通客户端数据发送流程逻辑图

普通客户端数据发送流程描述如下。

(1) 输入经过数据拆包操作的固定大小数据分包。

(2) 根据客户端的要求将数据分包转发给客户端。

(3) 重复进行数据分包的转发操作。

6. 数据接收

功能描述：数据接口模块的功能是从服务器的数据发送模块请求并获取数据分包内容。

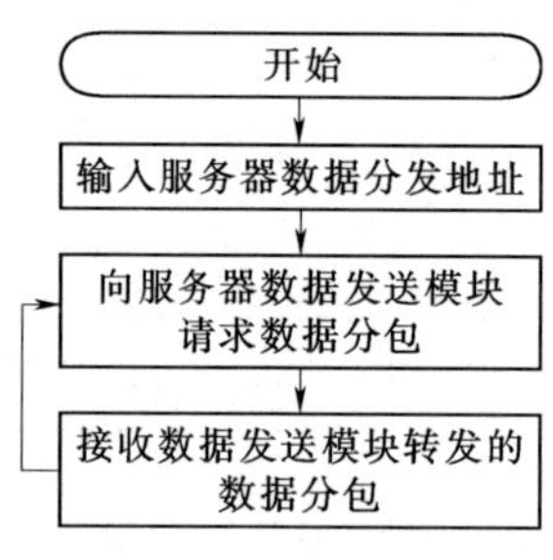

图 5.43 普通客户端数据接收流程逻辑图

输入：服务器数据发送模块地址。

输出：从服务器数据发送模块获取到的数据分包。

普通客户端数据接收流程逻辑如图 5.43 所示。

普通客户端数据接收流程描述如下。

(1) 输入服务器数据分发系统的访问地址。

(2) 项服务器数据分发系统中数据发送模块请求数据分包转发。

(3) 接收数据发送模块转发的数据分包。

(4) 重复数据分包的请求和接收操作。

7. 数据拼包

功能描述：数据拼包模块的功能是将接收到的数据分包内容进行视频数据的重组。

输入：数据分包。

输出：完整的视频内容数据。

普通客户端数据拼包流程逻辑如图 5.44 所示。

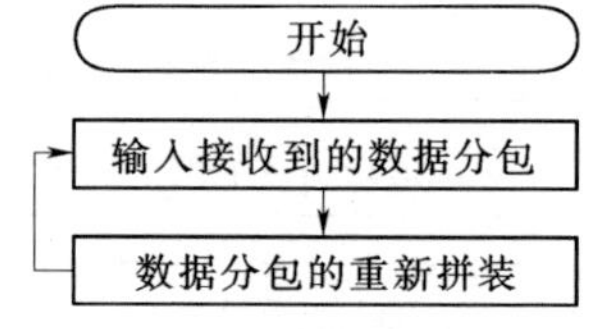

图 5.44 普通客户端数据拼包流程逻辑图

普通客户端数据拼包流程逻辑如下。

(1) 输入从服务器接收到的数据分包。

(2) 按照原有标准视频格式对数据分包进行重新装，组成完整的视频内容数据。

(3) 重复进行对接收到的数据分包重新拼装的操作。

8. 数据呈现

功能描述：客户端将获取到的实时视频数据进行视频画面的呈现。

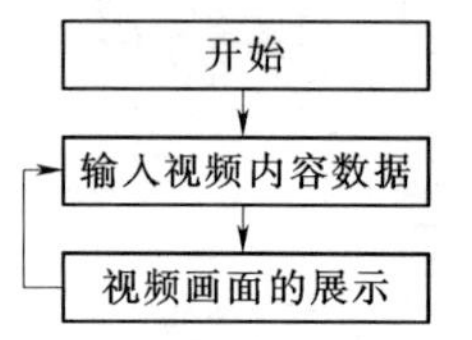

图 5.45 普通客户端数据呈现流程逻辑图

输入：实时视频数据。

输出：监控视频画面。

普通客户端数据呈现流程逻辑如图 5.45 所示。

普通客户端数据呈现流程描述如下。

（1）从数据获取部分得到实时视频数据。

（2）将实时视频数据解析显示。

（3）重复将接收到的视频内容数据以视频画面形式展示。

5.2.2.2.3 录像视频模块

此外，在服务器层，数据解析模块解析出从摄像头接收到的视频数据后，也会将视频数据发送给视频压缩模块，对实时的视频数据进行压缩编码，然后将编码后数据交给数据存储模块进行本地文件化保存；客户端可以通过数据获取模块从服务器上的数据存储模块中获取历史录像视频数据。

由于视频监控数据是实时流数据，除了在数据压缩模块、数据存储模块会将数据进行永久化操作以外，视频数据在其他模块中都仅仅是短暂的停留，新的实时视频数据会替代旧数据，形成从摄像头到客户端呈现模块的一条数据流，最终到达客户端的视频数据在完成视频画面的呈现操作后被丢弃。而在视频存储模块中保存下来的视频文件，被客户端获取时成为临时的数据源，同样，视频数据在客户端的视频呈现模块中完成视频画面的呈现操作后，最终被丢弃。录像视频数据流程所涉及的功能模块如图5.46所示。

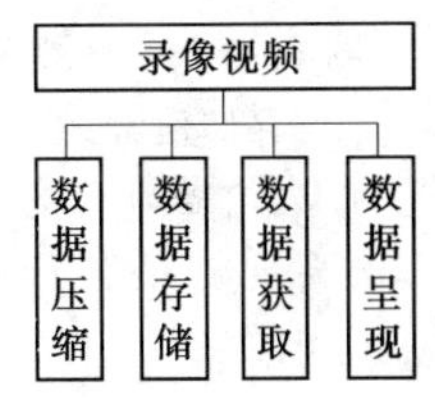

图5.46 录像视频流程设计功能

1. 数据压缩

功能描述：数据压缩模块的功能是将完整的视频数据进行编码压缩，降低视频数据的大小，提高视频内容的存储量。

输入：视频内容数据。

输出：经过压缩的视频内容数据。

录像视频数据压缩流程逻辑如图5.47所示。

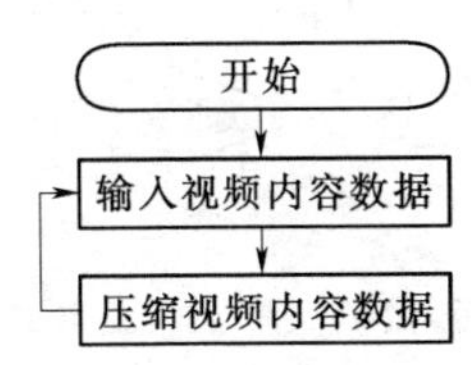

图5.47 录像视频数据压缩流程逻辑图

录像视频数据压缩流程描述如下。

（1）输入经过解析的完整视频内容数据。

（2）对视频内容数据进行压缩处理。

（3）重复进行视频内容数据的压缩操作。

2. 数据存储

功能描述：数据存储模块的功能是将经过编码压缩处理的视频数据进行本地化永久保存，为日后进行历史视频回顾提供基础。

输入：经过压缩的视频内容数据。

输出：本地视频录像文件。

录像视频数据存储流程逻辑如图5.48所示。

录像视频数据存储流程逻辑如下。

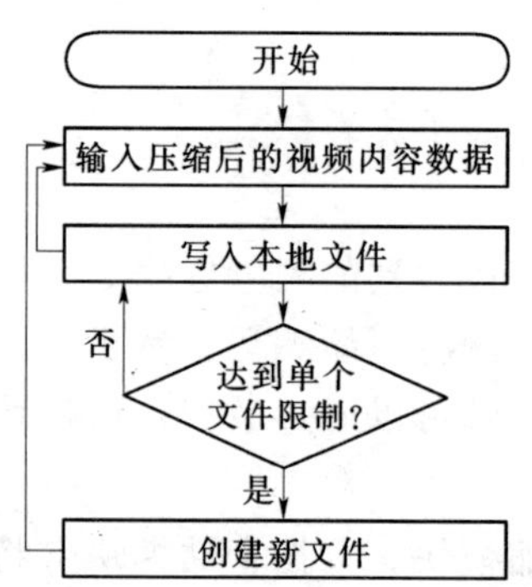

图 5.48 录像视频数据存储流程逻辑图

（1）输入压缩后的视频内容数据。

（2）将压缩后的视频内容数据写入本地指定文件中。

（3）若单个存储文件达到了限制条件，则创建一个新的文件用于压缩视频的存储，然后继续将压缩视频内容写入本地文件。

（4）若未达到单个文件限制，则持续将压缩视频内容写入文件。

（5）重复将输入的压缩视频内容写入本地文件保存。

3. 数据获取

功能描述：录像视频流程中的数据获取与客户端视频流程中的数据获取内部实现方式不相同，该视频获取实现的是客户端从服务器数据分发系统中的录像管理模块获取历史录像视频数据功能。

输入：远程服务器数据分发系统访问地址。

输出：录像视频内容数据。

录像视频数据获取流程逻辑如图 5.49 所示。

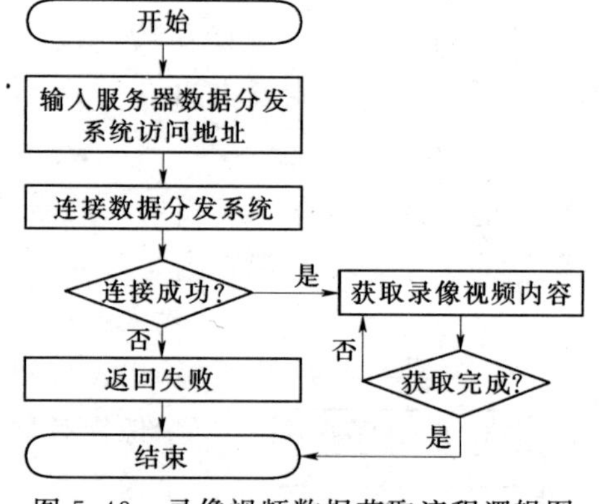

图 5.49 录像视频数据获取流程逻辑图

录像视频数据获取流程描述如下。

（1）输入服务器数据分发系统访问地址。

（2）连接数据分发系统。

（3）若连接未成功，则返回失败，结束操作。

（4）若连接成功，再获取录像视频内容，重复获取直至获取视频内容完毕。

（5）获取视频内容完毕后结束操作。

4. 数据呈现

功能描述：客户端将获取到的实时视频数据进行视频画面的呈现。

输入：实时视频数据。

输出：监控视频画面。

流程逻辑如图 5.50 所示。

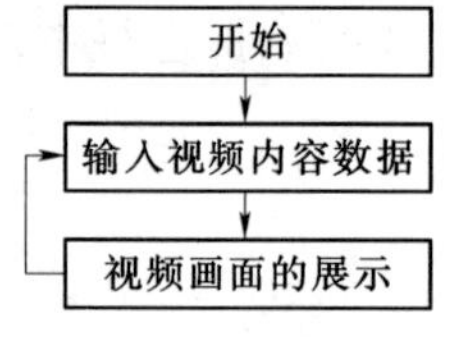

图 5.50 录像数据呈现流程逻辑图

录像数据呈现流程描述如下。

（1）从数据获取部分得到实时视频数据。

（2）将实时视频数据解析显示。

（3）重复将接收到的视频内容数据以视频画面形式展示。

5.2.3　运营分析系统

运营分析的目标，是以照明系统的状态检测、运行模型为基础，采用计算机辅助分析决策，实现设备和系统的运行分析和管理，最终达到营运状态、能耗、物耗的科学合理，以及照明效果智能评测和控制的最优化。运营分析的体系结构见图5.51。

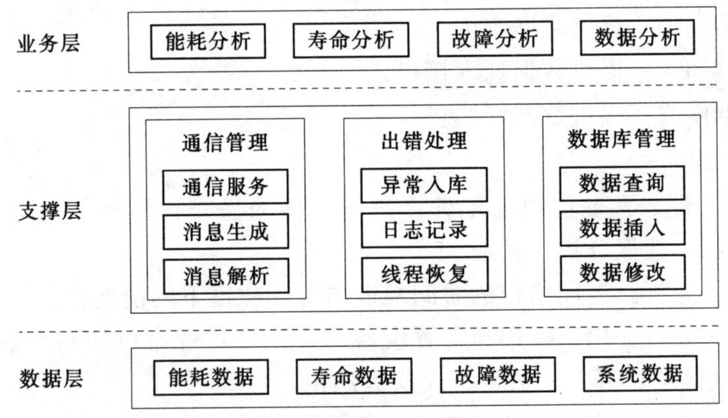

图5.51　运营分析体系结构

运营分析体系结构由3层组成，由上到下依次是业务层、支撑层与数据层。其功能如下。

1. *数据层*

数据层位于体系结构的最底层，为上层逻辑操作提供数据支持。数据层主要包括：能耗数据、寿命数据、故障数据和系统数据。

（1）能耗数据：记录系统中设备能耗值的数据，存储在名为AYYYYMM的一系列表中，其中YYYY为年份，MM为月份。

（2）寿命数据：记录系统中设备寿命值的数据，设备寿命包括ON时间、ON时间阀值、ONOFF次数、ONOFF次数阀值。

（3）故障数据：记录系统中的故障数据。

（4）系统数据：指系统的元数据，包括区域、本控、IIU、回路等系统元数据。

2. *支撑层*

支撑层主要是使用下层数据层提供的数据，为上层为业务层完成相应功能提

供逻辑支撑服务，主要包括以下几点。

(1) 通信管理。

1) 通信服务。负责调用通信服务。

2) 消息生成。负责生成通信消息。

3) 消息解析。对通信服务返回消息进行解析。

(2) 出错处理。

1) 异常入库。将异常信息存入数据库中。

2) 日志记录。将异常信息存入日志中。

3) 线程恢复。当异常发生时，尽力恢复线程。

(3) 数据库管理。

1) 数据查询。提供数据查询接口。

2) 数据插入。提供数据插入接口。

3) 数据修改。提供数据修改接口。

3. 业务层

业务层主要是为提供功能服务，完成具体的操作，包括能耗分析、寿命分析、故障分析、数据分析 4 种业务。

(1) 能耗分析。返回指定的时间粒度与范围粒度下的能耗值。

(2) 寿命分析。用于查询与设置设备寿命。设备寿命包括四个参数：ON 时间、ON 时间阀值、开关次数、开关次数阀值。

(3) 故障分析。用于统计指定的设备在指定时间段内的故障信息。

(4) 数据分析。用于统计指定年份月份，某 IIU 所有的能耗值是否全部入库。

5.2.3.1 能耗分析模块

功能描述：对比照明的不同范围在不同时间段的能耗，并以柱状图显示。范围粒度可为：中心区、区域、本地服务器、子照明控制器、回路，时间粒度可为：年、月、日。

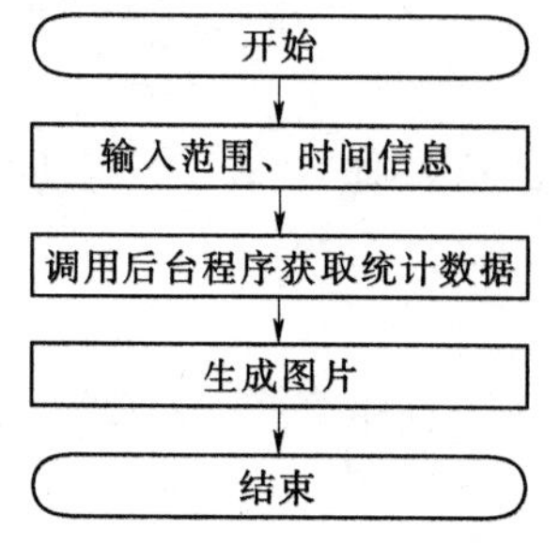

图 5.52 能耗分析流程图

输入：待对比分析的两样本各自的范围（区域、本地服务器、子照明控制器、回路）和时间（年、月、日）。

输出：柱状图。

能耗分析流程逻辑见图 5.52。

能耗分析流程描述如下。

(1) 输入待对比分析的两样本的范围和时间信息。

(2) 运用输入信息调用后台程序获取统计数据。

(3) 根据统计结果生成图片。

5.2.3.2 故障分析模块

功能描述：显示所选范围在某一时间区间的故障次数。范围粒度可选，为中心区、区域、本地服务器、子照明控制器。

输入：待分析的范围（区域、本地服务器、子照明控制器）和时间区间（年、月、日）。

输出：故障信息。

故障分析流程逻辑如图 5.53 所示。

故障分析流程描述如下。

(1) 输入待分析样本的范围和时间信息。

(2) 根据输入信息读数据库并进行统计分析。

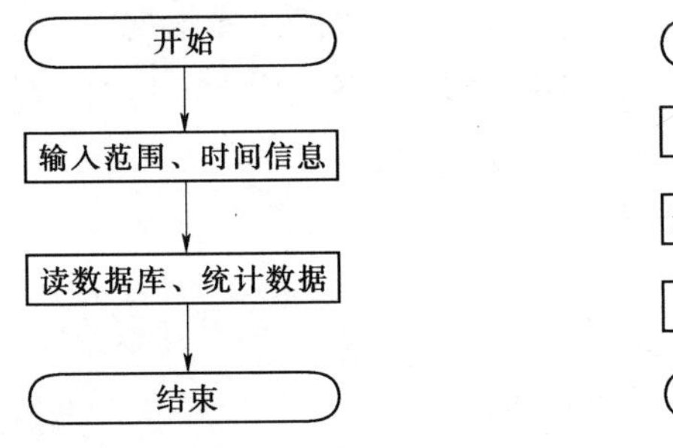

图 5.53 故障分析流程图

图 5.54 运营分析流程图

5.2.3.3 运营分析模块

功能描述：对比照明的同一范围在不同两天的小时能耗，并以折线图显示。范围粒度可为：中心区、区域、本地服务器、子照明控制器、回路。

输入：待对比分析的两样本各自的范围（区域、本地服务器、子照明控制器、回路）和时间（年、月、日）。

输出：折线图。

运营分析流程逻辑如图 5.54 所示。

运营分析流程描述如下。

(1) 输入待对比分析的两样本范围和时间信息。

(2) 运用输入信息调用后台程序获取统计数据。

(3) 根据统计结果生成图片。

5.2.3.4 设备寿命分析模块

功能描述：显示和设定所选子照明控制器的各回路的设备寿命。

输入：所选子照明控制器（区域、本地服务器、子照明控制器）、设定值

输出：设备寿命信息、寿命设定结果。

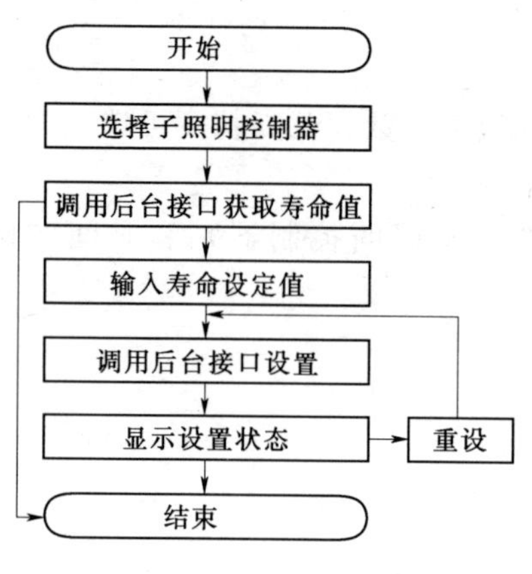

图 5.55　设备寿命分析流程图

流程逻辑如图 5.55 所示。

设备寿命分析流程描述如下：

(1) 选择待分析的子照明控制器。

(2) 调用后台接口获取所选子照明控制器的寿命值。

(3) 输入需设定的寿命设定值。

(4) 调用后台接口设置。

(5) 显示该次设定的设置状态。

(6) 如进行重设，则转到 4，重新设置。

5.2.3.5　运营数据统计模块

功能描述：显示所选范围内的回路在某一时间区间的数据入库情况。

输入：待分析的范围（区域、本地服务器、子照明控制器）和时间粒度（月、日）、区间（年、月、日）。

输出：数据入库信息。

流程逻辑如图 5.56 所示。

运营数据统计流程描述如下。

(1) 输入待统计样本的范围和时间信息。

(2) 根据输入信息读数据库并进行统计分析。

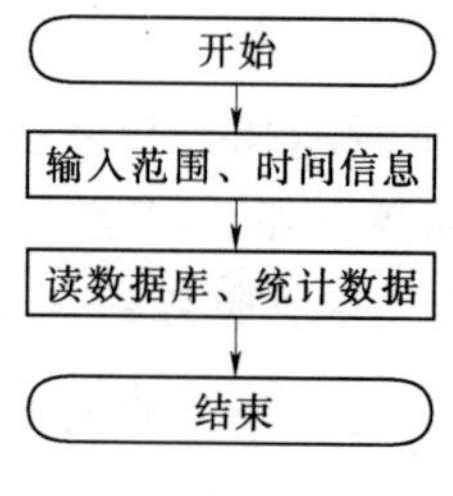

图 5.56　运营数据统计流程图

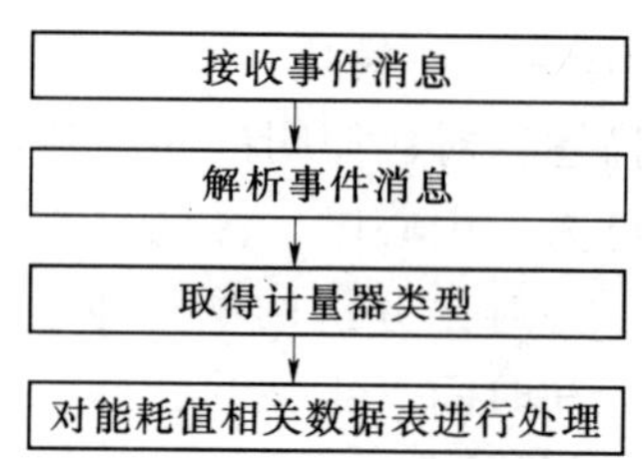

图 5.57　子照明计量器能耗值报告事件处理流程图

5.2.3.6　子照明计量器能耗值报告事件模块

功能描述：计量能耗值记录消息，处理能耗值相关记录。

输入：设备通信协议消息，照明控制器 IP。

输出：更新数据库中相关的统计记录表。

流程逻辑见图 5.57。

子照明计量器能耗值报告事件处理流程描述如下。

(1) 接收设备通信协议消息，若接收的参数为照明控制器 IP，则从数据库

中找出相应照明控制器 ID，方便逻辑处理。

（2）根据设备通信协议对消息进行解析，得出子照明控制器 ID，数据时间，计量器 ID。

（3）从数据库中取得计量器类型。

（4）对能耗值相关数据表处理逻辑大致如下：若该数据为某月第一条新数据，则在数据库中增加该月份数据表并将该数据插入，然后统计上月份表的数据；若该数据为本月普通数据，则直接插入该月份数据表；若该数据为以前月份数据，则更新该数据月份数据表，并对该月份数据重新统计。

5.2.4 照明设备监控系统

照明状态监控实现对照明设备的运行状态的监控，包括设备状态、场景群组状态等，系统的体系结构如图 5.58 所示。

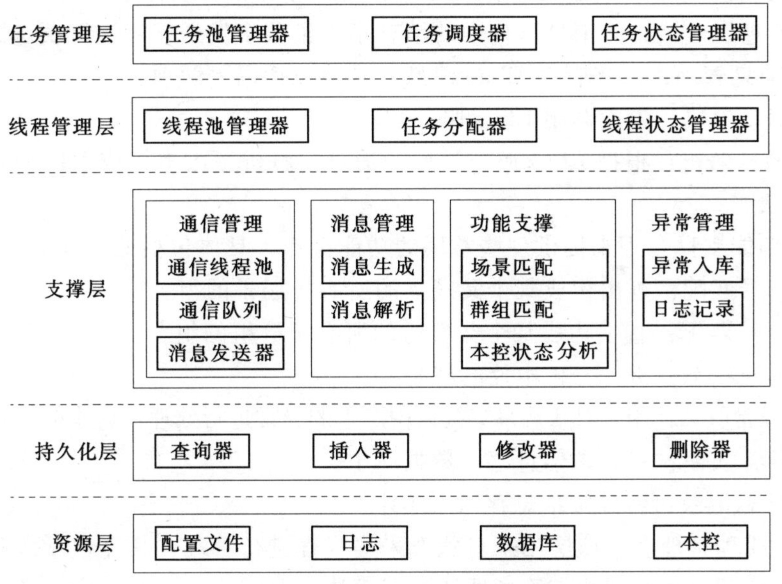

图 5.58 状态采集体系结构图

照明设备监控系统的体系结构由 5 层组成，由上到下依次是：任务管理层、线程管理层、支撑层、持久化层与资源层：

（1）资源层。资源层位于系统体系结构的最底层，为上层操作提供资源支持。资源层主要包括：配置文件、日志、数据库、本控。

1）配置文件：用于指定系统的运行配置信息。

2）日志：记录系统的运行信息，包括操作记录与异常记录。

3）数据库：存储奥林匹克公园中心区照明系统数据。

4）本控：奥林匹克公园中心区照明系统中的本地控制服务器。

（2）持久化层。持久化层位于资源层上，为上层操作提供数据库访问支持。持久化层主要包括：查询器、插入器、修改器和删除器。

1）查询器：查询数据库中的记录。

2）插入器：向数据库中插入记录。

3）修改器：修改数据库中的指定记录。

4）删除器：删除数据库中的指定记录。

（3）支撑层。支撑层为上层的采集线程完成各种采集工作提供具体的操作支持，包括通信管理、消息管理、功能支撑和异常管理 4 部分。

1）通信管理：用来管理与通信模块的通信服务。具体包括以下各项。

a. 通信线程池管理：管理调用通信服务的线程。

b. 通信队列管理：管理通信队列，通信队列用于缓存消息。

c. 消息发送器：将消息队列中的消息指定给某个发送线程进行发送。

2）消息管理：用来管理 Ebus 消息，具体包括以下两项。

a. 消息生成：生成调用 Ebus 服务的消息。

b. 消息解析：根据 Ebus 服务返回的消息，解析得出本控或 IIU 的当前场景（群组）状态。

3）功能支撑：用来提供一些常用的功能操作，具体包括如下 3 项：

a. 场景匹配：查出构成某个父场景的所有子场景的组合。

b. 群组匹配：查出构成某个父群组的所有子群组的组合。

c. 本控状态分析：分析本控的状态。

4）异常管理：用来对状态采集模块中产生的异常进行处理，具体包括如下两项：

a. 异常入库：将异常信息存入数据库中。

b. 日志记录：将异常信息存入日志中。

（4）线程管理层。该层用来对状态采集线程进行管理，具体包括线程池管理器、任务分配器和线程状态管理器 3 个子模块：

1）线程池管理器：管理状态采集线程池，具体包括 9 个子线程池：中心场景采集线程池、中心群组采集线程池、区域场景采集线程池、区域群组采集线程池、本控场景采集线程池、本控群组采集线程池、IIU 场景采集线程池、IIU 群组采集线程池、本控状态采集线程池。

2）任务分配器：根据当前线程式池中的线程的负载状况，将任务管理模块分配的采集任务合理分配给线程池中的采集线程。

3）线程状态管理器：管理线程池中的各线程的生存状态，具体包括：生存状态查询与生存状态设置两个子模块。

(5) 任务管理层。该层用来管理状态采集任务，具体包括任务池管理器、任务调度器、任务状态管理器3个子模块，下面分别作简单介绍：

1) 任务池管理器：节管理状态采集任务池，具体包括任务集初始化、任务生成、任务添加、任务删除四个子功能，任务池中维持着状态采集任务。

2) 任务调度器：按配置文件中的配置信息，周期性地将任务池中的采集任务分配给线程管理模块中的任务队列中。

3) 任务状态管理器：管理任务集与任务分配队列中的任务的生存状态，具体包括：生存状态查询与生存状态设置两个子模块。

5.2.4.1　照明设备监控系统展示

5.2.4.1.1　事件管理

功能描述：事件管理用于对本系统所发生的事件进行监控和管理。

系统所有事件类型如表5.4所示。

表5.4　事件类型表

事件类型ID	描　　述	优先级
101	累计开关次数超过阀值	5
102	累计开关时间超过阀值	5
111	IIU场景变化	5
112	本控场景变化	5
113	IIU群组变化	5
114	本控群组变化	5

输入：检索条件，包括：事件的处理状态（全部、已处理和未处理）、事件发生的起止日期。

输出：符合检索条件的所有事件列表。

事件管理流程逻辑见图5.59。

事件管理流程描述如下。

(1) 开始：用户点击选择“事件管理”操作。

(2) 用户选择条件：用户在页面中选择所需查询的相关条件，包括事件类型（包括已处理、未处理，默认状态包含以上两种状态）、事件发生的起始、终止日期。如果用户不进行选择，系统默认显示当日的所有事件，并按照发生时间降序排列。

(3) 数据库查询操作：根据用户的选择条件，系统对数据表进行查询。

(4) 操作结果显示：将查询结果在页面中显示。每个页面具有15条信息的展示容量。

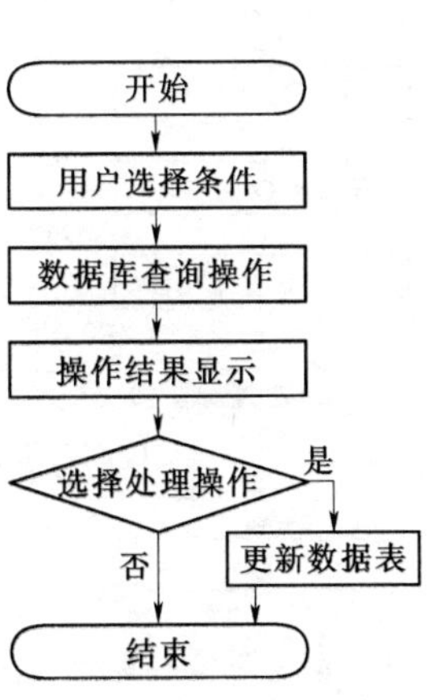

图5.59　事件管理流程逻辑图

（5）若用户选择了未处理事件类型或默认事件类型，并点击选择“未处理”操作，将进行更新数据表操作，否则结束本次操作。

（6）更新数据表：根据用户所选择进行处理的事件ID，对数据表中相应事件的标志位置为1，完成此次操作。

5.2.4.1.2 异常管理

功能描述：异常管理用于对本系统所发生的异常进行监控和管理。

系统所有异常类型列表见表5.5。

表5.5　　异常类型表

异常类型	描　　述	优先级
1	照明时钟未设定异常	1
2	照明全二线信号异常	1
3	照明全二线P/G设定中	1
4	计量时钟未设定	1
5	计量多回路通信异常	1
6	计量多回路内部异常	1
7	照明IIU通信异常	1
8	计量IIU通信异常	1
10	计量FLASH容量不足	1
11	通信服务器异常	1
12	本控通信异常	1

输入：检索条件，包括异常的处理状态（全部、已处理和未处理）、异常发生的起止日期。

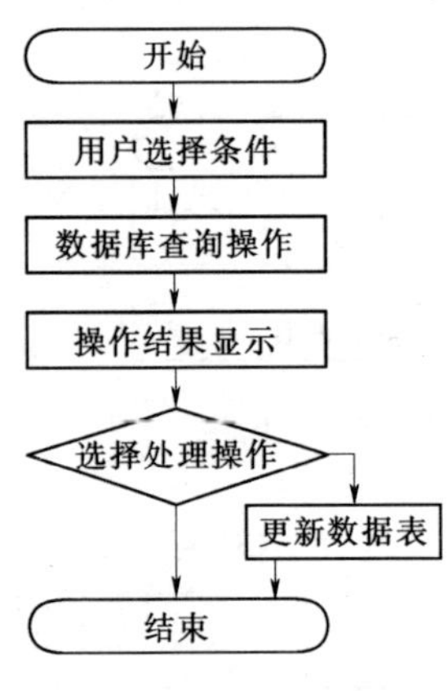

图5.60　异常管理流程图

输出：符合检索条件的所有异常列表。

异常管理流程逻辑如图5.60所示。

异常管理流程描述如下。

（1）开始：用户点击选择“异常管理”操作。

（2）用户选择条件：用户在页面中选择所需查询的相关条件，包括事件类型（包括已处理、未处理，默认状态包含以上两种状态），事件发生的起始、终止日期。如果用户不进行选择，系统默认显示当日的所有事件，并按照发生时间降序排列。

（3）数据库查询操作：根据用户的选择条件，系统对数据表进行查询。

（4）操作结果显示：将查询结果在页面中显示。每个页面具有15条信息的展示容量。

（5）若用户选择了未处理异常类型或默认异常类型，并点击选择“未处理”

操作，将进行更新数据表操作，否则结束本次操作。

(6) 更新数据表：根据用户所选择进行处理的事件ID，对数据表中相应事件的标志位置为1，完成本次操作。

5.2.4.1.3 照明状态查看

功能描述：显示各区域、本控、IIU和回路的当前照明状态。其中各层次的包含关系为区域由本控组成、本控由IIU组成、IIU由回路组成。

输入：区域、本控、IIU编号。

输出：下一级拓扑的照明状态。

照明状态查看流程逻辑如图5.61所示。

照明状态查看流程描述如下。

(1) 开始：用户点击选择“照明状态查看”按钮。

(2) 数据库查询操作：系统查询表获取当前组成中心区域的场景和群组，并通过查询数据表得到相应的区域。

(3) 页面显示查询结果：页面显示数据库查询操作的结果。

(4) 查看下级照明状态：若用户点击下级ID即可进入下级照明状态查看页面，反之则结束此次操作。其中各层次的包含关系为，区域的下级为本控，本控的下级为IIU，IIU的下级为回路，回路为最低级不包含下级。

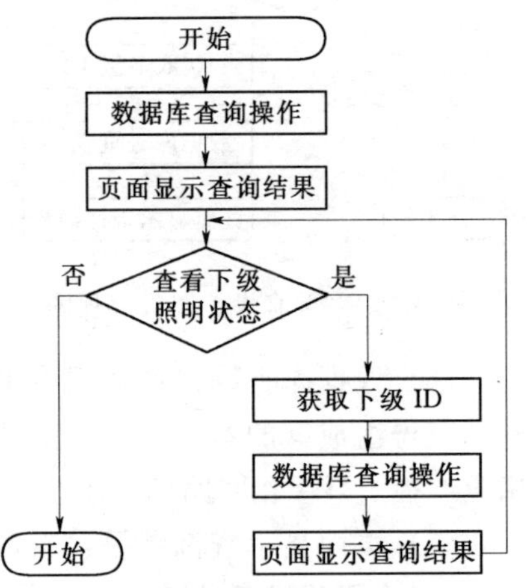

图5.61 照明状态查看流程图

(5) 获取下级ID：用户点击下级ID，即获取所需查询的ID。

(6) 数据库查询操作：系统根据所选择的下级ID对数据库表进行查询操作，分别获得组成其的群组和场景的状态和其下级的状态。通过查询数据表分别获取组成区域、IIU和回路的群组和场景的照明状态。

(7) 页面显示查询结果：页面显示数据库查询操作的结果。

5.2.4.1.4 当前状态查看

功能描述：查看用于显示服务器、本控、IIU和回路的生存状态，其状态包括正常和异常两种。

输入：本控、IIU编号。

输出：下一级拓扑的生存状态。

当前状态查看流程逻辑如图5.62所示。

当前状态查看流程描述如下。

(1) 开始：用户点击选择“当前状态查看”按钮。

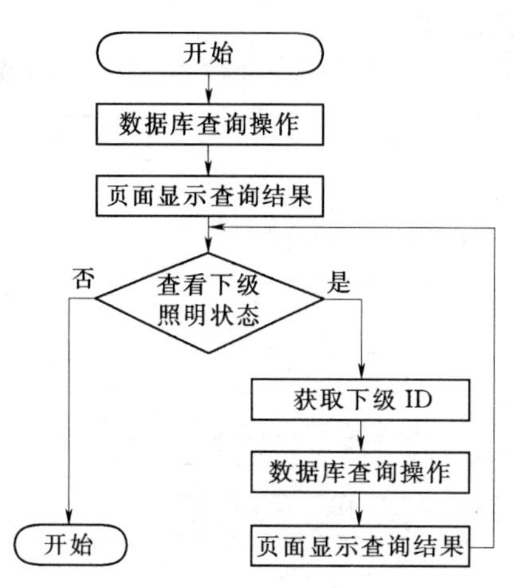

图 5.62　当前状态查看流程图

(2) 数据库查询操作：系统通过查询数据表获取通信服务器的 IP 和当前生存状态；通过查询数据表获取组成每个本控的本控、IIU 和回路的当前生存状态。

(3) 页面显示查询结果：页面显示数据库查询操作的结果。

(4) 查看下级照明状态：若用户点击下级 ID 即可进入下级的当前生存状态查看页面，反之则结束此次操作。其中各层次的包含关系为：本控的下级为 IIU，IIU 的下级为回路，回路为最低级不包含下级。

(5) 获取下级 ID：用户点击下级 ID，即获取所需查询的 ID。

(6) 数据库查询操作：系统根据所选择的下级 ID 对数据库表进行查询操作，分别获得组成其的本控、IIU 和回路的当前生存状态。通过查询数据表分别获取相应本控、IIU 和回路的当前生存状态。

(7) 页面显示查询结果：页面显示数据库查询操作的结果。

5.2.4.2　照明设备监控系统功能

5.2.4.2.1　任务管理模块

该模块用来管理状态采集任务，根据配置文件初始化状态采集任务池，之后任务调度器根据任务调度表周期性调度执行任务池中的任务。具体包括任务池管理器、任务调度器、任务状态管理器 3 个子模块，其功能模块如图 5.63 所示。

1. 任务池管理器

功能描述：管理状态采集任务池，具体包括任务池初始化、任务生成、任务添加、任务删除 4 个子功能模块，任务池中维持着状态采集任务。

输入：配置信息。

输出：任务池中的状态采集任务。

2. 任务调度器

功能描述：按配置文件中的配置信息，周期性地将任务池中的采集任务分配给线程管理模块中的任务队列中。具体包括分配列表管理与任务分配两个子功能模块。

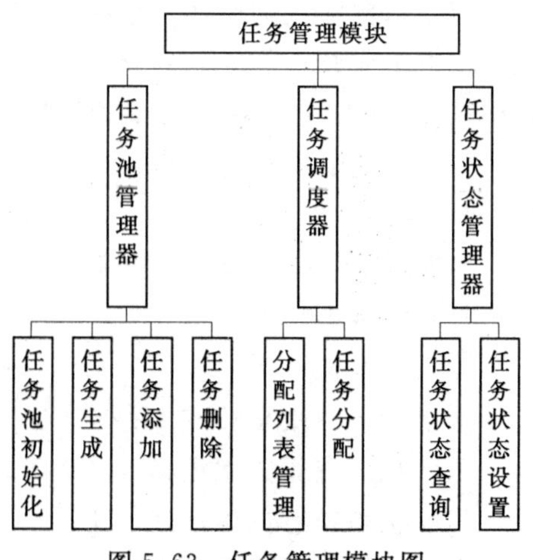

图 5.63　任务管理模块图

输入：状态采集任务。

输出：将状态采集任务加入相应的采集线程队列中。

3. 任务状态管理器

功能描述：管理任务集与任务分配队列中的任务的生存状态，具体包括生存状态查询与生存状态设置两个子模块。

生存状态查询包括：输入，采集任务；输出，采集任务的生存状态。

生存状态设置包括：输入，采集任务及其生存状态；输出，设置采集任务的生存状态。

4. 流程逻辑

任务管理的流程逻辑如图 5.64 所示。

中心群组采集流程说明如下。

(1) 从配置文件读取任务管理配置信息。

(2) 初始化状态采集任务池。

(3) 生成状态采集任务。

(4) 启动任务池管理器。

(5) 启动任务状态管理器。

(6) 启动任务调度器。

(7) 结束。

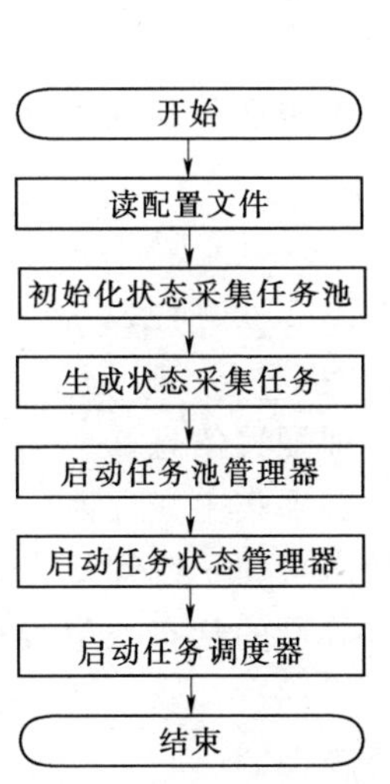

图 5.64 任务管理流程图

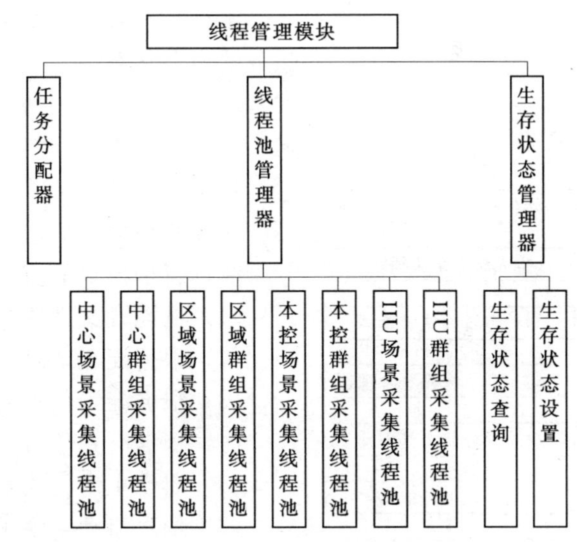

图 5.65 线程管理模块图

5.2.4.2.2 线程管理模块

该模块用来对状态采集线程进行管理，根据配置文件的配置信息初始化线程池，任务分配器将任务队列中的任务平均分配给线程池中的相应线程式进行采集任务。具体包括任务分配器、线程池管理器和生成状态管理器3个子模块，其功能模块如图5.65所示。

1. 任务分配器

功能描述：根据当前线程池中的线程的负载状况，将任务管理模块分配的采集任务合理分配给线程池中的采集线程。

输入：采集任务。

输出：将采集任务分配给N个采集线程。

2. 线程池管理器

功能描述：管理状态采集线程池，具体包括中心场景采集线程池、中心群组采集线程池、区域场景采集线程池、区域群组采集线程池、本控场景采集线程池、本控群组采集线程池、IIU场景采集线程池、IIU群组采集线程池8个子线程池，每个线程池中线程数的上限与下限由配置文件设定。

输入：配置文件。

输出：包含8个子线程池的线程池。

3. 生存状态管理器

功能描述：管理线程池中的各线程的生存状态，具体包括生存状态查询与生存状态设置两个子模块。

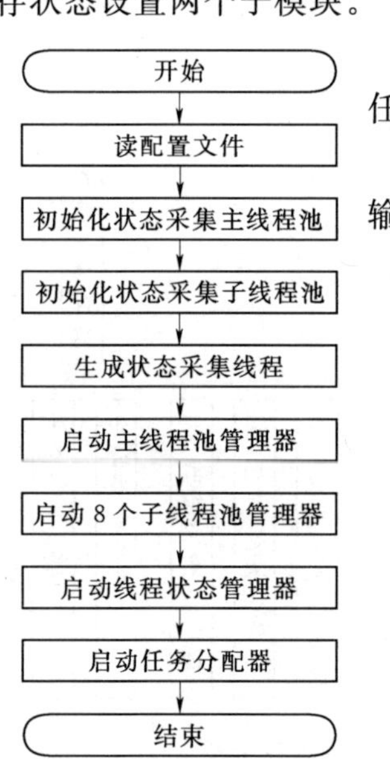

图5.66　线程管理模块流程图

生存状态查询包括：输入，采集任务；输出，采集任务的生存状态。

生存状态设置包括：输入，采集任务及其生存状态；输出，设置采集任务的生存状态。

4. 流程逻辑

线程管理模块的流程逻辑如图5.66所示。

线程管理模块的流程说明如下。

（1）从配置文件读取线程管理配置信息。

（2）根据配置信息初始化状态采集主线程池。

（3）根据配置信息初始化状态采集子线程池。

（4）根据配置信息生成一定数量的状态采集线程。

（5）启动主线程池管理器。

（6）依次启动8个子线程池管理器。

（7）启动线程状态管理器。

（8）启动任务分配器。

（9）结束。

5.2.4.2.3　场景群组匹配模块

场景群组匹配模块用来找到场景与子场景及群组与子群组的匹配关系，具体包括中心场景与区域场景、中心群组与区域群组、区域场景与本控场景、区域群组与本控群组的匹配关系，其功能模块如图5.67所示。

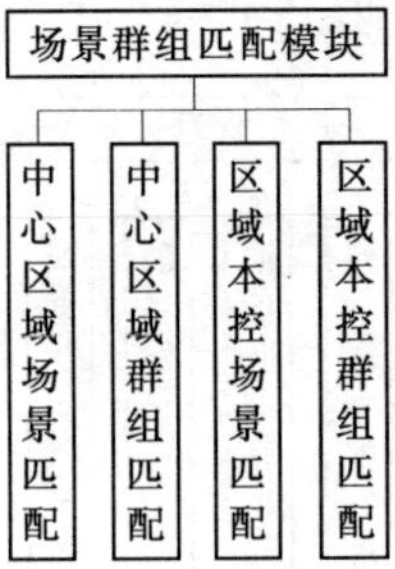

场景群组匹配模块

中心区域场景匹配　中心区域群组匹配　区域本控场景匹配　区域本控群组匹配

图5.67　场景群组匹配模块图

1. 中心区域场景匹配

功能描述：查找出组成某个中心场景的所有区域及区域场景的组合。

输入：中心场景。

输出：组成该中心场景的所有区域及区域场景的组合。

2. 中心区域群组匹配

功能描述：查找出组成某个中心群组的所有区域及区域群组的组合。

输入：中心群组。

输出：组成该中心群组的所有区域及区域群组的组合。

3. 区域本控场景匹配

功能描述：查找出组成某个区域场景的所有本控及本控场景的组合。

输入：区域场景。

输出：组成该区域场景的所有本控及本控场景的组合。

4. 区域本控群组匹配

功能描述：查找出组成某个区域群组的所有本控及本控群组的组合。

输入：区域群组。

输出：组成该区域群组的所有本控及本控群组的组合。

5. 流程逻辑

场景群组匹配模块的流程逻辑如图5.68所示。

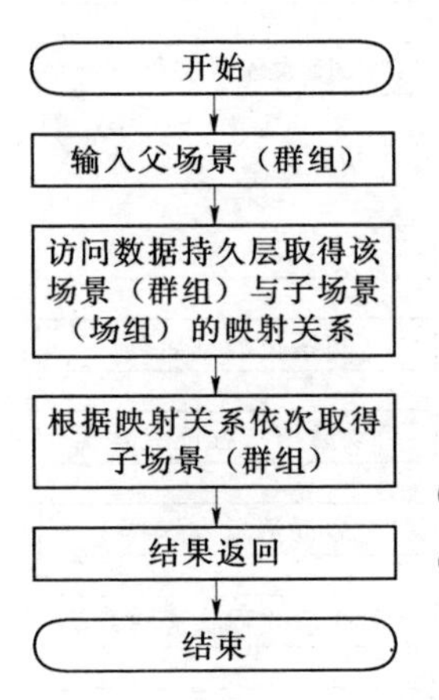

图5.68　场景群组匹配流程图

场景群组匹配模块的流程说明如下。

(1) 输入想要查询的父场景或群组。

(2) 访问数据持久层取得该场景（群组）与子场景（群组）的映射关系，即组成该父场景（群组）的子场景（群组）的映射ID。

(3) 针对上述取得的每一个映射ID分别调用持久化层接口，取得子场景（群组）。

(4) 将查询结果返回调用者。

(5) 结束。

5.2.4.2.4 通信管理模块

该模块用来管理与通信模块的通信服务，根据配置文件中的配置信息初始化通信线程池，消息发送器依次将通信队列中的消息分配给通信池中的空闲线程进行处理，通信线程将调用 Ebus 服务进行通信，并返回通信结果。具体包括通信线程池管理器、通信队列管理器、消息发送器、线程状态管理器 4 个子模块，其功能模块如图 5.69 所示。

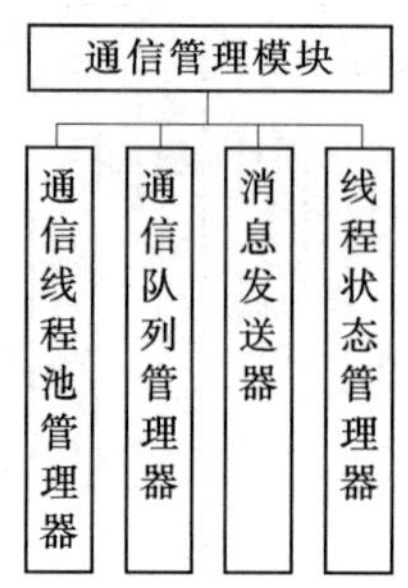

图 5.69 通信管理模块流程图

1. 通信线程池管理器

功能描述：管理调用通信服务的线程。

输入：配置文件。

输出：生成指定数量的调用通信服务的线程。

2. 通信队列管理器

功能描述：管理通信队列，通信队列用于缓存消息，该模块具有消息入队、消息出队 2 个功能。

输入：消息。

输出：将消息加入通信队列或从通信队列移除。

3. 消息发送器

功能描述：将消息队列中的消息指定给某个发送线程进行发送。

输入：消息。

输出：将消息绑定给某个发送线程进行发送。

4. 线程状态管理器

功能描述：管理通信线程式的生存状态，包括生存状态查询与生存状态设置两种子功能。

生存状态查询包括：输入，采集任务；输出，采集任务的生存状态。

生存状态设置包括：输入，采集任务及其生存状态；输出，设置采集任务的生存状态。

5. 流程逻辑

通信管理模块的流程逻辑如图 5.70 所示。

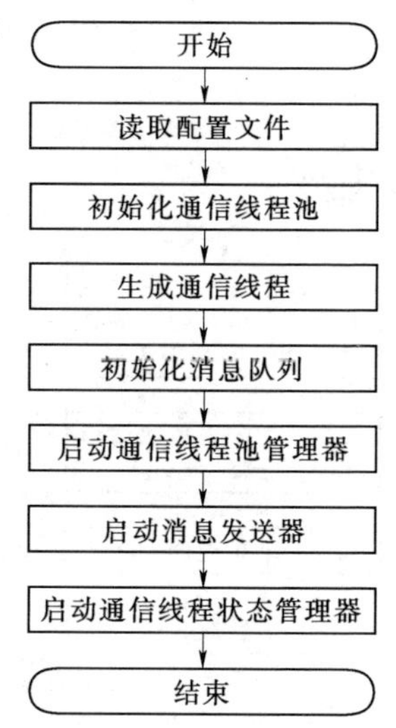

图 5.70 通信管理流程图

通信管理模块的流程说明如下。

（1）从配置文件读取线程管理配置信息。

（2）根据配置信息初始化通信线程池。

（3）根据配置信息生成指定数量的通信线程。

（4）初始化用来缓存通信消息的消息队列。

（5）启动通信线程池管理器。

（6）启动消息发送器。

（7）启动通信线程状态管理器。

（8）结束。

5.2.4.2.5　消息管理模块

该模块用来管理Ebus消息，具体包括消息生成、消息解析2个子模块，其功能模块如图5.71所示。

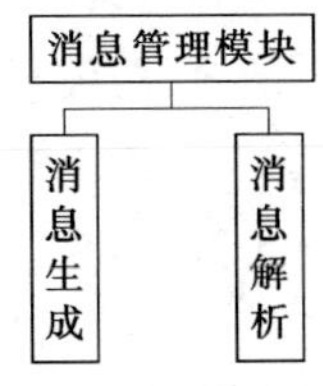

图5.71　消息管理模块图

1. 消息生成

功能描述：生成调用Ebus服务的消息。

输入：Ebus消息描述信息。

输出：Ebus服务的消息。

2. 消息解析

功能描述：根据Ebus服务返回的消息，解析得出本控或IIU的当前场景（群组）状态。

输入：Ebus服务返回消息。

输出：本控或IIU的当前场景（群组）状态。

3. 流程逻辑

消息管理模块分为消息生成与消息解析两部分。

消息生成流程逻辑如图5.72所示。

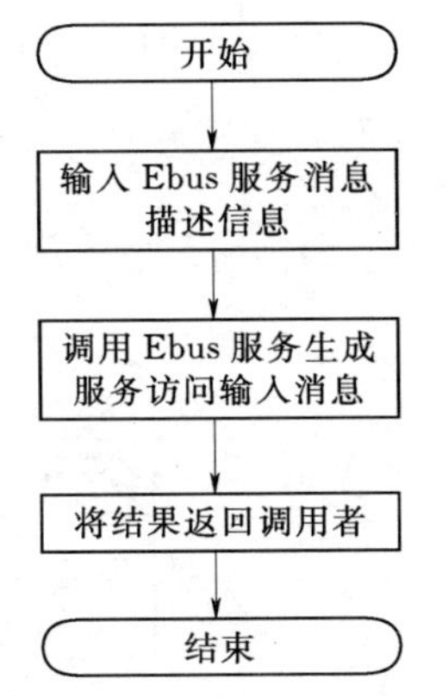

图5.72　消息生成流程图

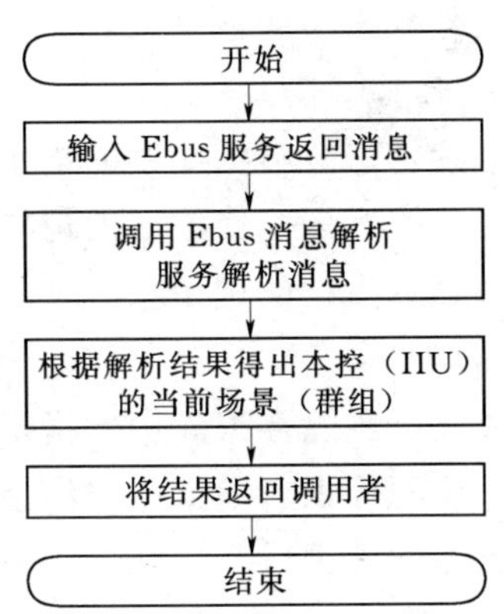

图5.73　消息解析流程图

消息生成的流程说明如下。

（1）输入Ebus服务消息描述信息。

（2）调用Ebus服务生成服务访问输入消息。

（3）将生成的Ebus服务访问输入消息返回给调用者。

（4）结束。

消息解析流程如图 5.73 所示。

消息解析的流程说明如下。

(1) 输入 Ebus 服务返回消息。

(2) 调用 Ebus 消息解析服务解析该消息。

(3) 对解析结果进行进一步分析，并得出本控或 IIU 的当前场景或群组信息。

(4) 将上述分析结果返回给调用者。

(5) 结束。

5.2.4.2.6 持久化管理模块

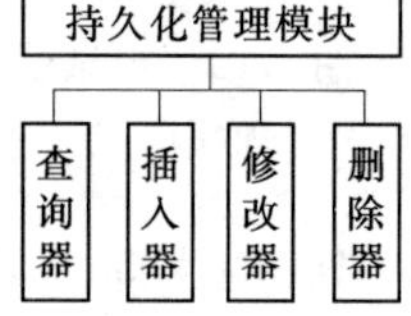

图 5.74 持久化管理模块图

该模块是状态采集模块数据持久化层，处于数据库与业务逻辑层之间，负责数据的持久化操作，具体包括查询、插入、修改、删除 4 个子功能，其功能模块如图 5.74 所示。

1. 查询器

功能描述：查询数据库中的记录。

输入：查询标识、查询条件。

输出：结果对象。

2. 插入器

功能描述：向数据库中插入记录。

输入：插入标识、插入的记录。

输出：数据库中的记录。

3. 修改器

功能描述：修改数据库中的指定记录。

输入：修改标识、修改后的记录。

输出：数据库中的记录。

4. 删除器

功能描述：删除数据库中的指定记录。

输入：删除标识、数据库中的指定记录。

输出：删除该记录。

5. 流程逻辑

持久化管理模块的流程逻辑如图 5.75 所示。

持久化管理模块的流程说明如下：

(1) 取得持久层访问消息。

(2) 根据访问消息中的访问标识，调用相应的内部处理方法进行持久化操作。

(3) 调用持久层进行数据操作，包括查询、插入、删

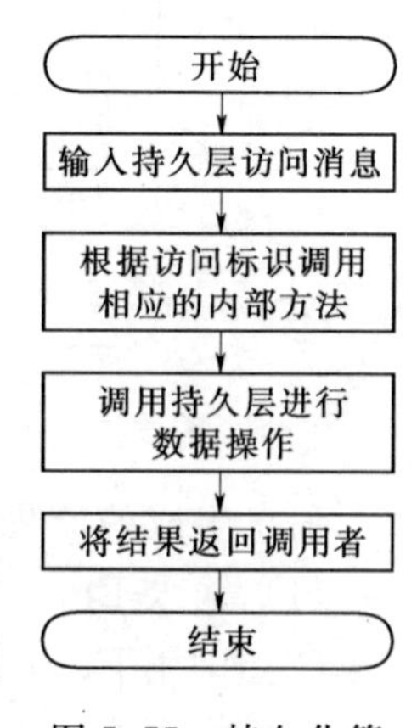

图 5.75 持久化管理流程图

除、修改等。

(4) 将结果返回给调用者。

(5) 结束。

5.2.4.2.7 异常管理模块

该模块用来对状态采集模块中产生的异常进行处理，对异常的处理方式有记日志和入库两种，其功能模块如图 5.76 所示。

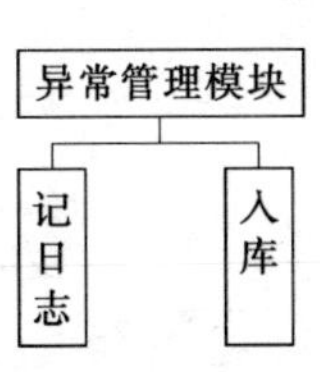

图 5.76 异常管理模块图

1. 记日志

功能描述：将异常信息记入日志中。

输入：异常信息。

输出：异常日志。

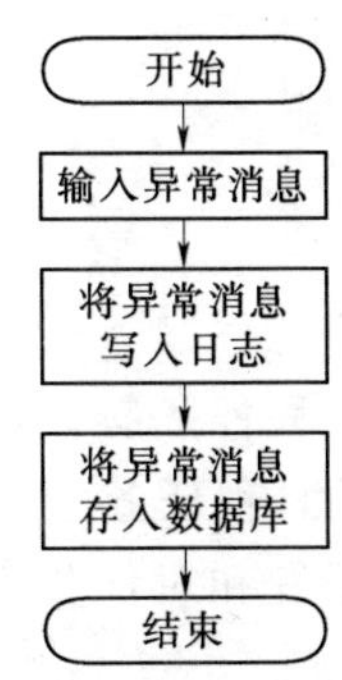

图 5.77 异常管理流程图

2. 入库

功能描述：将异常信息存入数据库中。

输入：异常信息。

输出：数据库记录。

3. 流程逻辑

异常管理模块的流程逻辑如图 5.77 所示。

异常管理模块的流程说明如下。

(1) 取得输入的异常消息。

(2) 将该异常消息写入日志文件中；调用 Hibernate 持久化层将该异常消息写入数据库中。

(3) 结束。

5.2.4.2.8 通信服务器状态采集模块

该模块用来采集通信服务器状态，当通信服务器状态发生改变时，对数据库状态进行更新，同时记录异常信息。流程逻辑如图 5.78 所示。

通信服务器状态采集流程说明如下。

(1) 从数据库中得到 IP 字段，若 IP 地址为空，则插入一条默认地址，若 IP 地址可以获得，则更新状态值。

(2) 插入异常记录。

(3) 更新数据库状态值。

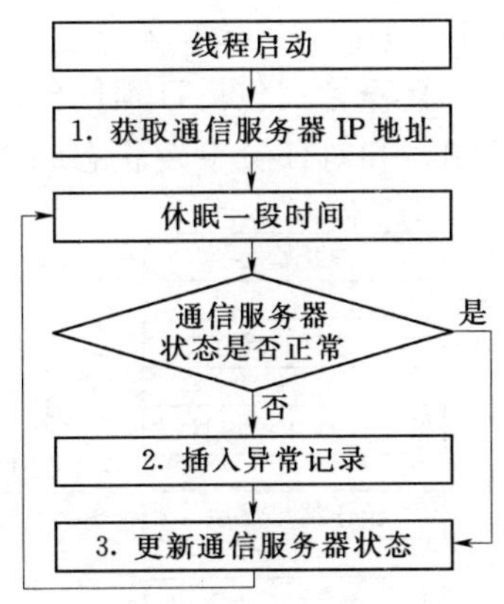

图 5.78 通信服务器状态采集流程图

5.2.5 照明日程管理系统

照明日程管理系统的体系结构如图 5.79 所示。

照明日程管理从功能上主要包括日程管理、特

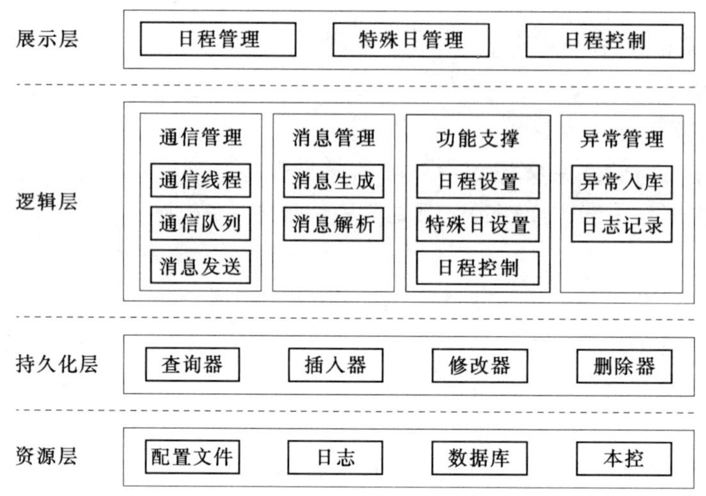

图 5.79 照明日程管理

殊日管理、日程控制 3 个模块。

(1) 日程管理：日程任务的添加、编辑，日程任务的下发，日程任务有效性的控制和对任务下发状态的查看，以及按照日期模式查询已设定的日程任务。

(2) 特殊日管理：特殊日任务的添加、编辑，特殊日任务的下发和对任务下发状态的查看，以及按照日期模式查询已设定的特殊日任务。

(3) 日程控制：主要用于广域灯具的日程设置，并根据广域场景与 IIU 场景的对照将广域的日程设置转化成本地的日程设置，最后通过本地服务器提供的 CGI 接口，将对应的日程设置下发至本地服务器。

5.2.5.1 照明日程管理系统展示

5.2.5.1.1 日程管理

日程管理包括日程任务的添加、编辑，日程任务的下发，日程任务有效性的控制，和对任务下发状态的查看，以及按照日期模式查询已设定的日程任务。

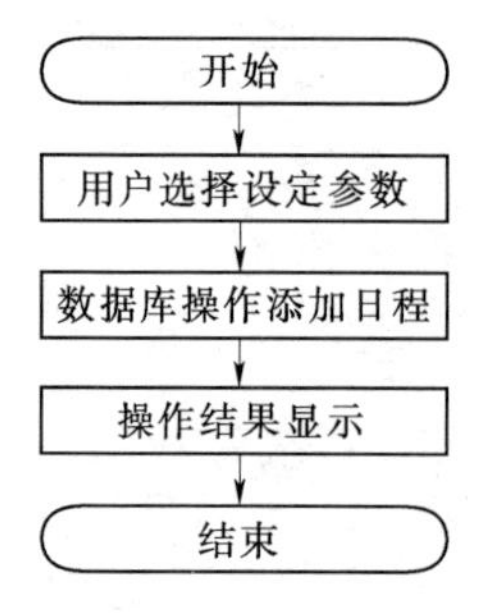

图 5.80 日程添加流程图

1. 日程添加

功能描述：添加日程任务。

输入：日程名称、场景操作方式（ON、日落和日出）；执行时间（具体时间、延迟或提前的分钟数）普通日、特殊日选择。

输出：日程信息列表。

日程添加流程逻辑如图 5.80 所示。

日程添加流程描述如下。

(1) 开始：用户点击选择“日程管理”主页面的

“日程添加”操作；

（2）用户选择设定参数：通过页面显示的配置项对日程任务进行设定。其中包括日程名称、场景操作方式（ON、日落和日出）；执行时间（具体时间、延迟或提前的分钟数）普通日、特殊日的选择；

（3）数据库操作：点击“确定”后，系统根据所设定日程的scheduleID对数据表进行更新操作，即将该schduleID所对应的标志位置为1，并更新其他属性。其中，Schedule表中标志位标识该条记录是否为可用记录；

（4）操作结果显示：系统将该条日程任务在日程管理主页面显示。每个页面具有15条日程任务信息的展示容量。

2. 日程编辑

功能描述：编辑已有的日程任务。

输入：日程名称、场景操作方式（ON、日落和日出）；执行时间（具体时间、延迟或提前的分钟数）普通日、特殊日选择。

输出：日程信息列表。

日程编辑流程逻辑如图5.81所示。

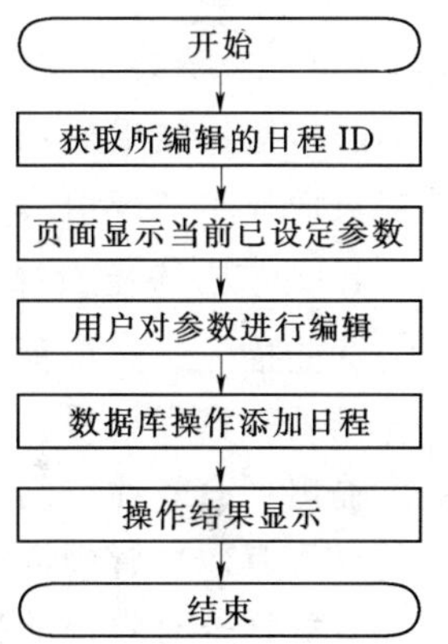

图5.81 日程编辑流程图

日程编辑流程描述如下。

（1）开始：用户点击选择“日程管理”，进入主页面。

（2）获取所编辑的日程ID：用户点击所需编辑的日程条目中的“编辑”按钮，获得该日程的ID。

（3）页面显示当前已设定参数：通过所选择的scheduleID查询数据表查询该日程已设定的参数情况，并在页面中显示当前的参数配置情况。

（4）用户对参数进行编辑：通过页面显示的配置项对日程任务进行编辑设定。其中包括日程名称、场景操作方式（ON、日落和日出）；执行时间（具体时间、延迟或提前的分钟数）普通日、特殊日的选择。

（5）数据库操作：点击“确定”后，系统根据所设定日程的scheduleID对数据表中相应的属性进行更新操作。

（6）操作结果显示：系统将该条日程任务在日程管理主页面显示。每个页面具有15条日程任务信息的展示容量。

3. 日程任务下发

功能描述：对已有日程任务进行下发。

输入：日程编号。

输出：日程任务。

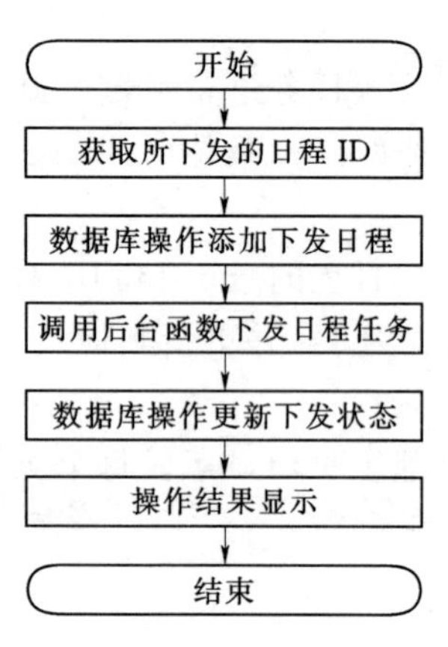

图 5.82　日程任务下发流程图

日程任务下发流程逻辑如图 5.82 所示。

日程任务下发流程描述如下。

（1）开始：用户点击选择“日程管理”，进入主页面。

（2）获取所下发的日程 ID：用户点击所需编辑的日程条目中的“下发”按钮，获得该日程的 ID。

（3）数据库操作添加下发日程：通过所选择的 scheduleID 更新数据表中相应条目下发信息情况。

（4）调用后台函数下发日程任务：针对每个 LocalServer 调用后台函数向通信模块发送日程任务，根据返回结果更新数据表中子任务的下发状态。

（5）数据库操作更新下发状态：根据 scheduleID 更新数据表中相应条目的标志位为“2”。

（6）操作结果显示：系统将跳转至日程管理主页面，该条日程任务在日程管理主页面显示“详情”。每个页面具有 15 条日程任务信息的展示容量。

4. 日程任务有效性的管理

功能描述：对日程任务的有效性进行管理。

输入：日程编号。

输出：有效性控制结果。

日程有效性管理流程逻辑如图 5.83 所示。

日程任务有效性的控制流程描述如下。

（1）开始：用户点击选择“日程管理”，进入主页面。

（2）获取所下发的日程 ID：用户点击所需编辑的日程条目中的“有效”或“无效”按钮，获得该日程的 ID。

（3）数据库操作添加下发日程：通过所选择的 scheduleID 更新数据表中相应条目下发信息情况。

（4）调用后台函数下发日程任务：针对每个 LocalServer 调用后台函数向通信模块发送控制任务，并根据返回结果更新数据表中相应子任务的下发状态。

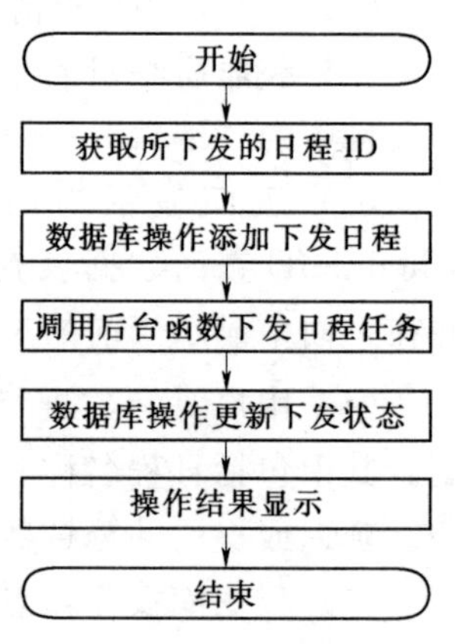

图 5.83　日程有效性管理流程图

（5）数据库操作更新下发状态：根据 scheduleID 更新数据表中相应条目的标志位为“2”，并按照所发送的任务属性设置有效性属性，有效为“1”，无效为“0”。

（6）操作结果显示：系统将跳转至日程管理主页面，该条日程任务在日程管理主页面显示为“无效”或“有效”（与原有属性相反）。每个页面具有 15 条日

程任务信息的展示容量。

5. 任务下发状态查看

功能描述：显示指定日程任务下发状态的详细信息情况，并针对未发送成功的子任务设置重新发送按钮。

输入：日程编号。

输出：日程任务下发详情。

任务下发状态查看流程逻辑如图 5.84 所示。

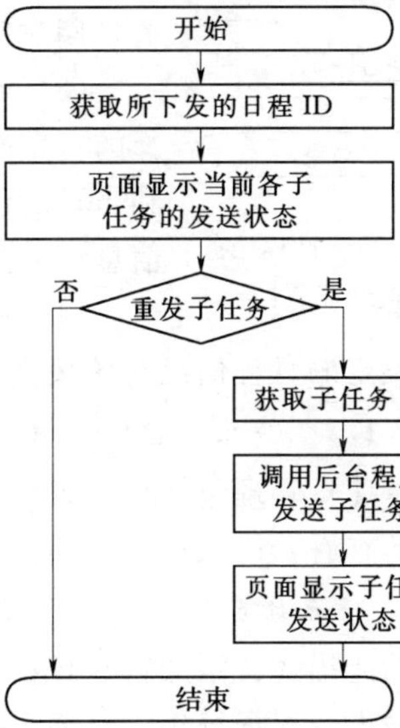

开始
获取所下发的日程 ID
页面显示当前各子任务的发送状态
重发子任务
否
是
获取子任务 ID
调用后台程序发送子任务
页面显示子任务发送状态
结束

图 5.84　任务下发状态查看流程图

任务下发状态查看流程描述如下。

(1) 开始：用户点击选择“日程管理”，进入主页面。

(2) 获取所下发的日程 ID：用户点击所需编辑的日程条目中的“详情”按钮，获得该日程的 ID。

(3) 页面显示当前各子任务的发送状态：通过所选择的 scheduleID 查询数据表获取相应的日程任务下发任务 ID，并根据此任务 ID 查询数据表获取相应的任务属性信息，根据每个 LocalServer 查询表中每个子任务的下发状态。对于下发成功的子任务则对其状态显示为设置成功，否则显示为“重新发送”按钮。

(4) 对于选择了“重新发送”的子任务，则转至 5 开始重新发送操作，否则结束该次操作。

(5) 获取子任务 ID：用户点击“重新发送”按钮，获取该条子任务的 ID，即 stepID。

(6) 调用后台程序发送子任务：针对相应的 LocalServer 向通信模块发送任务，并根据相应的返回结果更新根据数据表的标志位，包括“设置成功”、“参数错误”、“设置失败”和“其他”。

(7) 操作结果显示：系统将根据数据表中的标志位在该页面显示此次重发操作的状态。

6. 日程任务查询

功能描述：按照日期模式对日程任务进行查询。

输入：选择要查询的年份、月份和日期。

输出：属于该日期的日程列表详情。

日程任务查询流程逻辑如图 5.85 所示。

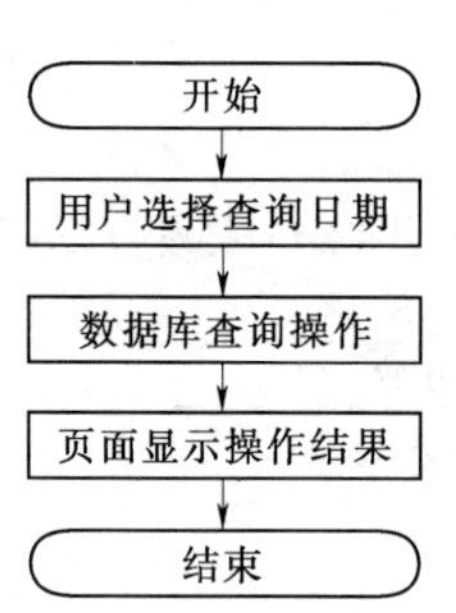

图 5.85 日程任务查询流程图

查询日程任务流程描述如下。

(1) 开始：用户点击选择“日程管理”主页面的“日期模式”操作。

(2) 用户选择查询日期：用户通过时间框选择所需查询的日期时间。

(3) 数据库查询操作：点击“查询”后，系统根据所选择的日期对数据库表进行查询操作，分别获得该日所属特日和当日所设定的日程。通过查询数据表获得该日所属的特日信息；通过查询数据表获得该日所设定的日程信息。

(4) 操作结果显示：系统将通过查询获得的所属特日信息和设定的日程信息在该页面显示。

5.2.5.1.2 特殊日管理

特殊日管理包括特殊日任务的添加、编辑，特殊日任务的下发和对任务下发状态的查看，以及按照日期模式查询已设定的特殊日任务。

1. 特殊日添加

功能描述：添加特殊日任务。

输入：根据每年—星期、每年—月日、年月日 3 种特殊日模式选择所需的日期作为特殊日。

输出：所选特殊日信息列表。

特殊日管理流程逻辑如图 5.86 所示。

特殊日添加流程描述如下。

(1) 开始：用户点击选择“特殊日管理”主页面的“特殊日添加”操作。

(2) 用户设定参数：用户通过特殊日添加的页面选择所添加的特殊日模式，共有每年—星期特殊日模式、每年—月日特殊日模式、年月日模式 3 种特殊日模式。针对每种特殊日模式，用户根据页面显示对特殊日时间参数进行设定。

(3) 数据库添加特殊日操作：点击“追加”后，系统获得该特殊日的 specialID，并根据用户所选择的特殊日模式对不同的数据表进行插入操作，从而完成数据库对特殊日的操作。其中针对每年—星期特殊日模式，

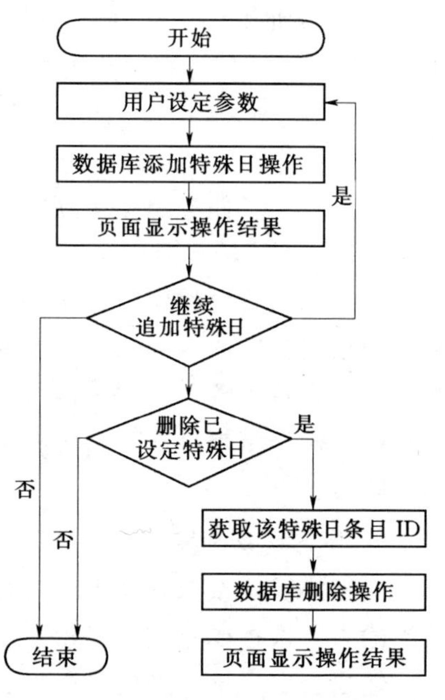

图 5.86 特殊日添加流程图

对数据表进行插入操作；针对每年—月日特殊日模式，对数据表进行插入操作；针对年月日模式，对数据表进行插入操作。然后，根据该特殊日的specialID更新数据表的相应属性，分别置位。

（4）页面显示操作结果：系统在该页面上显示用户刚刚追加设定的特殊日操作。

（5）继续追加特殊日：用户可以在继续追加不同模式的特殊日操作，其过程如（2）～（4）所示，反之该次操作结束。

（6）删除已设定特殊日：用户可以选择将刚刚设定的特殊日操作进行删除，转至（7），反之该次操作结束。

（7）获取该特殊日条目ID：用户点击“删除”按钮，将获得所需删除的特殊日的specialID和该特殊日条目ID。

（8）数据库删除操作：系统根据所获得的specialID和该特殊日条目ID，更新数据表该条目所对应的标志位，设置其为“1”，完成数据库的删除操作。

（9）页面显示操作结果：系统在该页面上显示数据库操作的结果。

2. 特殊日编辑

功能描述：编辑已有特殊日任务。

输入：根据每年—星期、每年—月日、年月日3种特殊日模式选择所需的日期作为特殊日。

输出：所选特殊日信息列表。

特殊日编辑流程逻辑如图5.87所示。

特殊日编辑流程描述如下。

（1）开始：用户点击选择“特殊日管理”，进入主页面。

（2）获取所编辑的特殊日ID：用户点击所需编辑的特殊日条目中的“编辑”按钮，获得该特殊日的ID。

（3）页面显示当前已设定参数：通过所选择的specialID查询数据表查询该特殊日已设定的参数情况，并在页面中显示当前的参数配置情况。

（4）用户对参数进行编辑：用户通过特殊日编辑的页面选择所需编辑的特殊日模式，共有每年—星期特殊日模式、每年—月日特殊日模式、年月日模式三种特殊日模式。针

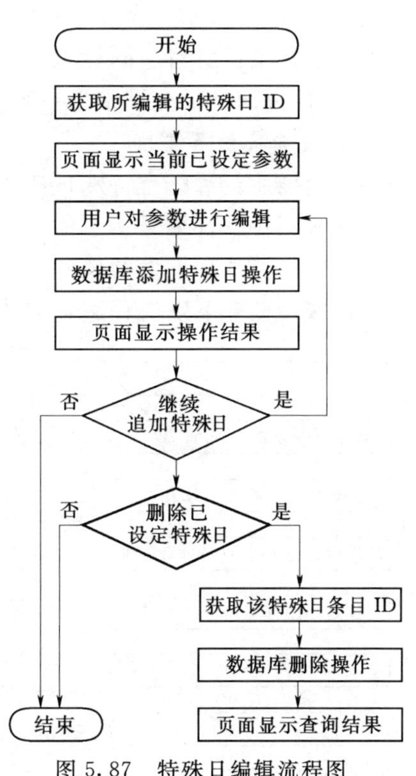

图5.87 特殊日编辑流程图

对每种特殊日模式，用户根据页面显示对特殊日时间参数进行编辑（即进行追加和删除操作）。

（5）数据库添加特殊日操作：点击“追加”后，系统获得该特殊日的 specialID，并根据用户所选择的特殊日模式对不同的数据表进行插入操作，从而完成数据库对特殊日的操作。其中针对每年一星期特殊日模式，对数据表进行插入操作；针对每年一月日特殊日模式，对数据表进行插入操作；针对年月日模式，对数据表进行插入操作。然后，根据该特殊日的 specialID 更新数据表的相应属性，分别置为“1”。

（6）页面显示操作结果：系统将在该页面上显示用户刚刚追加设定的特殊日操作。

（7）继续追加特殊日：用户可以在继续追加不同模式的特殊日操作，其过程如（5）～（6）所示，反之该次操作结束。

（8）删除已设定特殊日：用户可以选择将刚刚设定的特殊日操作进行删除，转至（8），反之该次操作结束。

（9）获取该特殊日条目 ID：用户点击“删除”按钮，将获得所需删除的特殊日的 specialID 和该特殊日条目 ID。

（10）数据库删除操作：系统根据所获得的 specialID 和该特殊日条目 ID，更新数据表该条目所对应的标志位，设置其为“1”，从而完成数据库的删除操作。

（11）页面显示查询结果：系统在该页面上显示数据库查询的结果。

3. 特殊日任务下发

功能描述：对已有特殊日任务进行下发。

输入：特殊日编号。

输出：特殊日下发的任务。

特殊日任务下发流程逻辑如图 5.88 所示。

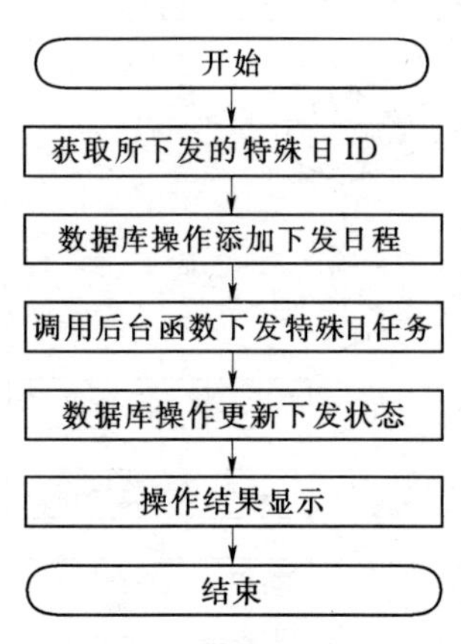

图 5.88　特殊日任务下发流程图

特殊日任务下发流程描述如下。

（1）开始：用户点击选择“特殊日管理”，进入主页面。

（2）获取所下发的特殊日 ID：用户点击所需编辑的日程条目中的“下发”按钮，获得该特殊日的 ID。

（3）数据库操作添加下发日程：通过所选择的 specialID 更新数据表相应条目下发信息情况。

（4）调用后台函数下发特殊日任务：针对每个 LocalServer 调用后台函数向通信模块发送日程任务，并根据返回结果更新数据表中相应子任务的下发状态。

（5）数据库操作更新下发状态：根据 specialID 更

新数据表中相应条目的标志位为“2”。

(6) 操作结果显示：系统将跳转至特殊日管理主页面，该条日程任务在日程管理主页面显示“详情”。每个页面具有15条日程任务信息的展示容量。

4. 任务下发状态查看

功能描述：显示指定特殊日任务下发状态的详细信息情况，并针对未发送成功的子任务设置重新发送按钮。

输入：特殊日编号。

输出：特殊日任务下发详情。

任务下发状态查看流程逻辑如图5.89所示。

任务下发状态查看流程描述如下。

(1) 开始：用户点击选择“特日管理”，进入主页面。

(2) 获取所察看的日程ID：用户点击所需察看的特殊日条目中的“详情”按钮，获得该殊特日的ID。

(3) 页面显示当前各子任务的发送状态：通过所选择的specialID查询数据表获取相应的特殊日任务下发任务ID，并根据此任务ID查询数据表获取相应的任务属性信息，根据每个LocalServer查询表中每个子任务的下发状态。对于下发成功的子任务则对其状态显示为设置成功，否则则显示为“重新发送”按钮。

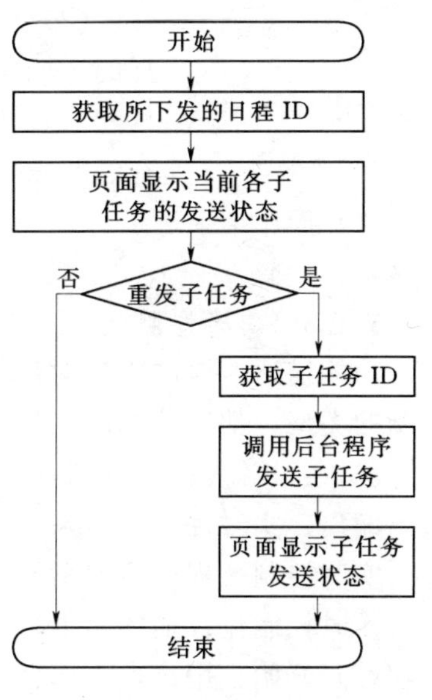

图5.89 任务下发状态查看流程图

(4) 对于选择了“重新发送”的子任务，则转至(5)开始重新发送操作，否则结束该次操作。

(5) 获取子任务ID：用户点击“重新发送”按钮，获取该条子任务的ID，即stepID。

(6) 调用后台程序发送子任务：针对相应的LocalServer向通信模块发送任务，并根据相应的返回结果更新根据数据表的标志位，包括“设置成功”、“参数错误”、“设置失败”和“其他”。

(7) 操作结果显示：系统将根据数据表中的标志位在该页面显示此次重发操作的状态。

5. 查询特殊日任务

功能描述：按照日期模式对特殊日任务进行查询。

输入：选择要查询的年份、月份。

输出：属于该年月的特殊日列表详情。

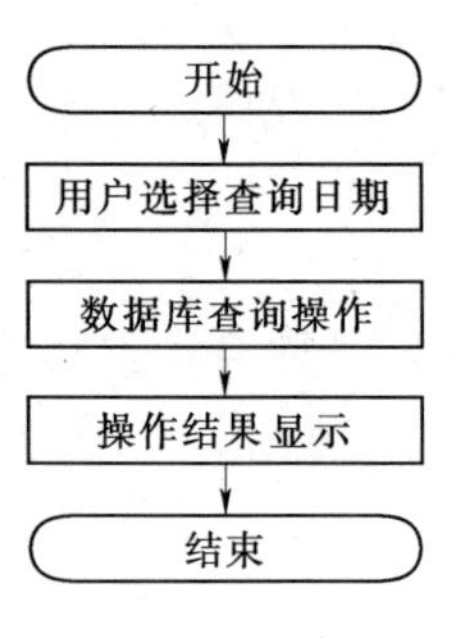

图 5.90　特殊日查询流程图

查询特殊日任务流程逻辑如图 5.90 所示。

查询特殊日任务流程描述如下。

(1) 开始：用户点击选择“特殊日管理”主页面的“日期模式”操作。

(2) 用户选择查询日期：用户通过时间框选择所需查询的日期时间（即某年某月）。

(3) 数据库查询操作：点击“查询”后，系统根据所选择的日期对数据库表进行查询操作，分别获得该日所属特殊日和当日所设定的日程。通过查询数据表获得该年该月所含有的特殊日信息。

(4) 操作结果显示：系统将通过查询获得的特殊日信息在该页面已表格的形式显示。

5.2.5.1.3　实时控制

功能描述：提供用户对广域、区域、本地、本地 IIU 4 种粒度的实时控制，控制的类型包括场景控制和群组控制。

输入：控制范围、控制内容。

输出：实时控制的结果。

实时控制流程逻辑如图 5.91 所示。

实时控制流程描述如下。

(1) 开始：用户点击选择“实时控制”操作。

(2) 选择控制对象：通过页面显示的配置项对控制对象进行选择。控制的对象包括：全局控制、区域控制、LS 控制、IIU 控制，根据用户选择的控制对象不同，页面显示不同的内容设定接口。

(3) 设置控制内容：对所选择的控制对象设置控制内容。若对象为场景，则只有“开”操作；若为群组，则有“开”、“关”两种操作。

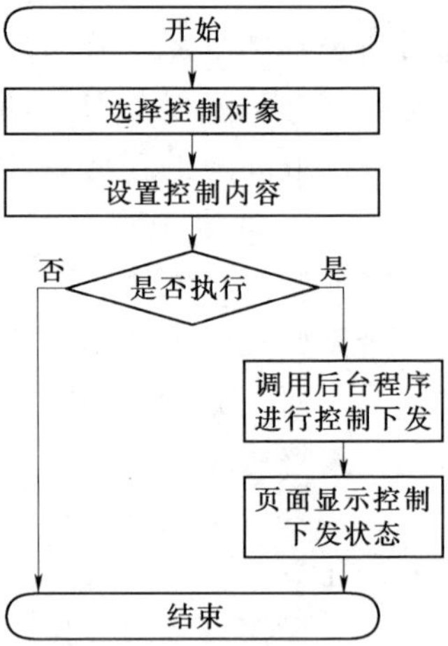

(4) 是否执行：用户点击确定，则执行 (5) 步骤；否则，结束此次操作。

图 5.91　实时控制流程图

(5) 调用后台程序进行控制下发：针对用户所选的不同控制对象和控制内容向后台模块发送命令，由后台向相应的设别发送任务命令，并把结果返回。

(6) 页面显示控制下发状态：将后台返回的结果以表格的形式显示给用户。

5.2.5.2　照明日程管理系统功能

5.2.5.2.1　日程控制模块

日程控制模块主要用于广域灯具的日程设置，并根据广域场景与 IIU 场景的

对照将广域的日程设置转化成本地的日程设置，最后通过本地服务器提供的CGI接口，将对应的日程设置下发至本地服务器。

1. 日程设置

功能描述：设置日程。

输入：日程名称，广域场景编号，执行方式，执行时间和执行日期。

输出：此条日程设定成功可以下发。

日程设置流程逻辑如图5.92所示。

日程设置流程描述如下。

(1) 得到此日程的执行日期。

(2) 获取对应普通日和特殊日信息。

(3) 将信息写入对应的数据库表中。

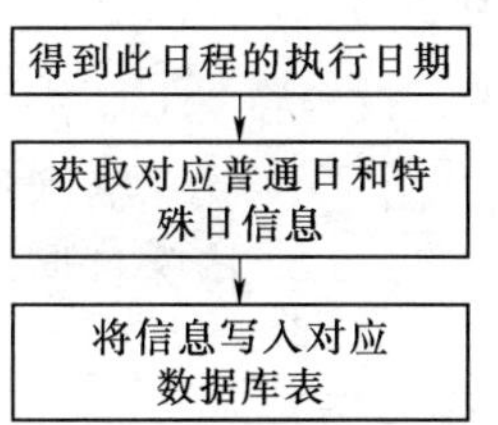

图5.92 日程设置流程图

2. 日程发送

功能描述：对已有日程进行发送。

输入：点击设定成功日程的发送按钮。

输出：发送结果页面，包括发送成功和失败的本地日程信息，未发送成功的提供重发按钮。

日程发送流程逻辑如图5.93所示。

日程发送流程描述如下。

(1) 用户点击日程发送。

(2) 将日程分解成45条本地日程消息。

(3) 发送给本控。

(4) 根据发送结果写数据库。

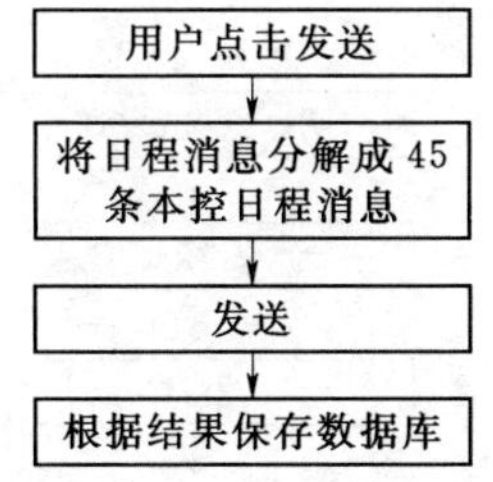

图5.93 日程发送流程图

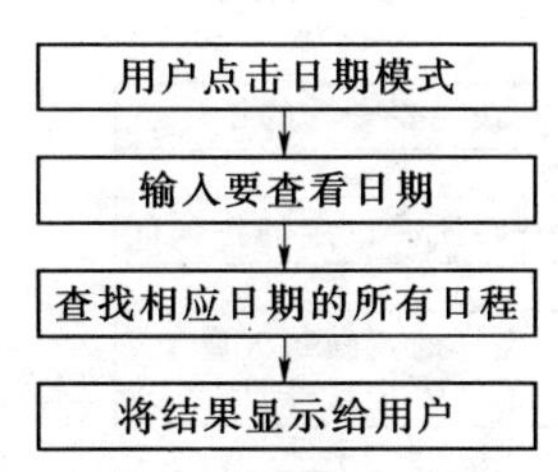

图5.94 日程查看流程图

3. 日程查看

功能描述：查看已有日程详情。

输入：所要查看的日期。

输出：跟此日期相关的日程信息。

日程查看流程逻辑如图5.94所示。

日程查看流程描述如下。

(1) 用户点击“日期模式”。

(2) 用户输入日期。

(3) 从数据库中找出相应日期的日程信息。

(4) 以表格的形式显示给用户。

4. 特殊日设置

功能描述：设置特殊日。

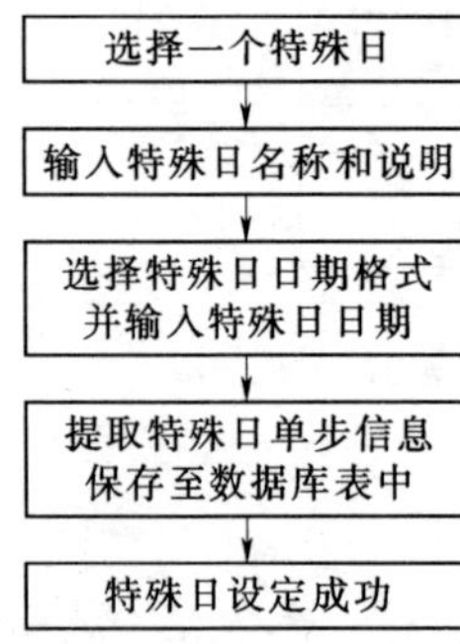

图 5.95 特殊日设置流程图

输入：特殊日名称，特殊日说明，特殊日设定方式，特殊日期。

输出：此特殊日具体信息，提示设定成功，可以发送。

特殊日设置流程逻辑如图 5.95 所示。

特殊日设置流程描述如下。

(1) 用户输入特殊日名称和特殊日说明，选择日期输入格式，输入特殊日日期。

(2) 当点击设定提取特殊日的基本信息保存至数据库表中。

(3) 随后将特殊日信息添加至数据库表中。

5. 特殊日查看

功能描述：用户选择“日期模式”。

输入：用户输入年月。

输出：属于该年月的特殊日详情。

特殊日查看流程逻辑如图 5.96 所示。

特殊日查看流程描述如下。

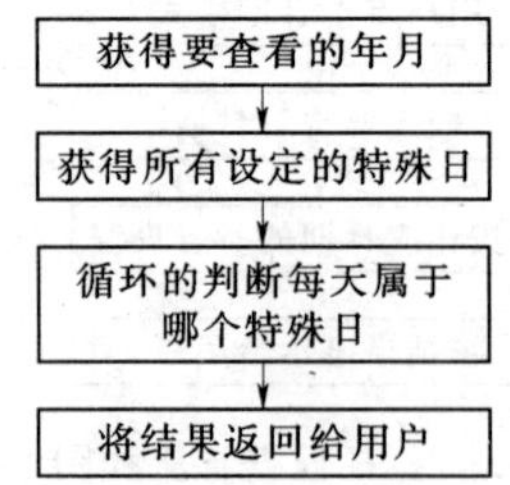

图 5.96 特殊日查看流程图

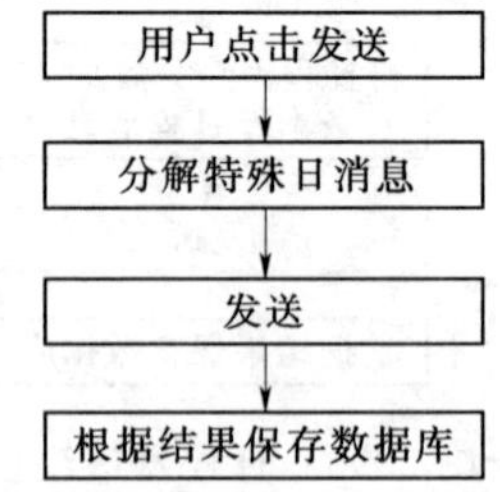

图 5.97 特殊日发送流程图

(1) 用户选择某年某月点击选择。

(2) 后台从数据库中取出设定了的特殊日，循环判断这月的每一天属于哪个特殊日。

(3) 结果以表格的形式显示给用户。

6. 特殊日发送

功能描述：发送特殊日。

输入：特殊日编号。

输出：发送结果页面，包括发送成功和失败的本地日程信息，未发送成功的提供重发按钮。发送结果页面。

特殊日发送流程逻辑如图5.97所示。

特殊日发送流程描述如下。

(1) 用户点击特殊日发送。

(2) 将特殊日分解成本地特殊日消息。

(3) 发送给本控。

(4) 根据发送结果写数据库。

5.2.5.2.2 实时控制模块

功能描述：提供用户对广域、区域、本地、IIU、回路5种级别的实时控制，控制的类型包括场景控制和群组控制。

输入：控制范围、控制内容。

输出：控制结果。

实时控制流程逻辑如图5.98所示。

实时控制流程描述如下。

(1) 选择控制范围，控制的对象包括：全局控制、区域控制、LS控制、IIU控制、回路控制。

(2) 根据用户选择的控制对象不同，页面显示不同的内容设定接口。

(3) 用户点击确定后，后台程序将控制下发。

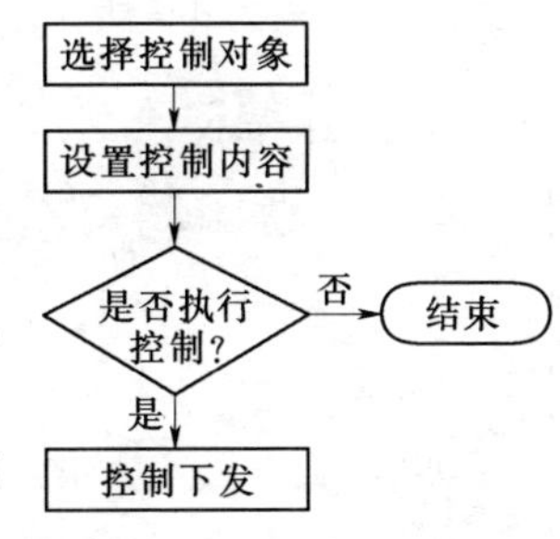

图5.98 实时控制流程图

5.3 系统安全保障方案

照明控制系统由基础网络、各种照明设备资源以及应用系统构成。通过3者的有机集合进行实时数据采集、传输与处理服务。由于用户复杂，因此存在信息泄露、信息篡改、重放攻击、拒绝服务等多种威胁；同时，设备网络还面临遭受节点的物理操纵、信息的窃听、拒绝服务攻击、私有信息的泄露，甚至部分网络被控制等多种威胁和攻击。因此，安全问题是基础设施建设过程中需要考虑的一个重点。信息基础设施的安全除依赖自身内部的安全机制外，还与外部网络环境、应用环境、从业人员素质等因素息息相关。从广义上讲，安全框架可以划分为 3 个层次：网络系统层次、宿主操作系统层次、系统管理系统层次。基于照明设备控制系统的特点以及安全框架的工作机制，在研究工作中，通过以下手段综合保障系统整体运转的安全性问题。

5.3.1 访问控制

首先介绍用户/权限管理中的几个基本概念。

用户：是用户系统中最基本的概念，包括该用户所有的相关信息如用户名、密码、基本信息、联系方式、所属部门等。

角色：用户对应的职务，在系统中共有 5 种用户角色，分别为场景设计工程师、日程管理工程师、系统维护工程师、运营分析工程师和普通大众用户。

权限：在实体对象上的可操作的能力，比如读、写等。在此系统中，根据功能的划分与需求，分为如下几种粗粒度的权限，分别为场景设计、日程管理、系统管理、实时控制和运营分析。任何一个对实体对象的操作都可能是一个权限。

系统中用户角色、角色权限之间的关系如图 5.99 所示。

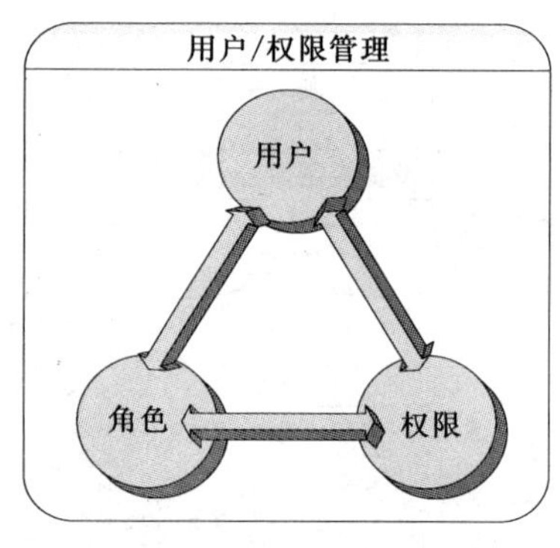

图 5.99　用户权限角色关系

根据以上这些概念，介绍系统中用户/权限管理模块的设计。

用户/权限管理模块由以下 11 个子模块组成。

（1）用户申请：用户发出申请请求，同意系统规则，填写个人申请信息，包括用户个人基本信息、联系方式、用户权限等，提交申请。

（2）用户审批：系统管理员登录，打开用户申请列表，审查用户的申请信息，通过符合要求的申请，拒绝不符合要求的申请。

（3）用户删除：用户删除包括两部分：用户自主删除和系统管理员删除用户。考虑到本系统的特性，系统只提供系统管理员删除用户，系统维护工程师登录，打开用户列表，删除相应用户。

（4）用户个人信息查看/修改：用户登录，打开个人信息，用户可能查看个人的全部信息，包括用户个人基本信息、联系方式、用户权限等，同时用户可以修改个人的注册信息（包括个人基本信息、联系方式）。

（5）角色定义：系统管理员登录，打开角色列表，添加角色。角色的基本信息包括 3 部分，角色 ID、名称、描述以及与权限的映射关系。

（6）角色删除：系统维护工程师登录，打开角色列表，删除相应的角色。

（7）角色更改：系统维护工程师登录，打开角色列表，更改相应角色的

权限。

（8）权限定义：系统管理员登录，打开权限列表，添加权限。权限的基本信息包括3部分，权限ID、名称、描述。

（9）权限删除：系统维护工程师登录，打开权限列表，删除相应的权限。

（10）权限更改：系统维护工程师登录，打开权限列表，更改相应权限的信息。

（11）用户权限授予：系统管理员登录，为用户分配一定的角色，进而使用户拥有相应权限。

这11个功能构成系统管理中用户/权限管理部分，系统中采用用户、角色和权限动态绑定的方式增加功能分配的灵活性，保存个人信息可以实现异步与其他联系。

系统采用用户、角色、权限的对应关系来进行用户权限管理。

当用户点击页面进行某个操作时，首先由该操作的功能模块取出该操作的用户ID和所来自的功能模块ID，然后调用该用户权限检测模块，该模块根据用户ID和功能模块ID从数据库中查出该用户在该功能模块中所具有的权限，返回权限等级（图5.100）。

5.3.2 数据加密

在Internet中，Email是应用最广的联络或信息交换的手段之一，在Email传输中最常用的就是MIME协议。MIME是一种Internet协议，全称为“Multipurpose Internet Mail Extensions”，中文名称为“多用途互联网邮件扩展”。其实，它的应用并不局限于收发Internet邮件——它已经成为Internet上传输多媒体信息的基本协议之一。

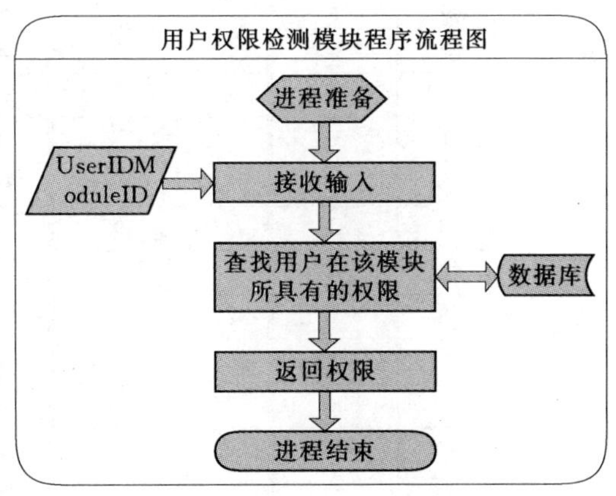

图5.100 用户权限检测流程图

MIME编码的原理就是把8bit的内容转换成7bit的形式以能正确传输，在接收方收到之后，再将其还原成8bit的内容。对邮件进行编码最初的原因是因为Internet上的很多网关不能正确传输8bit内码的字符，比如汉字、图像、程序数据等。MIME编码共有Base64、Quoted-printable、7bit、8bit和Binary等几种。在现在的Email系统中应用最广的为Base64和Quoted-Printable。

Base 64和 Quoted－Printable 都属于 MIME 多部分（multi－part）、多媒体电子邮件和 WWW 超文本的一种编码标准，用于传送诸如图形、声音和传真等非文本数据。MIME 定义在 RFC1341 中。Base64 更详细的资料，可以上 http：//rfc. net/查看 RFC2045～RFC2049，上面有 MIME 的详细规范。

Base64 算法将输入的字符串或一段数据编码成只含有｛“A” － “Z”， “a” － “z”，“0” － “9”， “＋”， “/”｝这 64 个字符的串，“＝” 用于填充。其编码的方法是，将输入数据流每次取 6bit，用此 6bit 的值（0－63）作为索引去查表，输出相应字符。这样，每 3 个字节将编码为 4 个字符（3×8 → 4×6）；不满 4 个字符的以 “＝” 填充。

下面看一个具体的例子（图 5.101）和（图 5.102）。

把 8 位的字节连成一串。然后每次顺序选 6 个出来，之后再把这 6 个二进制数前面再添加两个 0，就成了一个新的字节。之后再选出 6 个来，再添加 0，依此类推。

这也是 Base64 名称的由来，这样，字符串 “张 3” 经过编码后就成了字符串 “1iUz” 了。

Base64 将 3 个字节转变为 4 个字节，因此，编码后的代码量（以字节为单位，

Value	Encoding	Value	Encoding	Value	Encoding	Value	Encoding
0	A	17	R	34	i	51	z
1	B	18	S	35	j	52	o
2	C	19	T	36	k	53	1
3	D	20	U	37	l	54	2
4	E	21	V	38	m	55	3
5	F	22	W	39	n	56	4
6	G	23	X	40	o	57	5
7	H	24	Y	41	p	58	6
8	I	25	Z	42	q	59	7
9	J	26	a	43	r	60	8
10	K	27	b	44	s	61	9
11	L	28	c	45	t	62	＋
12	M	29	d	46	u	63	/
13	N	30	e	47	v	(pad)	＝
14	O	31	f	48	w		
15	P	32	g	49	x		
16	Q	33	h	50	y		

图 5.101　Base64 的编码表

字符串“张 3”			
张		3	
11010101	11000101	00110011	
转换 6bit			
00110101	00011100	00010100	00110011
十进制 53	十进制 34	十进制 20	十进制 51
字符‘1’	字符‘i’	字符‘U’	字符‘Z’

图 5.102 Base64 编码示例

下同）约比编码前的代码量多了 1/3。之所以说是“约”，是因为如果代码量正好是 3 的整数倍，那么自然是多了 1/3。但如果不是呢？细心的人可能已经注意到了，在 The Base64Alphabet 中的最后一个有一个（pad）“=”字符，这个字符的目的就是用来处理这个问题的。当代码量不是 3 的整数倍时，代码量/3 的余数自然就是 2 或者 1。转换的时候，结果不够 6 位的用 0 来补上相应的位置，之后再在 6 位的前面补两个 0。转换完空出的结果就用“=”来补位。至于将 Base64 的解码则是一个编码的。

5.3.3 日志机制

在一个完整的信息系统里面，日志系统是一个非常重要的功能组成部分。它可以记录下系统所产生的所有行为，并按照某种规范表达出来。可以使用日志系统所记录的信息为系统进行排错，优化系统的性能，或者根据这些信息调整系统的行为。在安全领域，日志系统的重要地位尤甚，可以说是安全审计方面最主要的工具之一。

在奥运景观照明控制系统中使用日志管理以便对系统中的各种操作进行记录，主要功能如下。

（1）记录系统各个模块的操作记录，其他模块为登录注销、场景/群组设计、工程管理、任务管理、实时控制、特日管理、日程管理、拓扑结构管理、用户/角色管理。记录的信息包括操作者、操作时间以及相关操作参数。

（2）提供日志查询和删除的功能，该部分功能的用户为系统管理员，管理员查询日志的输入参数包括用户、操作类型和时间段；界面上显示删除按钮，管理员点击后，系统清除从当日计算起两周以前的所有日志。

5.3.4 小结

奥运景观照明控制系统中适合采用基于角色的访问控制机制实现对用户、权限的管理，从而保证只有具有相应权限的用户才能执行相应的操作；通信过程中采用 Base64 加密，保证通信的安全，利用较小的性能损失换取一定程度上的通

信安全，是性能与安全的较好的折中方案；通过系统日志功能对所有用户的操作进行记录，从而保证所有的操作都有据可寻。

5.4 系统测试

为了保证测试工作的质量与测试结果的公正、准确，项目委托国家与北京市有关单位开展多种测试工作，主要包括：奥林匹克公园中心区 IPv6 景观照明控制系统，鉴定测试（国家应用软件产品质量监督检验中心，2008 年 9 月 16 日）；奥林匹克公园中心区 IPv6 照明视频监控软件系统，委托测试（国家应用软件产品质量监督检验中心，2008 年 5 月 12 日）；奥林匹克公园中心区 IPv6 照明视频监控软件系统，确认测试（国家应用软件产品质量监督检验中心，2008 年 5 月 28 日）；奥林匹克公园中心区 IPv6 照明视频监控软件系统 V2.0，确认测试证书（国家应用软件产品质量监督检验中心，2008 年 5 月 28 日）等。这些测试工作的结果表明，系统在功能与性能方面完全满足项目的要求，能够保障奥林匹克公园中心区照明设备控制工作的开展。同时，结合系统的特点，获得 3 项 IPv6 ready 金牌认证。

第6章 工 程 实 施

6.1 工程规划与管理

工程涉及的研究单位多，人员广，研究内容多。课题组采用划分子课题（或称为研究专题），分级管理，统一协调，责任目标到人的管理模式，保证了课题研究顺利进行。课题组一般一个月召开一次协调会，每次会议都有具体的目标，使课题研究的协调工作较为顺利地开展。不定期地开展技术交流与研讨，保证了本课题高新技术研究与应用同步进行的跨越式发展。尤其是成立了课题领导小组，对重大技术问题进行协调和决策，有力地保证了课题的顺利实施。

该课题既是新技术攻关，又是新技术的产业化应用，攻关难度极大。为此，课题组专门成立了技术攻关小组，用于新技术的研究与实验、系统集成与调试，为课题技术攻关、业务系统的构建和课题的圆满完成提供了强有力支持。

课题组成员在学习和分析国际上现有相关技术的同时，也积极参与到国际相关技术研究和讨论；参加与课题相关内容的国际会议，并吸纳国外的相关领域的专家学者参与相关技术的研究，采取多种形式的合作方式，如讲学、讨论等。

6.2 产 学 研 结 合

课题在研究工作中，采用产学研结合的模式。北京航空航天大学、北京市新奥有限公司和北京市建筑设计院 3 方充分利用学校与企业、科研单位等多种不同教学环境和教学资源以及在人才培养方面的各自优势，将以课堂传授知识为主的学校教育与直接获取实际经验、实践能力为主的生产、科研实践有机结合。

课题的研究过程，也是互惠互利的过程。企业在解决技术难题、技术培训以及获得廉价劳动力等方面获益；学校在建立实习基地获得一定的资金支持等方面得到实惠；并且在产学研的过程中，很好地处理了发展、创新和管理的关系，走集成化、可持续发展之路。

6.3 工 程 施 工

奥林匹克公园中心区连绵数公里的景观区是各国媒体关注的焦点，其照明控制方式具有数量多、面积广、控制繁、维护难、能耗大的特点。围绕这些困难，课题组开展研究工作，在研究照明控制技术和了解奥林匹克公园中心区照明设计现状和需求的基础上，根据课题任务书的要求，完成奥林匹克公园中心区照明运营与管理系统的体系结构设计、软件平台的搭建，测试以及生产试运行等工作。具体包括以下几点。

（1）详细分析奥运景观照明运营与管理活动的需求。

（2）开展系统整体论证分析，经过对比选择，确定系统整体方案。

（3）在总体方案确定的基础上确定基础网络设计与中心控制系统软件详细设计。

（4）组织系统控制系统开发、联调与测试工作。

（5）实施系统部署、安装与调试。

6.4 系 统 部 署

6.4.1 逻辑部署结构

系统逻辑结构如图 6.1 所示。

整个系统从逻辑上可以分为控制中心和子节点两个层次，控制中心与各个照明控制子节点之间通过 IPv6 网络高速互联。

照明管理与控制平台的中心节点部署用于管理和控制的各类服务器，包括用于提供用户通过 Web 方式对整个系统进行管理的 Web 服务器，用于照明状态监测用的照明状态监测服务器，用于监视现场场景用的视频监视服务器，用于存储各类数据的数据库服务器以及用于完成时间同步功能的 NTP 服务器。此外还包括用于管理员操作的客户终端。

照明控制子节点部署完成一定区域内照明控制的各类控制节点，包括用于区域内照明控制的本地控制服务器以及用于区域内照明管理的本地管理服务器。本地服务器对一般照明 IIU、计量检测 IIU、LED 照明 IIU 进行统一管理实现区域内照明的协调，视频监视终端用于监视现场的照明状态。

6.4.2 物理部署结构

系统的物理部署主要包括以下几部分（图 6.2）。

（1）中心机房：部署各类服务器，包括数据库服务器、Web 服务器、视频监

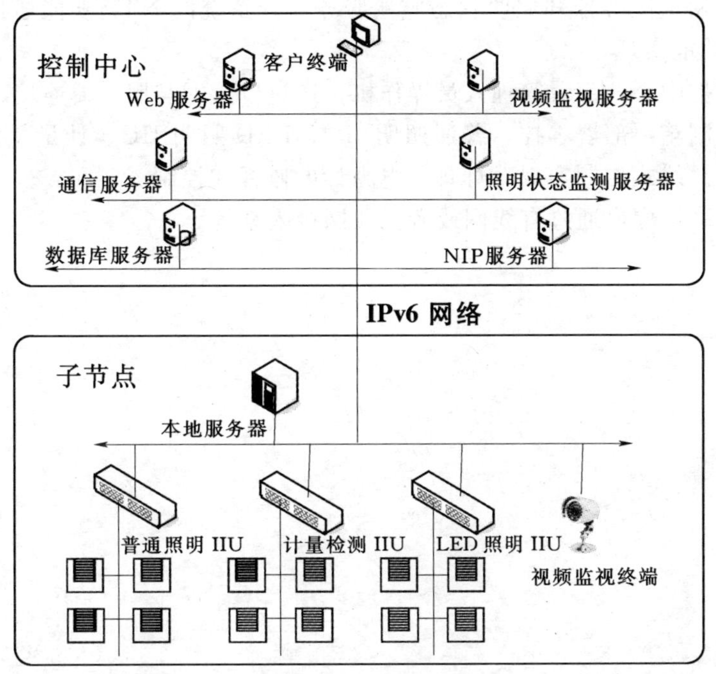

图 6.1 系统逻辑部署结构图

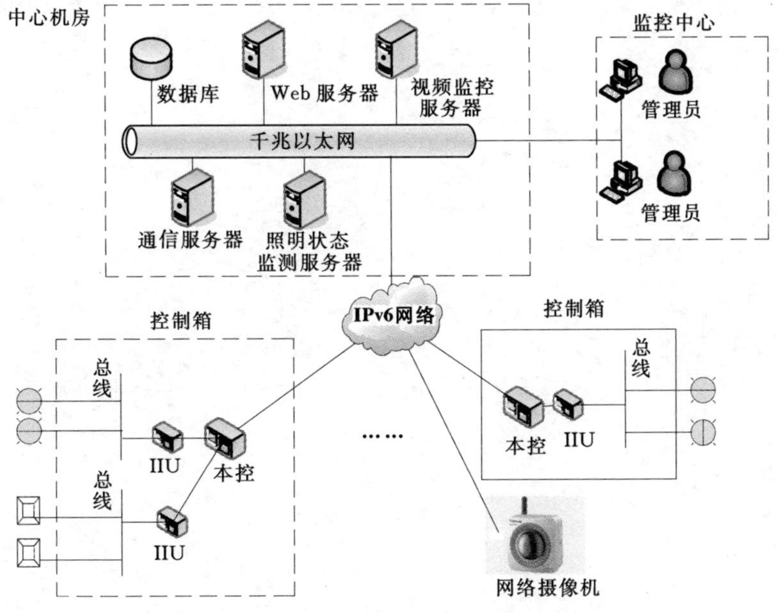

图 6.2 系统物理部署结构图

控服务器、通信服务器和照明状态监测服务器。系统的 NTP 功能通过 3 层交换机的 NTP 功能实现。

（2）监控中心：部署管理人员操作机，通过以太网与服务器连接。

（3）控制箱：部署本控、普通照明 IIU、LED 照明 IIU、计量检测 IIU；各种 IIU 通过总线式控制实现对灯具、电力计的监视和控制。

（4）网络摄像机通过有线网或者无线网接入系统。

第7章　系　统　运　行

7.1　服务器软硬件环境要求

服务器运行所需软硬件环境见表7.1。

表7.1　运行所需软硬件环境

部署节点类型	软件环境	硬件环境
通信服务器	Suse Linux Enterprise 10 或者 Windows Server 2003 Jdk1.5 Jakarta - Tomcat5.5	1CPU/2G内存
应用服务器	Suse Linux Enterprise 10 或者 Windows Server 2003 Jdk1.5 Jakarta - Tomcat5.5	2CPU/2G内存
数据库服务器	Suse Linux Enterprise 10 Oracle10g for Suse Linux Enterprise 10	2CPU/4G内存

7.2　网　络　要　求

网络要求见表7.2。

表7.2　网　络　要　求

奥林匹克公园中心区IPv6照明监控系统环境要求		
部署类型	带宽	其他
应用服务器	100M/1000Mbps	能够直接访问通信服务器，并能与其他服务器和客户端通信
通信服务器	100M/1000Mbps	能够直接访问到本控，并能与其他服务器和客户端通信
数据库服务器	100M/1000Mbps	能够被其他服务器和客户端访问
客户端	10M/100Mbps	能够直接访问到服务器

7.3 照明状态监控

系统登录页面如图 7.1 所示。

图 7.1　系统登录页面

用户通过输入用户名、密码和验证码实现系统的登录。当用户名、密码或者验证码不正确时，要求用户重新输入。

7.3.1　事件管理

7.3.1.1　事件管理页面

在导航栏点击“事件管理”，进入事件管理页面。事件管理显示了在一定时间段内所发生的所有的事件信息。

页面初始默认为空，用户可通过选择起始、结束时间查询指定时间内的事件信息，如图 7.2 所示。

7.3.1.2　事件处理

查询后出来的列表根据该事件是否被处理显示当前状态信息。当事件已经处理完毕后，可以通过点击“未处理”修改处理状态。点击后显示信息为“已处理”。如图 7.3 所示。

7.3.2　异常管理

7.3.2.1　异常管理页面

在导航栏点击“异常管理”，进入异常管理页面。异常管理显示了在一定时

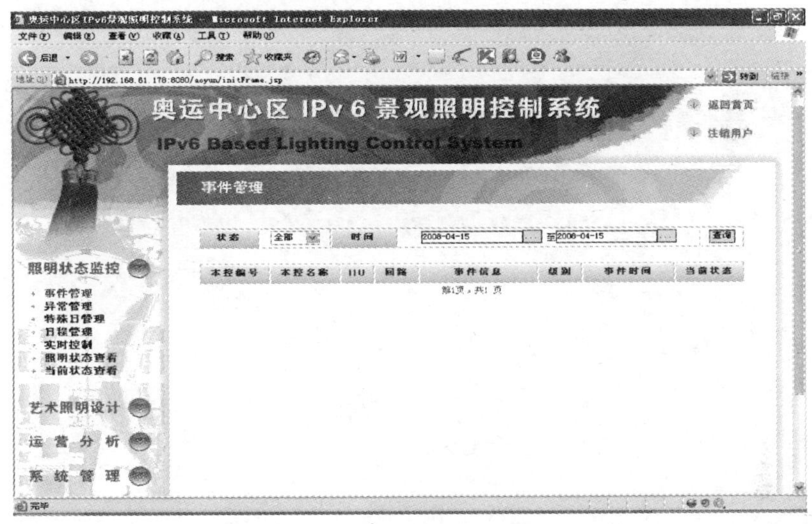

图 7.2　“事件管理”初始页面

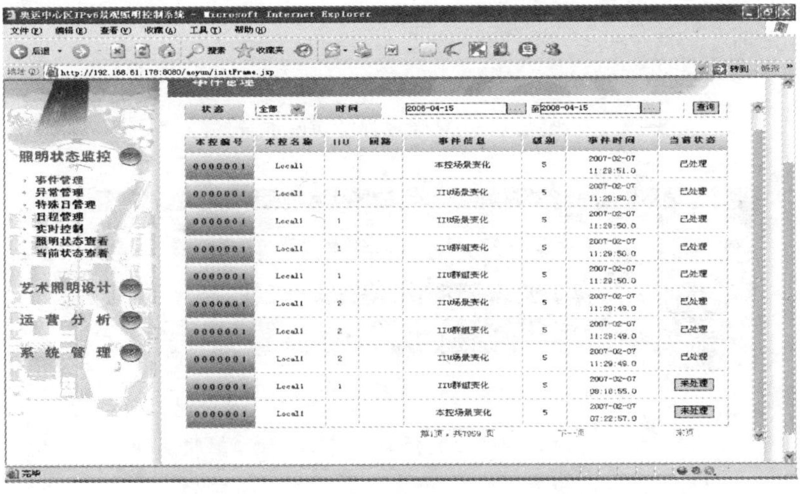

图 7.3　“事件管理”处理页面

间段内所发生的所有的异常信息。

页面初始默认为空，用户可通过选择起始、结束时间查询指定时间内的异常信息。如图 7.4 所示。

7.3.2.2　异常处理

查询后出来的列表根据该异常是否被处理显示当前状态信息。当异常已经处理完毕后，可以通过点击“未处理”修改处理状态。点击后显示信息为“已处理”，如图 7.5 所示。

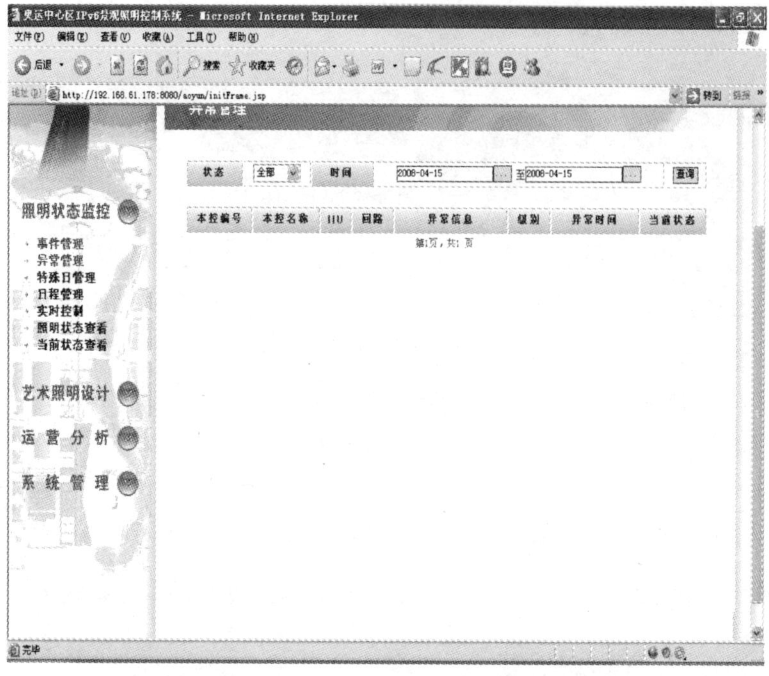

图 7.4 “异常管理”初始页面

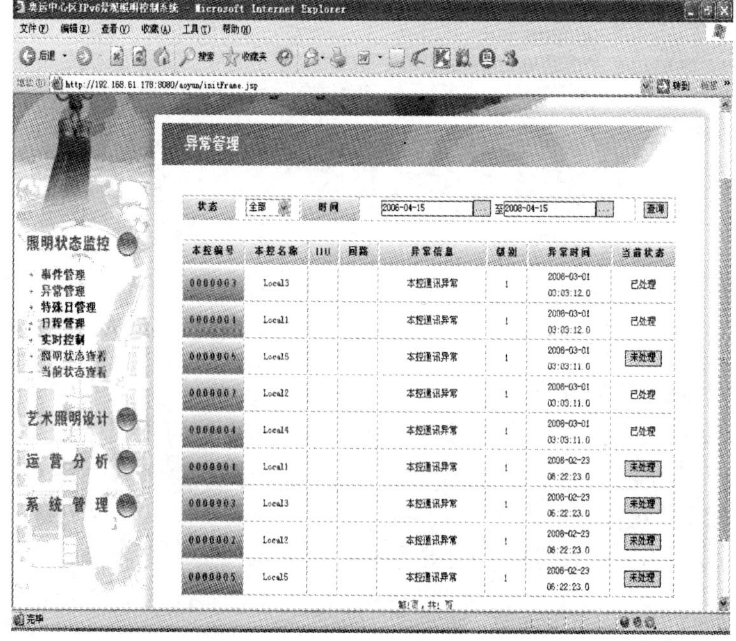

图 7.5 “异常管理”处理页面

7.3.3　特殊日管理

特殊日管理用于添加和编辑特殊日任务，并对已有特殊日任务进行日期模式的查看及特殊日任务下发和下发情况的查看。

7.3.3.1　特殊日管理页面

在导航栏点击“特殊日管理”，进入特殊日管理页面。特殊日管理页面以表格的形式显示所有已有的特殊日详情，同时，提供了特殊日添加按钮和日期模式按钮，如图 7.6 所示。

图 7.6　特殊日管理

表格内容信息包括：特殊日编号、特殊日名称、详情、编辑、删除和下发状态。用户点击“编辑”，跳到特殊日设定页面；点击“删除”，删除该特殊日；点击“下发”，对选中特殊日进行下发；若已下发，则点击“详情”，查看选中特殊日任务下发状态。点击“特殊日添加”，跳到特殊日设定页面，进行特殊日添加；点击“日期模式”，跳到特殊日查看页面，按照日期模式进行特殊日查看。

7.3.3.2　特殊日添加

在特殊日管理页面中，点击“特殊日添加”，进入特殊日设定页面。用户根据实际需求进行特殊日添加，如图 7.7 所示。

特殊日添加页面中，用户进行特殊日名称的设定，并根据 3 种特殊日编辑方式进行特殊日详情的设定。

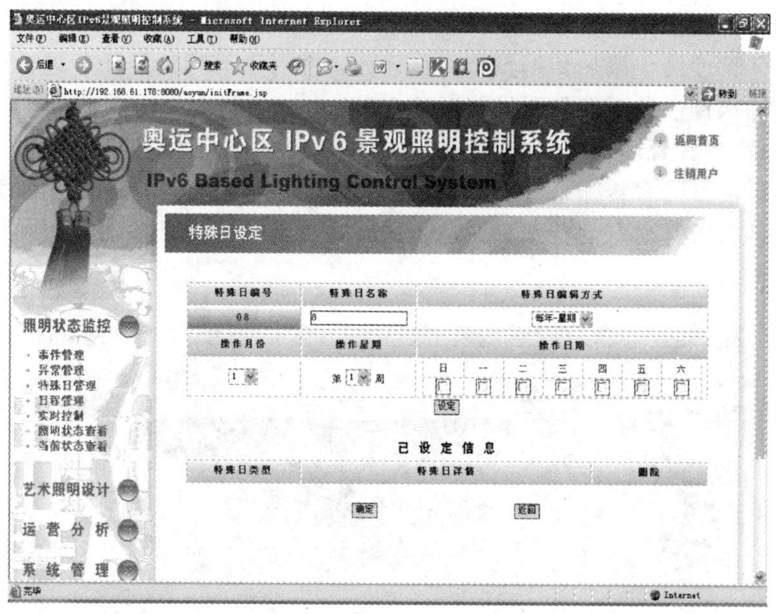

图 7.7　特殊日添加

7.3.3.2.1　每年—星期模式

用户选择操作月份以及选中月份中的某个星期，并选中从周日到周六中的某几个日期做为特殊日详情，点击“设定”按钮添加特殊日详情，如图 7.8 所示。

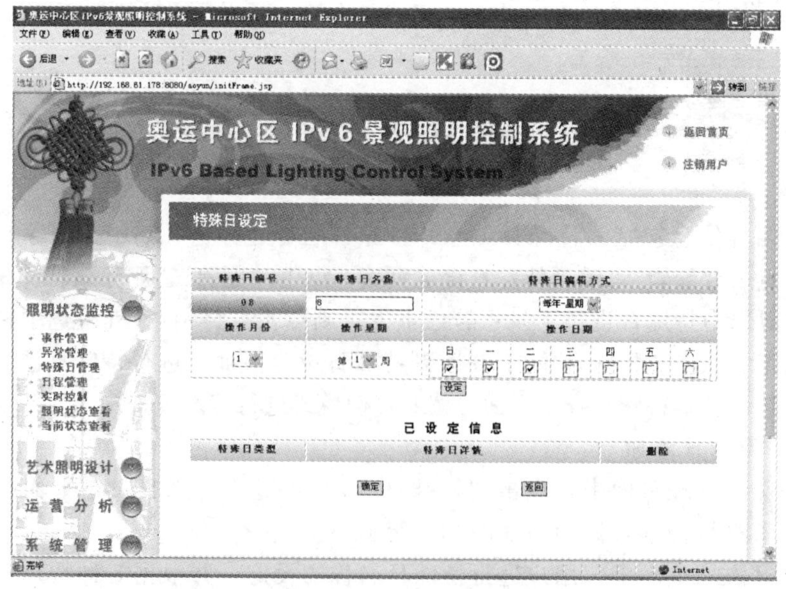

图 7.8　特殊日添加——每年—星期模式（一）

添加操作完成后，用户可以在页面下方的已设定信息中找到该条详情，如图7.9所示。

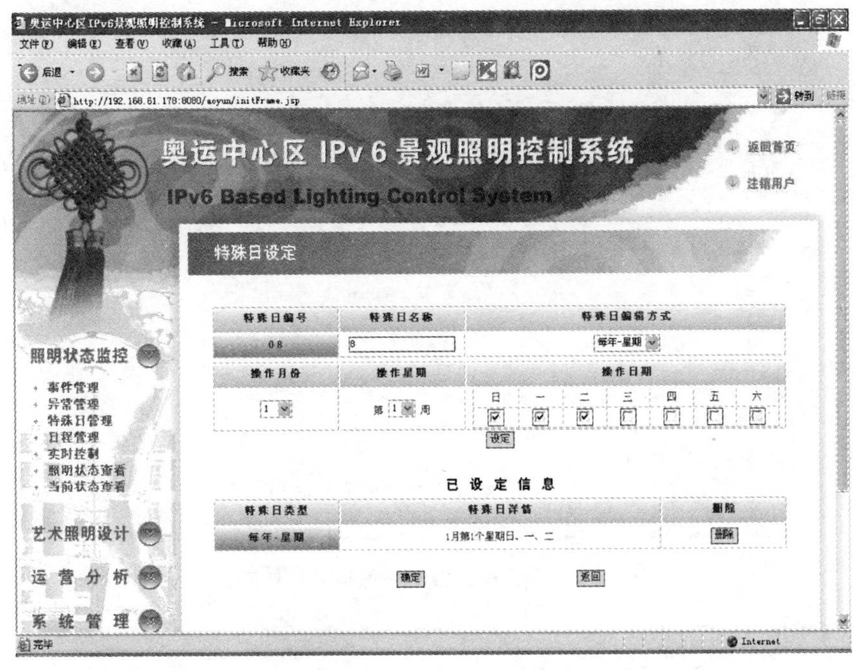

图7.9　特殊日添加——每年—星期模式（二）

若不满足用户需求，则选择该条详情对应的“删除”按钮，删除这条详情；若满足需求，则点击页面下方的“确定”按钮完成特殊日添加，跳回到特殊日管理页面。

7.3.3.2.2　每年—月日模式

用户选择操作月份，并选中从1～31日中的某几个日期作为特殊日详情，点击“设定”按钮添加特殊日详情。如图7-10所示。用户进行日期选择时应注意：2月份闰年为29天，非闰年为28天。

添加操作完成后，用户可以在页面下方的已设定信息中找到该条详情。若不满足用户需求，则选择该条详情对应的“删除”按钮，删除这条详情；若满足需求，则点击页面下方的“确定”按钮完成特殊日添加，跳回到特殊日管理页面。

7.3.3.2.3　年月日模式

用户选择操作年月，并选中该年月相应日期中的某几个作为特殊日详情，点击“设定”按钮添加特殊日详情。如图7.11所示。

添加操作完成后，用户可以在页面下方的已设定信息中找到该条详情。若不满足用户需求，则选择该条详情对应的“删除”按钮，删除这条详情；若满足需求，则点击页面下方的“确定”按钮完成特殊日添加，跳回到特殊日管理页面。

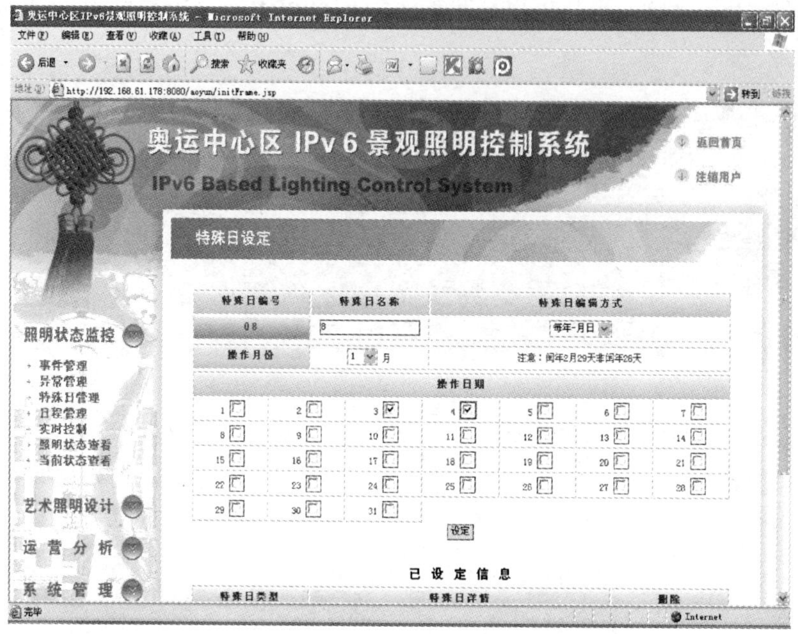

图 7.10　特殊日添加——每年—月日模式

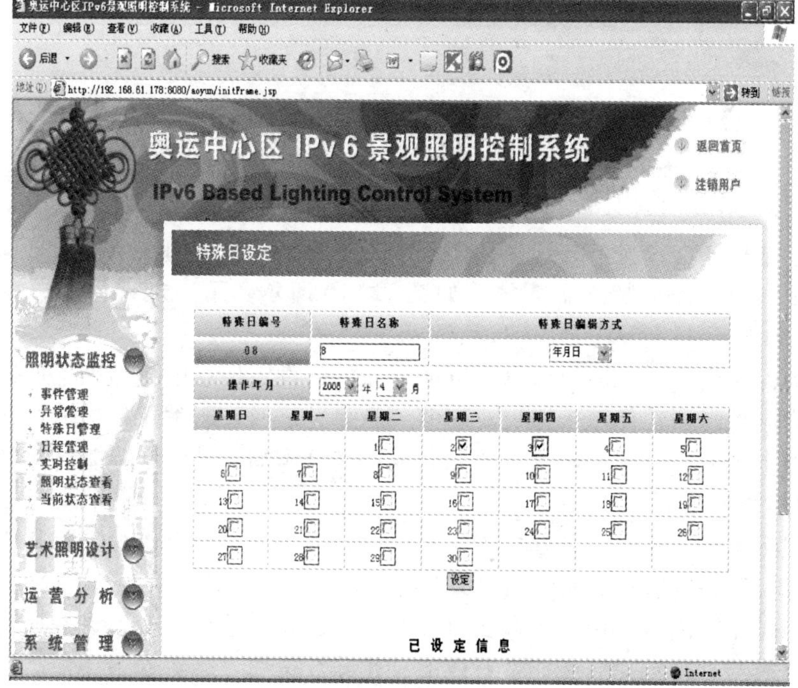

图 7.11　特殊日添加——年月日模式

7.3.3.3 特殊日编辑

在特殊日管理页面中，选择某条已存在的特殊日记录，点击“编辑”，进入特殊日编辑页面。用户根据实际需求进行特殊日编辑。如图 7.12 所示。

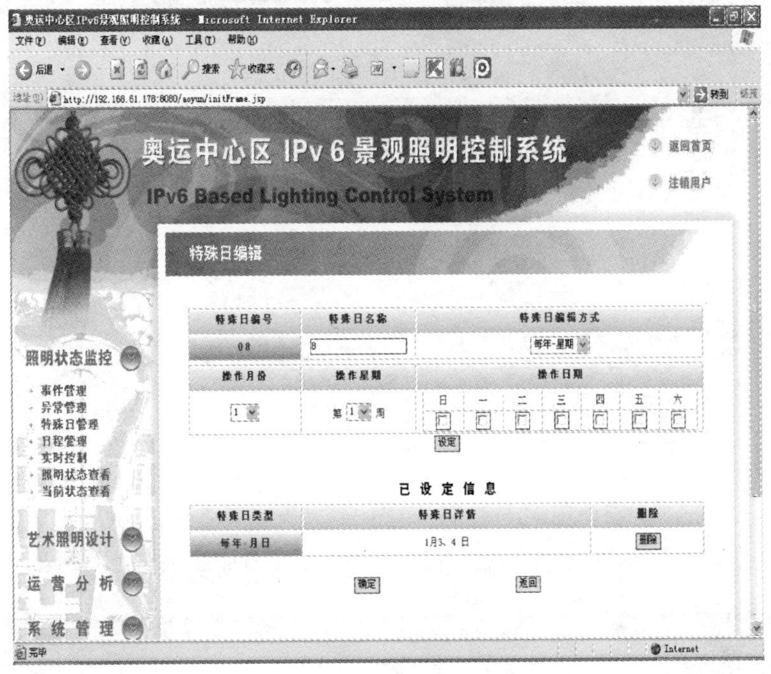

图 7.12 特殊日编辑

特殊日编辑页面中，页面显示已编辑好的特殊日名称，用户可以根据需求进行特殊日名称的编辑，并根据 3 种编辑方式进行特殊日详情的编辑。

1. 每年—星期模式

用户选择操作月份以及选中月份中的某个星期，页面显示已编辑好的特殊日详情，用户可以根据需求选中从周日到周六中的某几个日期作为特殊日详情，点击“设定”按钮添加特殊日详情。如图 7.13 所示。

设定操作完成后，用户可以在页面下方的已设定信息中找到该条详情。若不满足用户需求，则选择该条详情对应的“删除”按钮，删除这条详情；若满足需求，则点击页面下方的“确定”按钮完成特殊日编辑，跳回到特殊日管理页面。

2. 每年—月日模式

用户选择操作月份，页面显示已编辑好的特殊日详情，用户可以根据需求选中从 1～31 日中的某几个日期作为特殊日详情，点击“设定”按钮添加特殊日详情。用户进行日期选择时应注意：2 月份闰年为 29 天，非闰年为 28 天。

如图 7.14 所示。

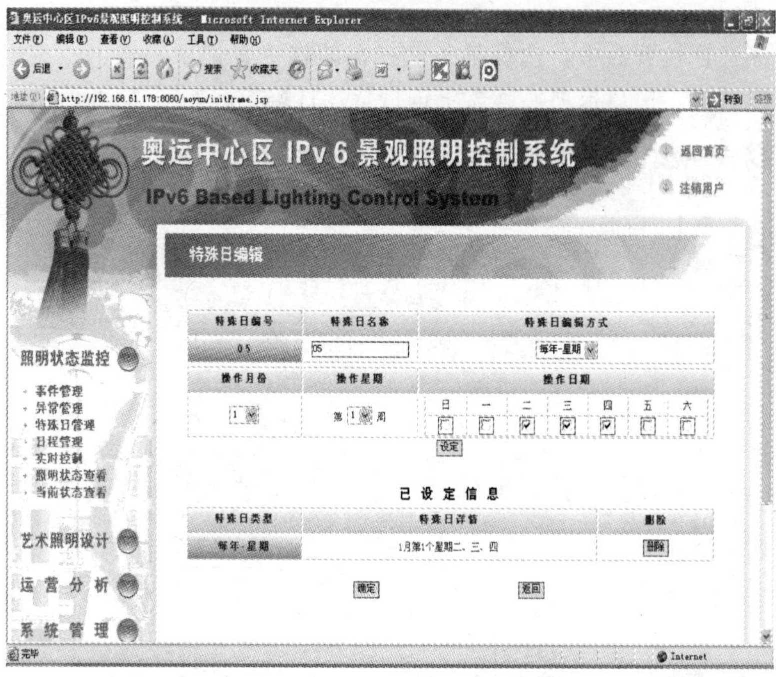

图 7.13　特殊日编辑——每年—星期模式

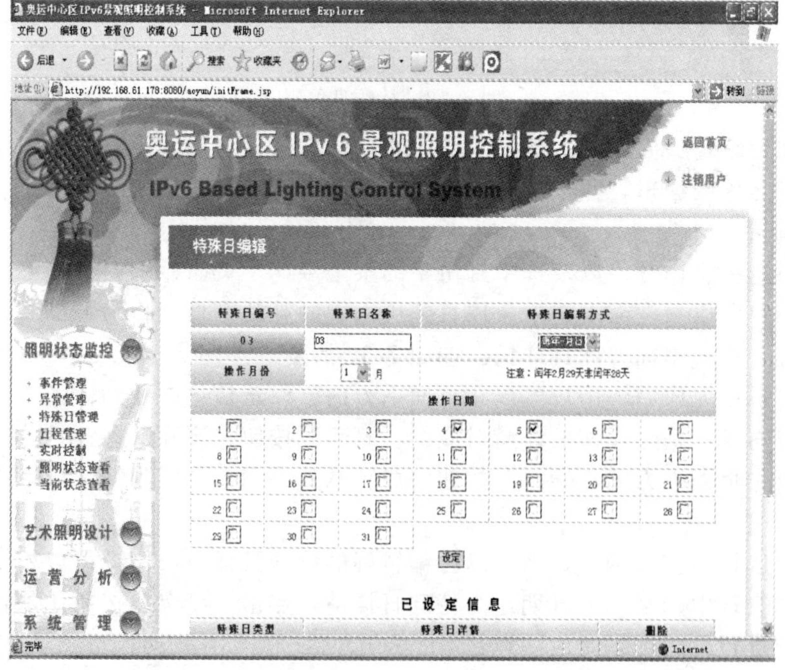

图 7.14　特殊日编辑——每年—月日模式

添加操作完成后，用户可以在页面下方的已设定信息中找到该条详情。若不满足用户需求，则选择该条详情对应的“删除”按钮，删除这条详情；若满足需求，则点击页面下方的“确定”按钮完成特殊日编辑，跳回到特殊日管理页面。

3. 年月日模式

用户选择操作年月，页面显示已编辑好的特殊日详情，用户可以根据需求选中该年月相应日期中的某几个作为特殊日详情，点击“设定”按钮添加特殊日详情，如图 7.15 所示。

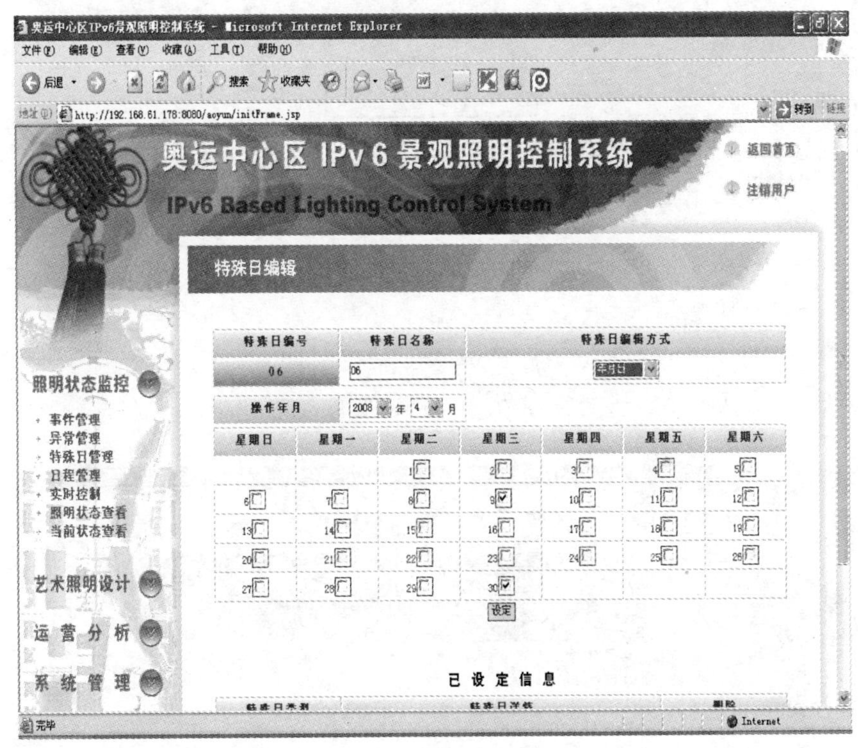

图 7.15　特殊日编辑——年月日模式

添加操作完成后，用户可以在页面下方的已设定信息中找到该条详情。若不满足用户需求，则选择该条详情对应的“删除”按钮，删除这条详情；若满足需求，则点击页面下方的“确定”按钮完成特殊日编辑，跳回到特殊日管理页面。

7.3.3.4　特殊日删除

在特殊日管理页面中，选择某条已存在的特殊日记录，点击“删除”，则对该条特殊日任务进行删除。如图 7.16 所示。

用户点击取消，则终止删除操作；若点击确定，则进行特殊日删除。删除操作结果如图 7.17 所示。

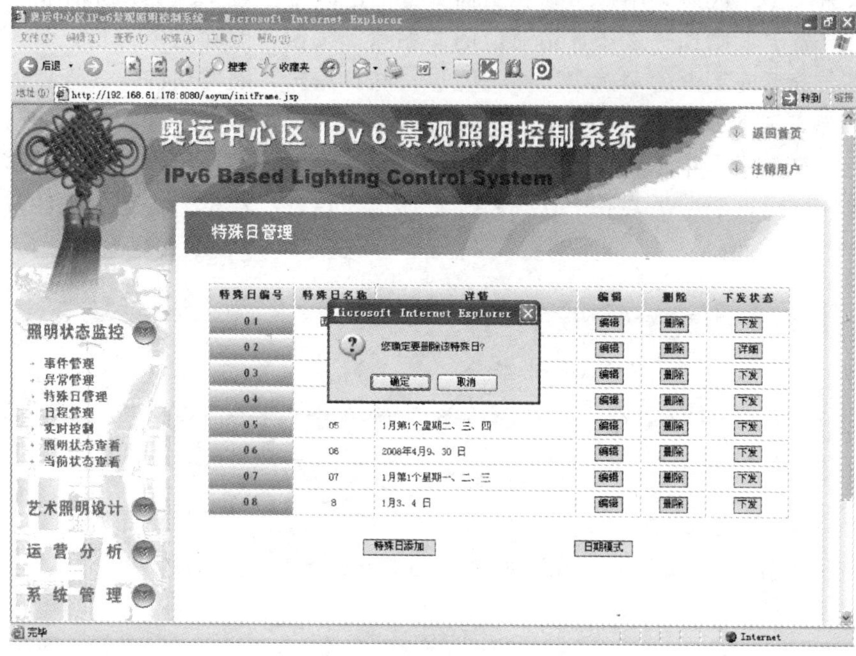

图 7.16　特殊日删除

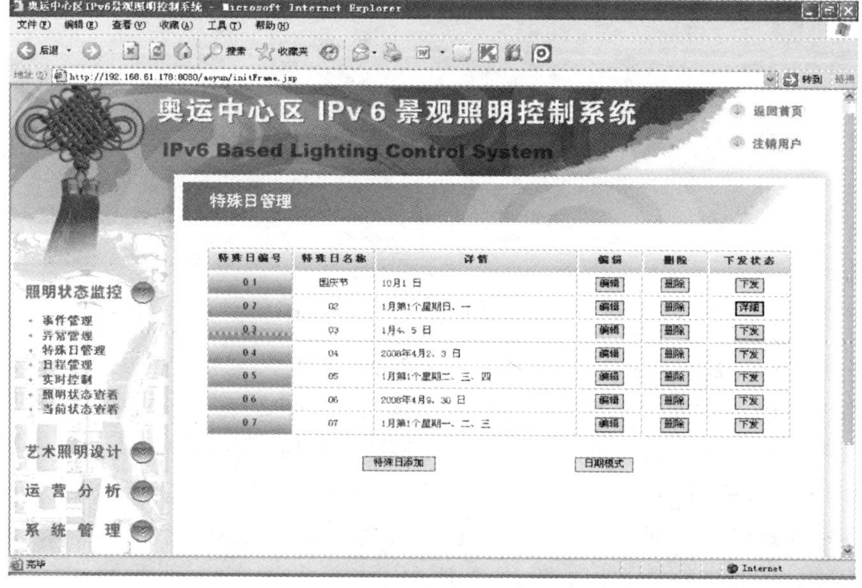

图 7.17　特殊日删除

7.3.3.5　特殊日任务下发

在特殊日管理页面中，选择某条已存在的特殊日记录，点击“下发”，则对该条特殊日任务进行下发。

下发完成后，原有的下发按钮则变为“详细”。点击“详细”，进入特殊日下发状态页面。特殊日下发状态页面中以表格的形式将该条特殊日任务下发详情。如图7.18所示。

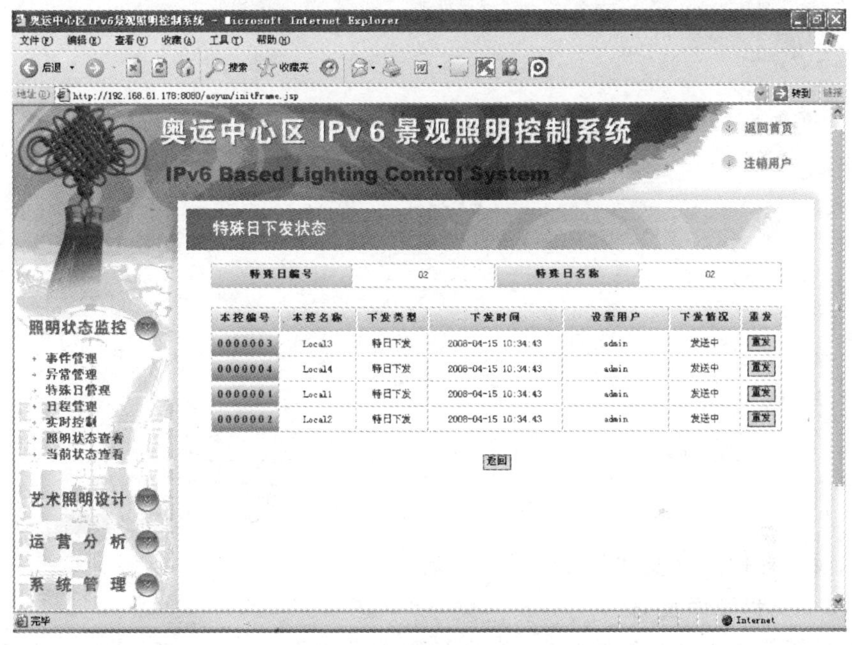

图7.18　特殊日下发状态

表格内容信息包括：本控编号、本控名称、下发类型、下发时间、设置用户、下发情况以及“重发”按钮。若下发失败，可以针对相关本控点击“重发”按钮进行特殊日任务的重发。

7.3.3.6　特殊日查看

在特殊日管理页面中，点击“日期模式”，进入特殊日查看页面。用户选择年月，若该年月中的日期属于某个特殊日任务，则以表格的形式显示给用户，如图7.19所示。

表格内容信息包括：日期编号、日期格式、星期格式、特殊日编号和对应特殊日名称。

7.3.4　日程管理

日程管理用于添加和编辑日程任务，并对已有日程任务进行日期模式的查

日期编号	日期格式	星期格式	特殊日编号	对应特殊日名称
1	2008/04/2	星期三	4	05
2	2008/04/3	星期四	4	05
3	2008/04/9	星期三	6	07
4	2008/04/30	星期三	6	07

图 7.19　特殊日查看

看，以及日程任务下发和下发情况的查看。

7.3.4.1　日程管理页面

在导航栏点击“日程管理”，进入日程管理页面。日程管理页面以表格的形式显示所有已有的日程任务详情，同时，提供了日程添加按钮和日期模式按钮。如图 7.20 所示。

表格内容信息包括：日程编号、日程名称、场景、执行时间、执行日期、特殊日、下发状态、当前状态和“编辑”按钮。用户点击“编辑”，跳到日程编辑页面；点击“下发”，对选中日程进行下发；若已下发，则点击“详情”，查看选中日程任务下发状态。点击“有效”，则将选中日程当前状态置为无效；点击“无效”，则将选中日程当前状态置为有效。点击“日程添加”，跳到日程设定页面，进行日程添加；点击“日期模式”，跳到日程查看页面，按照日期模式进行日程查看。

7.3.4.2　日程添加

在日程管理页面中，点击“日程添加”，进入日程设定页面。用户根据实际需求进行日程添加，如图 7.21 所示。

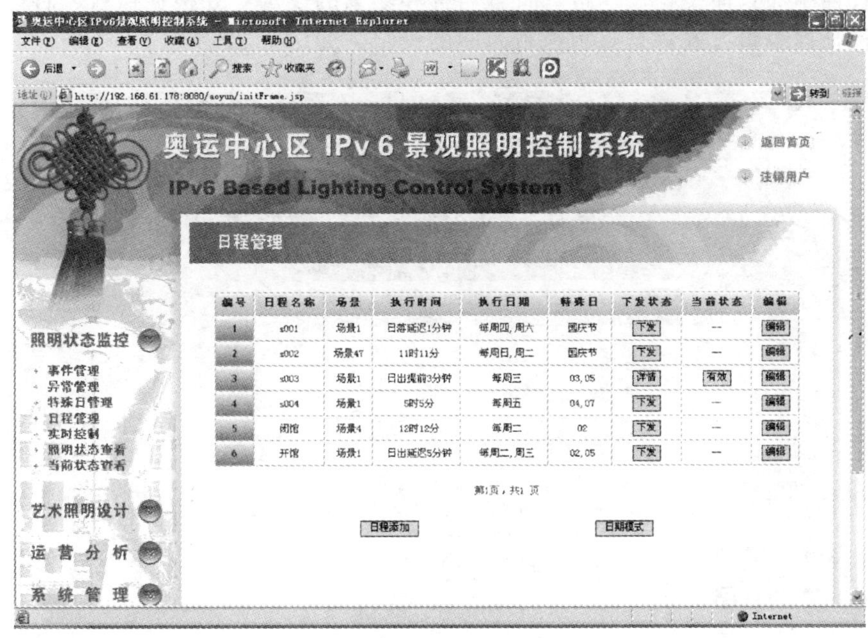

图 7.20　日程管理

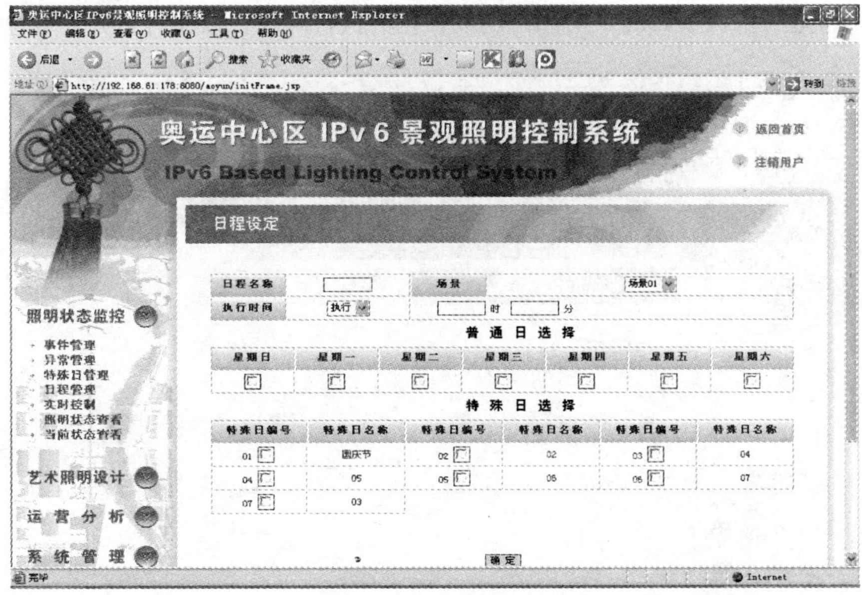

图 7.21　日程添加

日程添加页面中，用户进行日程名称和场景的设定，并根据执行、日出和日落三种日程编辑方式进行日程执行时间的设定，如图 7.22 所示。

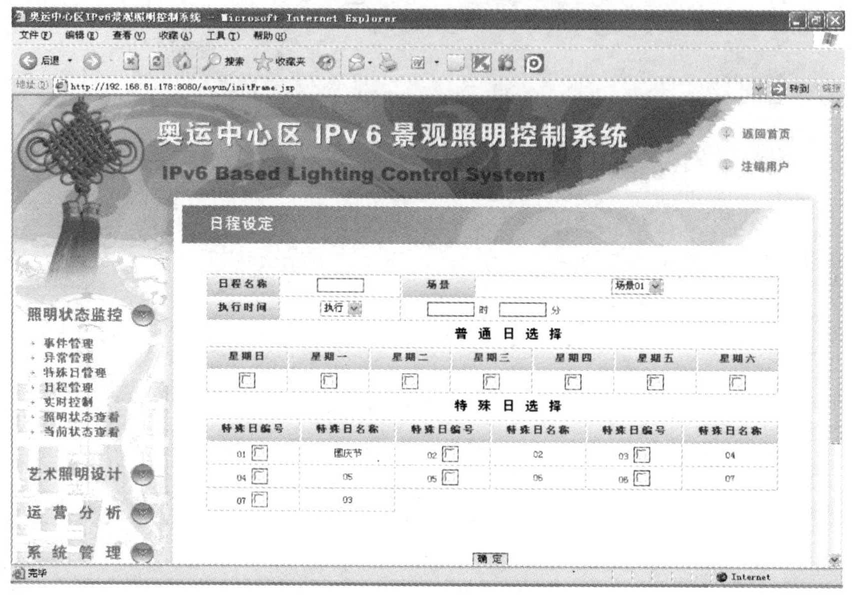

图 7.22 日程添加——执行模式

用户选中执行模式时，用户设定该日程的执行时间，以某时某分为单位。

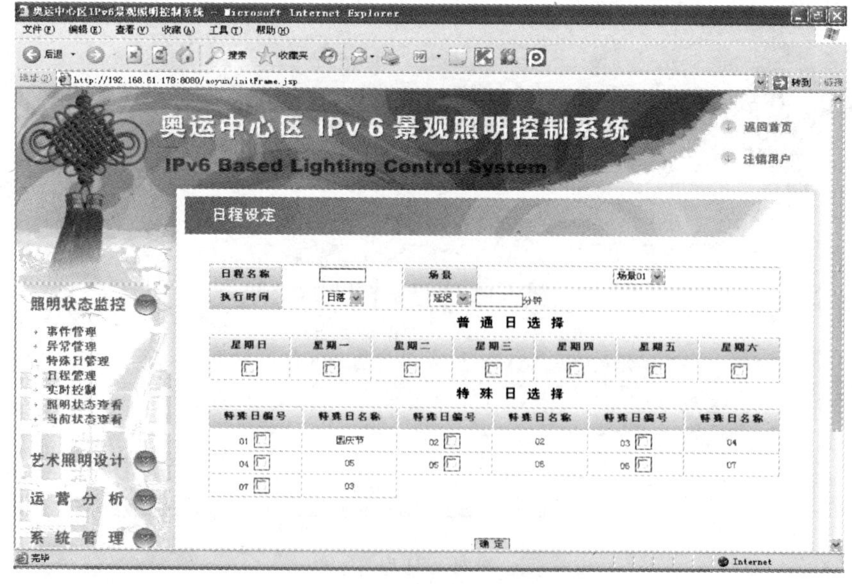

图 7.23 日程添加——日落模式

用户选中日落模式时（图 7.23），用户根据需求调整日落时间，分为延迟和提前两种情况，以分钟为单位。

用户选中日出模式时（图 7.24），用户根据需求调整日出时间，分为：延迟和提前两种情况，以分钟为单位。接着以普通日和特殊日两种方式进行日程执行日期的设定，点击“确定”，完成日程任务的添加。

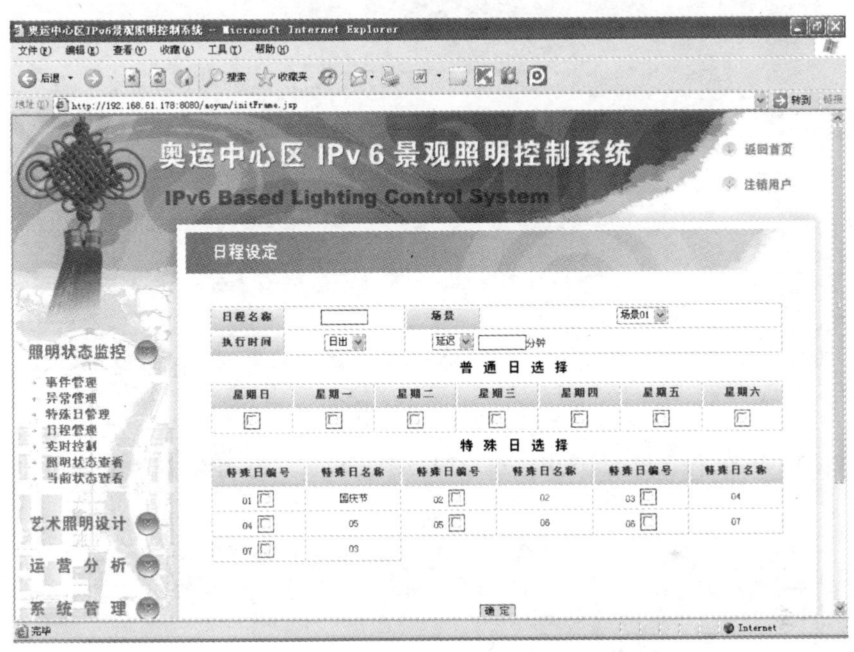

图 7.24　日程添加——日出模式

7.3.4.3　日程编辑

在日程管理页面中，选择某条已存在的日程记录，点击“编辑”，进入日程编辑页面。用户根据实际需求进行日程编辑。如图 7.25 所示。

日程编辑页面中，页面显示已编辑好的日程详情，用户可以根据需求进行日程名称和场景的编辑，并根据执行、日出和日落三种日程编辑方式进行日程执行时间的编辑，接着以普通日和特殊日两种方式进行日程执行日期的编辑，点击“确定”，完成日程任务的编辑。

7.3.4.4　日程任务下发

在日程管理页面中，选择某条已存在的日程记录，点击“下发”，对该条日程任务进行下发。下发完成后，原有的下发按钮则变为“详情”。如图 7.26 所示。

点击“详情”，进入日程下发状态页面。日程下发状态页面中以表格的形式

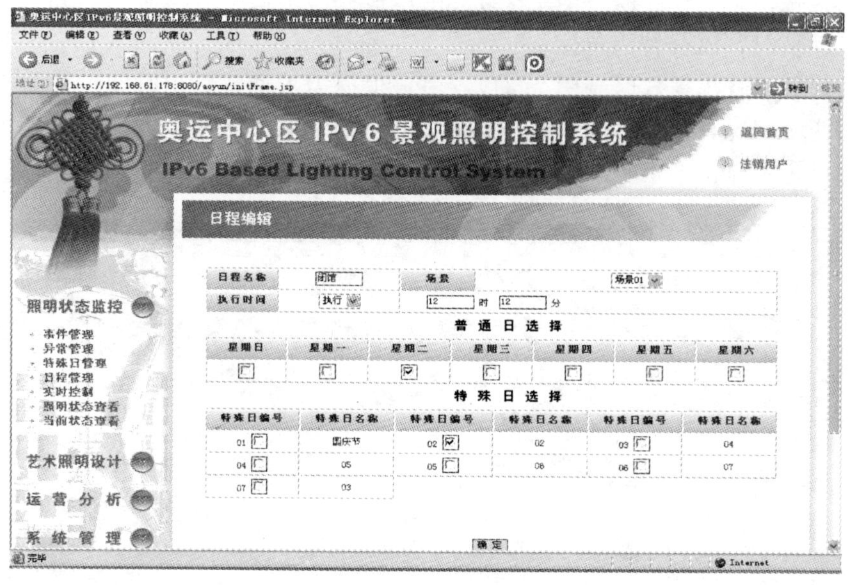

图 7.25　日程编辑

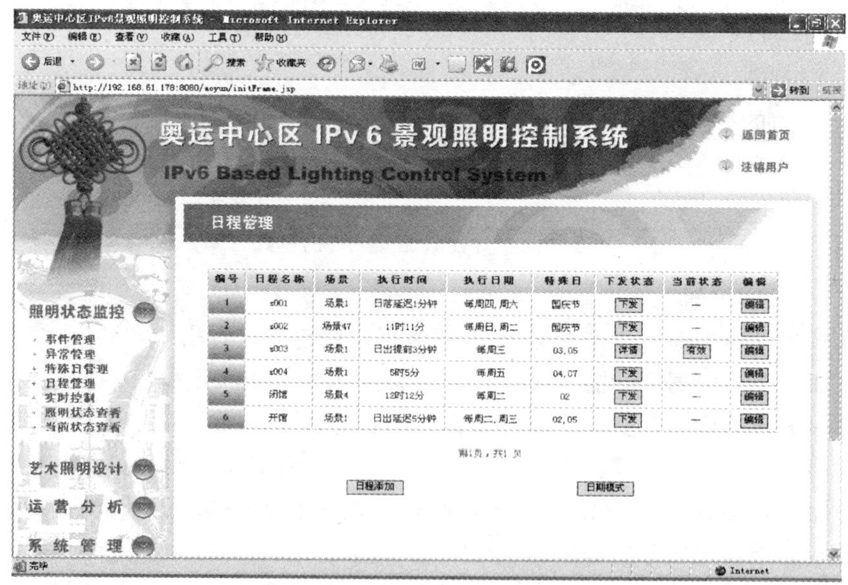

图 7.26　日程管理——下发状态

将该条日程任务下发详情，如图 7.27 所示。

表格内容信息包括：本控编号、本控名称、下发类型、下发时间、设置用户、下发情况以及“重发”按钮。若下发失败，可以针对相关本控点击“重发”

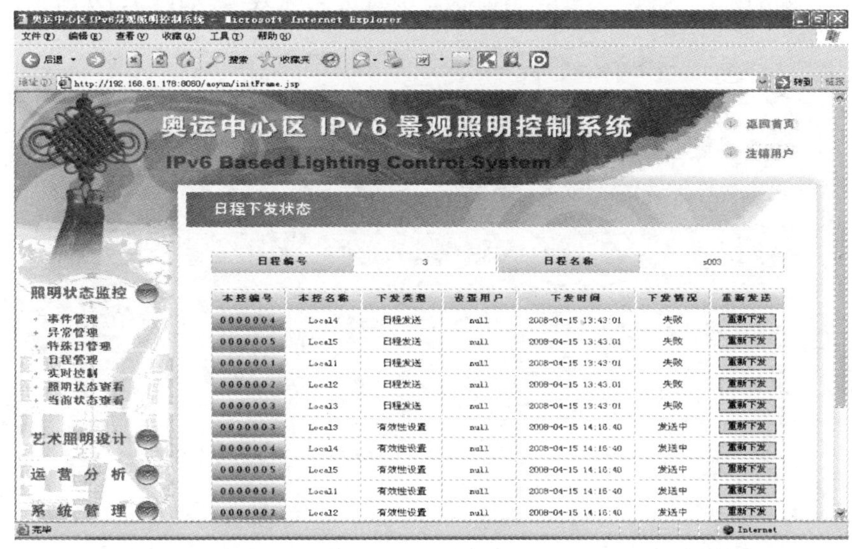

图 7.27　日程下发状态

按钮进行日程任务的重发。

7.3.4.5　日程有效性设定

在日程管理页面中，选择某条已存在的日程记录，点击“有效”，则将该日程任务当前的有效性设为无效；点击“无效”，则将该条日程任务当前的有效性设为有效，如图 7.28 所示。

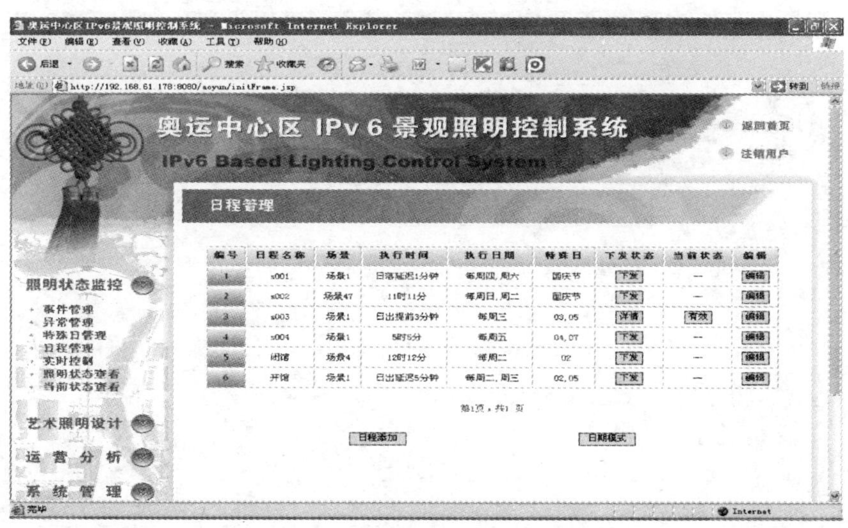

图 7.28　日程管理——当前状态

用户点击图中“有效”后，当前状态被置为“无效”，如图 7.29 所示。

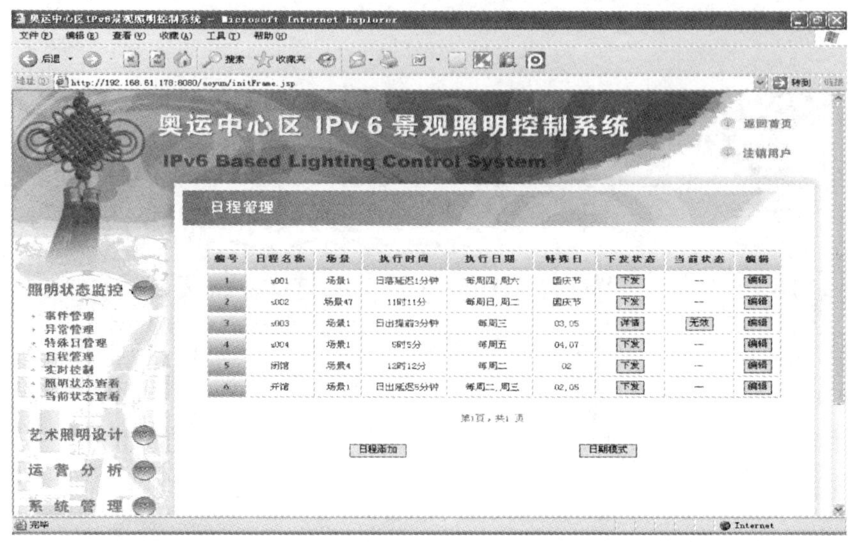

图 7.29　日程管理——当前状态

7.3.4.6　日程查看

在日程管理页面中，点击“日期模式”，进入日程查看页面。用户选择日期，点击“查询”。若该日期属于某个日程任务，则以表格的形式将所属日程信息显示给用户，如图 7.30 所示。

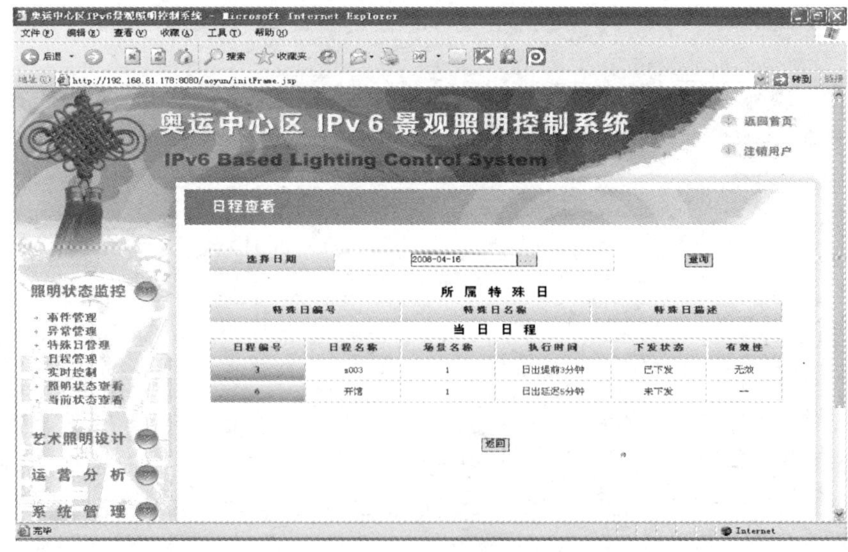

图 7.30　日程查看

表格内容信息包括以下几点。

(1) 所属特殊日信息：特殊日编号、特殊日名称、特殊日描述。

(2) 当日日程信息：日程编号、日程名称、场景名称、执行时间、下发状态、当前有效性。

7.3.5 实时控制

实时控制页面中，用户可以对广域、区域、本控、IIU 和回路 5 种粒度进行实时控制。

7.3.5.1 广域控制

实时控制页面中，用户选择“广域控制”范围，根据需求选择场景控制或群组控制，选择相应的场景或群组编号。

此时选定场景或群组的详情将在页面下方显示给用户，内容包括场景或群组编号、详情和操作方式。若为场景控制方式，则默认操作方式为开；若为群组控制方式，则操作方式可为开或关。用户选定好操作方式后，点击“确定”进行实时控制，如图 7.31 所示。

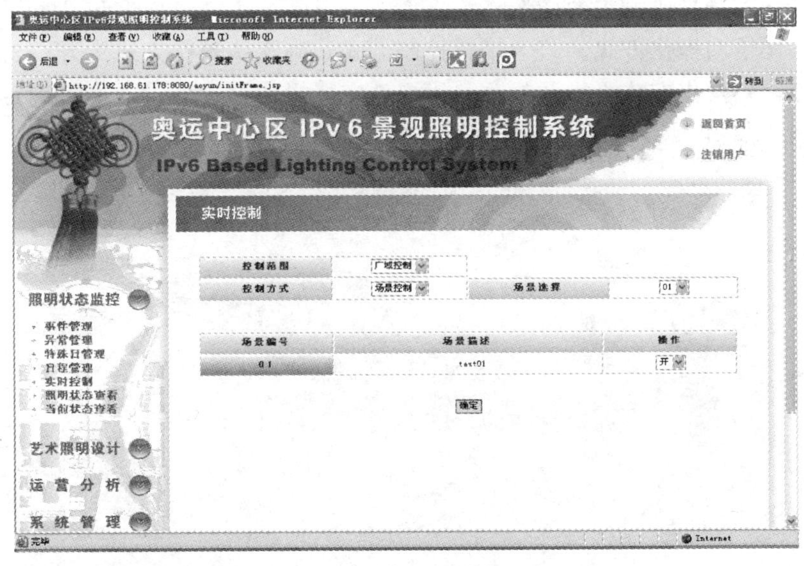

图 7.31 实时控制——广域控制

实时控制完成后，将会在页面下方将控制结果以表格的形式显示给用户，如图 7.32 所示。

表格内容信息包括：本控编号、本控名称、本控 IP 和控制结果。

7.3.5.2 区域控制

实时控制页面中，用户选择“区域控制”范围，选择相应的区域，根据需求

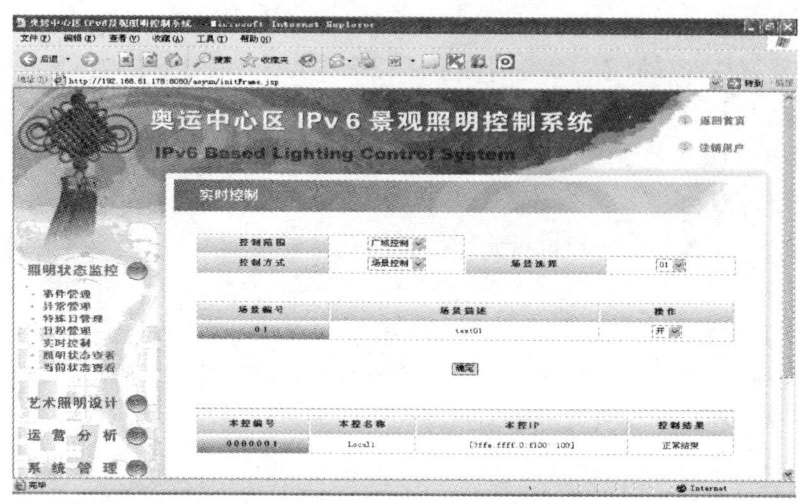

图 7.32　实时控制——广域控制结果

选择场景控制或群组控制，选择相应的场景或群组编号。

此时选定场景或群组的详情将在页面下方显示给用户，内容包括：场景或群组编号、详情和操作方式。若为场景控制方式，则默认操作方式为开；若为群组控制方式，则操作方式可为开或关。用户选定好操作方式后，点击"确定"进行实时控制，如图 7.33 所示。

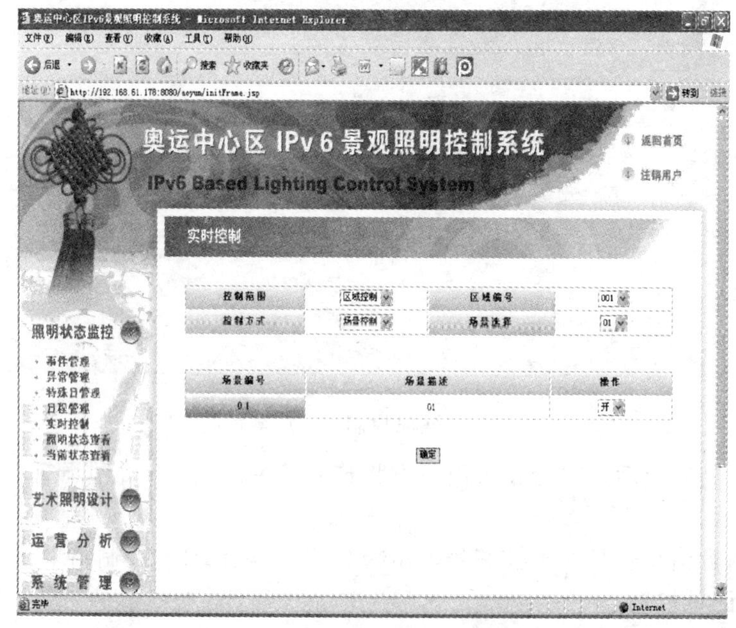

图 7.33　实时控制——区域控制

实时控制完成后，将会在页面下方将控制结果以表格的形式显示给用户，如图 7.34 所示。

图 7.34　实时控制——区域控制结果

表格内容信息包括：本控编号、本控名称、本控 IP 和控制结果。

7.3.5.3　本控控制

实时控制页面中，用户选择“本控控制”范围，选择相应的本控，根据需求选择场景控制或群组控制，选择相应的场景或群组编号。

此时选定场景或群组的详情将在页面下方显示给用户，内容包括：场景或群组编号、详情和操作方式。若为场景控制方式，则默认操作方式为开；若为群组控制方式，则操作方式可为开或关。用户选定好操作方式后，点击“确定”进行实时控制，如图 7.35 所示。

实时控制完成后，将会在页面下方将控制结果以表格的形式显示给用户。如图 7.36 所示。

表格内容信息包括：本控编号、本控名称、本控 IP 和控制结果。

7.3.5.4　IIU 控制

实时控制页面中，用户选择“IIU 控制”范围，选择相应的本控和 IIU，根据需求选择场景控制或群组控制，选择相应的场景或群组编号。

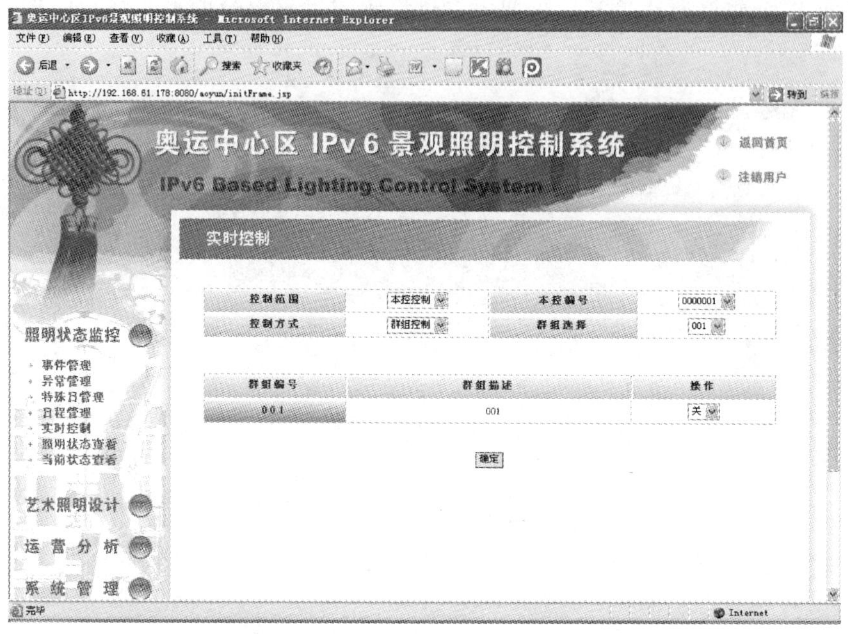

图 7.35　实时控制——本控控制

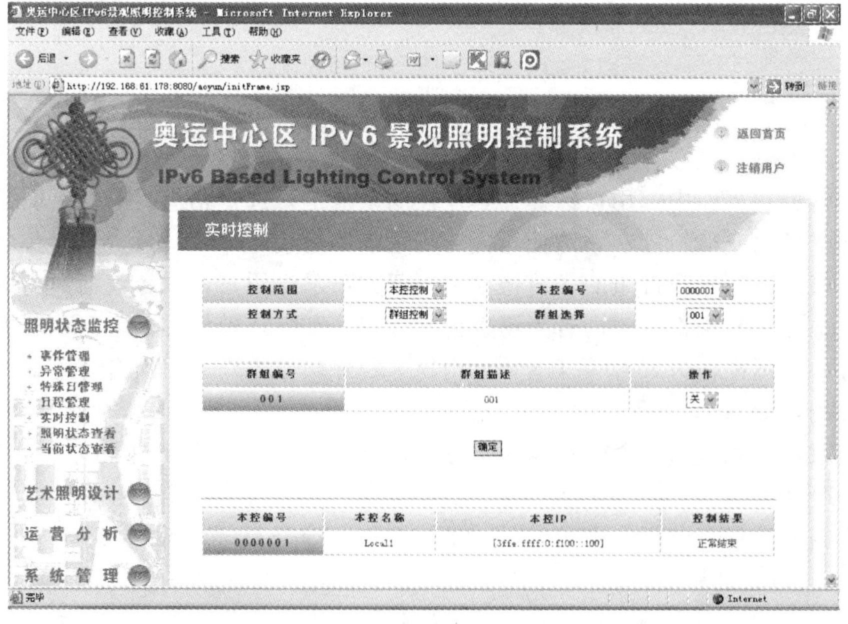

图 7.36　实时控制——本控控制结果

此时选定场景或群组的详情将在页面下方显示给用户，内容包括：场景或群组编号、描述和操作方式。若为场景控制方式，则默认操作方式为开；若为群组控制方式，则操作方式可为开或关。用户选定好操作方式后，点击“确定”进行实时控制，如图 7.37 所示。

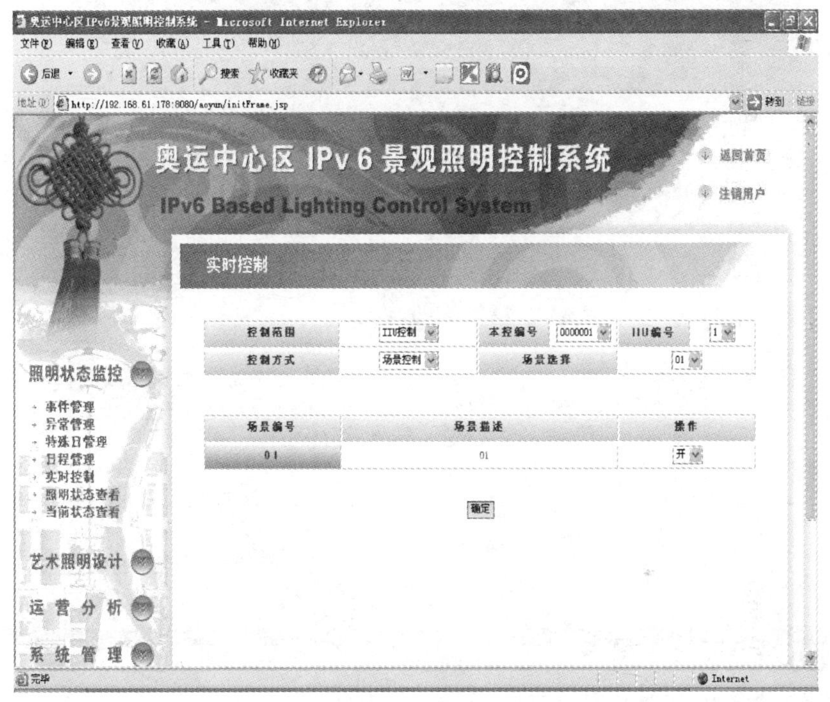

图 7.37　实时控制——IIU 控制

实时控制完成后，将会在页面下方将控制结果以表格的形式显示给用户，如图 7.38 所示。

表格内容信息包括：本控编号、本控名称、本控 IP 和控制结果。

7.3.5.5　回路控制

实时控制页面中，用户选择“回路控制”范围，选择相应的本控、IIU 和回路编号。此时选定的回路详情将在页面下方显示给用户，内容包括：回路编号和操作方式，操作方式可为开或关。用户选定好操作方式后，点击“确定”进行实时控制，如图 7.39 所示。

实时控制完成后，将会在页面下方将控制结果以表格的形式显示给用户。如图 7.40 所示。

表格内容信息包括：本控编号、本控名称、本控 IP 和控制结果。

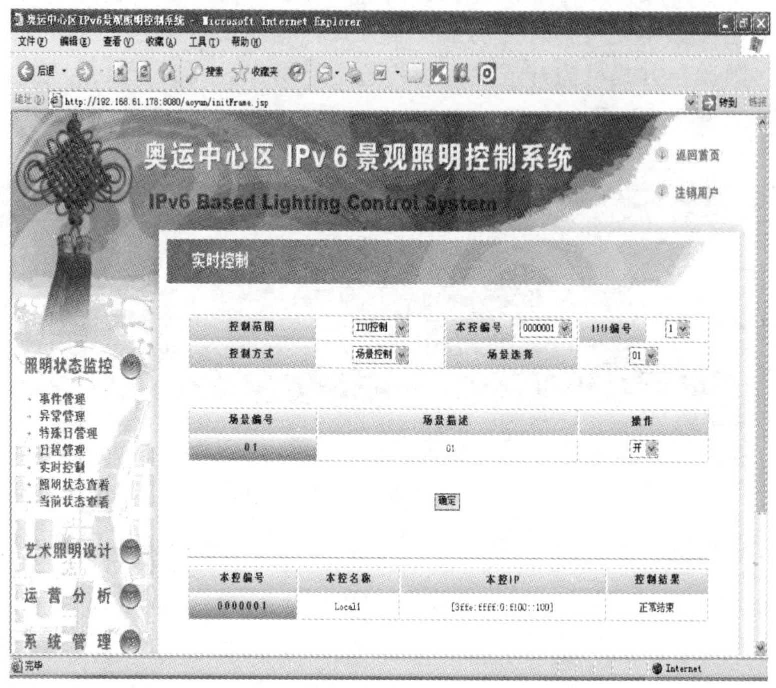

图7.38　实时控制——IIU控制结果

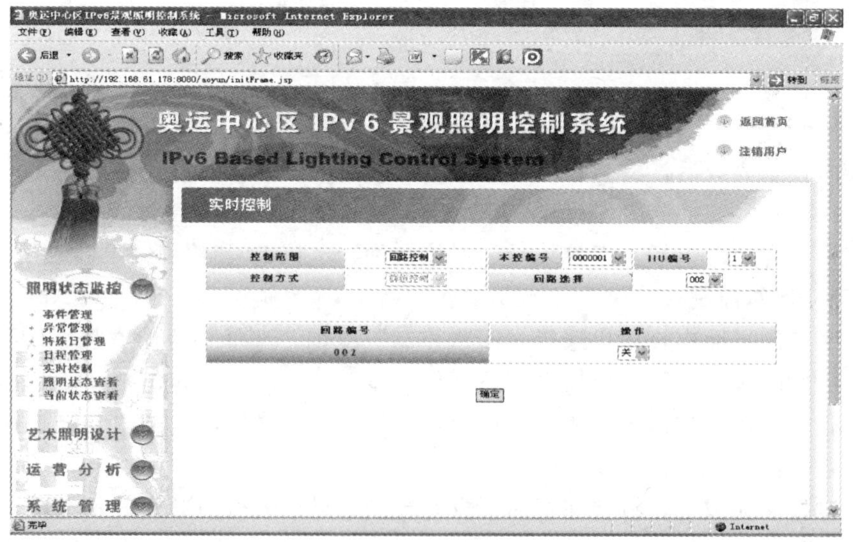

图7.39　实时控制——回路控制

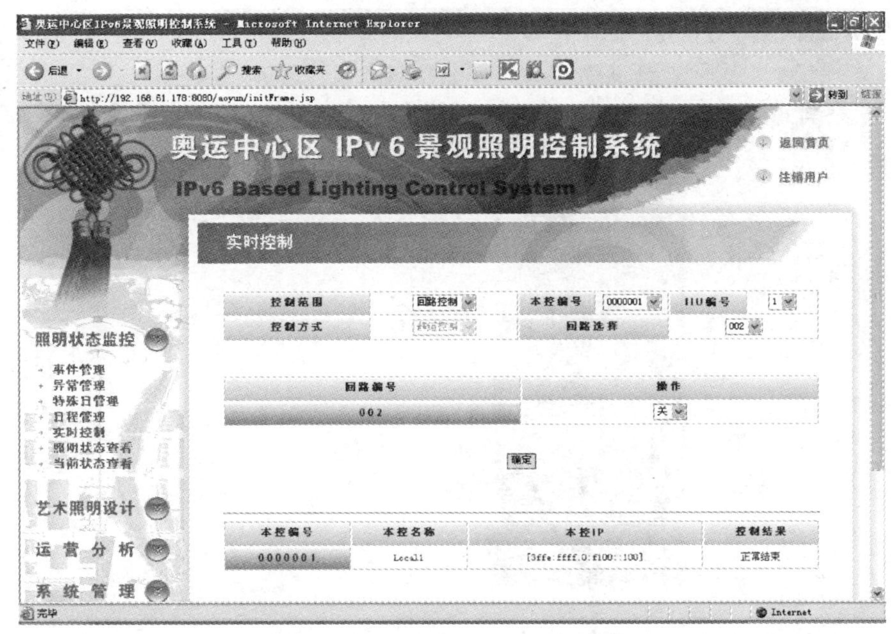

图 7.40 实时控制——回路控制结果

7.3.6 照明状态查看

7.3.6.1 区域照明状态查看

在导航栏点击“照明状态查看”，进入照明状态查看页面。本页面显示了当前中心区与区域的照明情况，包括群组状态与场景状态。

若无对应场景或者群组，则照明状态为“无”，若当前某群组为开状态，则群组状态为对应群组编号，如图 7.41 所示。

7.3.6.2 本控照明状态查看

如果希望查看某区域下的本控照明状态，点击红色部分的区域编号，进入本控照明状态查看页面，如图 7.42 所示。

7.3.6.3 IIU 照明状态查看

如果希望查看某本控下的 IIU 照明状态，点击红色部分的本控编号，进入 IIU 照明状态查看页面，如图 7.43 所示。

7.3.6.4 回路照明状态查看

如果希望查看某 IIU 下的回路照明状态，点击红色部分的 IIU 编号，进入回路照明状态查看页面，如图 7.44 所示。

注：以上各页面下方都有返回按键，可以返回上一级页面。

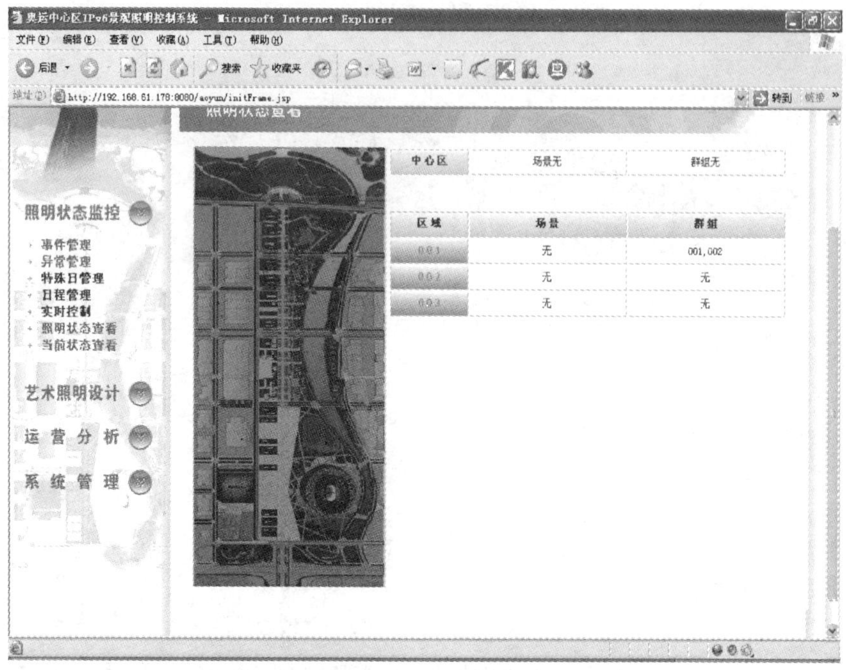

图 7.41　区域照明状态页面

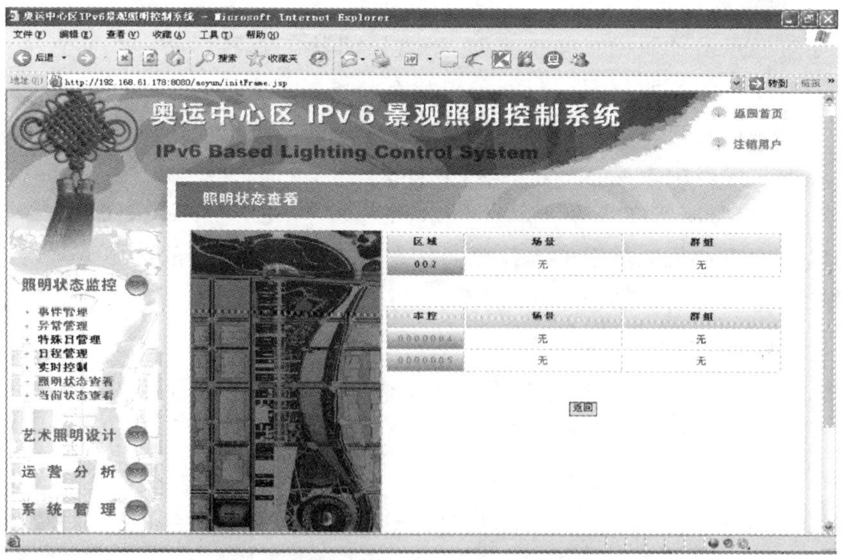

图 7.42　本控照明状态页面

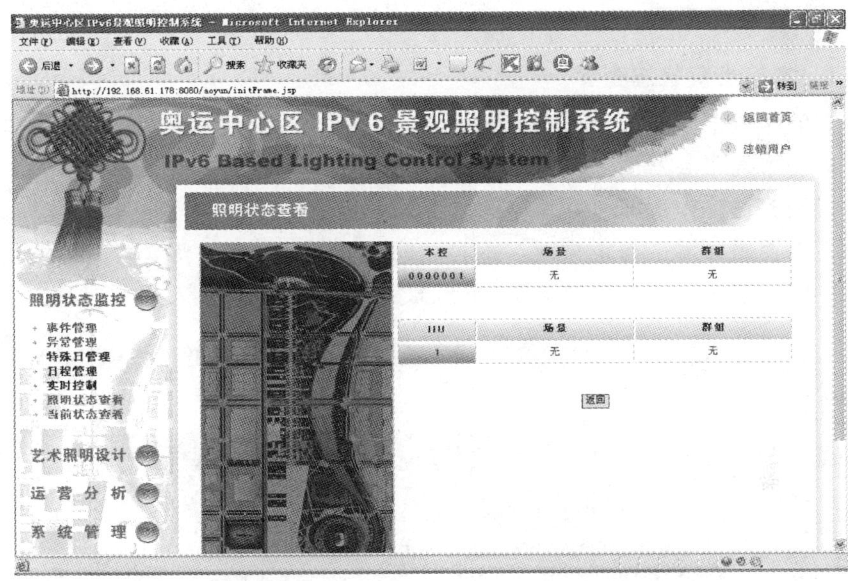

图 7.43 IIU 照明状态页面

图 7.44 回路照明状态页面

7.3.7 当前状态查看

7.3.7.1 本控当前状态查看

在导航栏点击“当前状态查看”，进入当前状态查看页面。该页面显示了通信服务器与本控服务器的工作情况。

本控服务器工作情况包括本控的名称，本控的 IP 地址，图中采用 IPv6 地址格式，当本控服务器工作正常时，本控状态显示“正常”，当本控服务器出现异常时，本控状态显示“本控异常”，如图 7.45 所示。

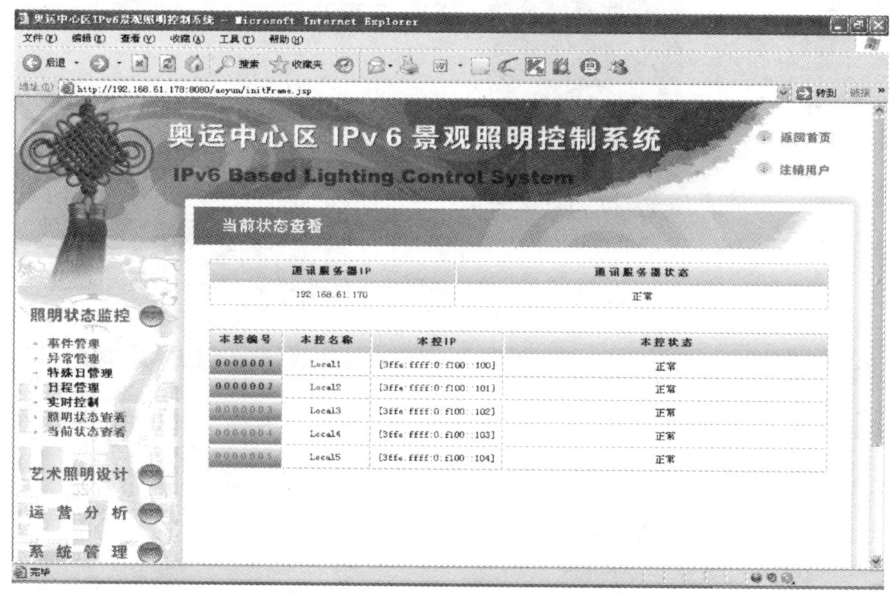

图 7.45 本控当前状态页面

7.3.7.2 IIU 当前状态查看

如果希望查看某本控下的 IIU 工作状态，点击红色部分的本控编号，进入 IIU 当前状态查看页面。当 IIU 工作正常时，IIU 状态显示“正常”，当 IIU 出现异常时，IIU 状态显示“IIU 异常”，如图 7.46 所示。

7.3.7.3 回路当前状态查看

如果希望查看某 IIU 下的回路工作状态，点击红色部分的 IIU 编号，进入回路当前状态查看页面。当回路工作正常时，回路状态显示“正常”，当回路出现异常时，回路状态显示“回路异常”，如图 7.47 所示。

注：以上各页面下方都有返回按键，可以返回上一级页面。

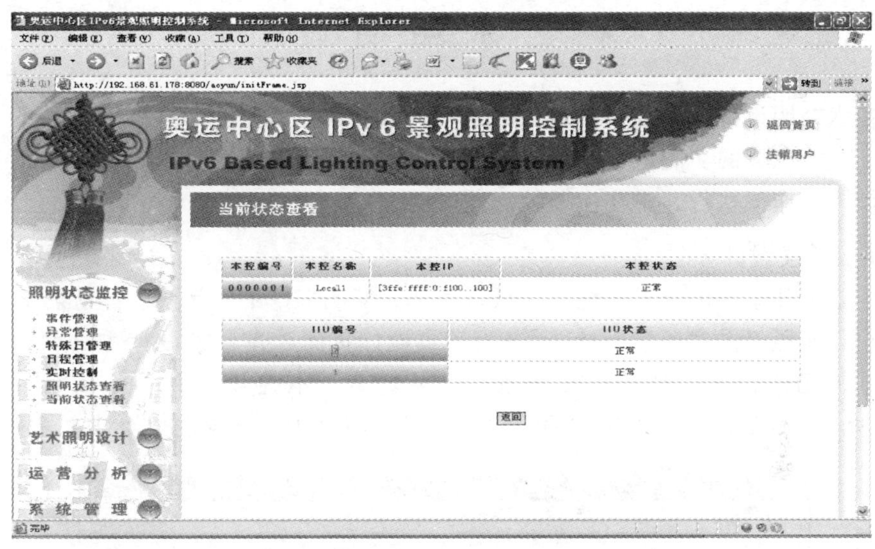

图 7.46　IIU 当前状态页面

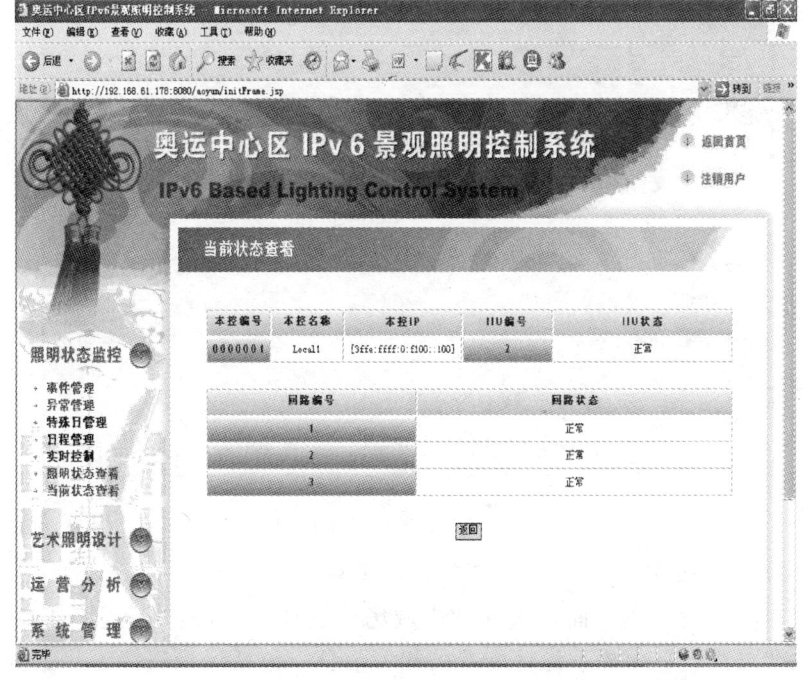

图 7.47　回路当前状态页面

7.4 艺术照明设计

艺术照明设计模块主要是对中心区、区域、本控、照明 IIU 的照明方案进行设计，主要完成的功能包括：场景设计、群组设计、顺序工作流设计、艺术工作流设计、工作流执行、工作流监控。

7.4.1 场景设计

场景设计主要用于对广域、区域、本地、照明 IIU 4 种范围进行场景设计。

在导航栏点击“场景设计”，进入场景设计页面，在场景设计主页面选择所需设计的场景范围，包括广域场景、区域场景、本控场景和 IIU 场景，如图 7.48 所示，然后点击“确定”后，进入相应页面对所选场景进行设计。

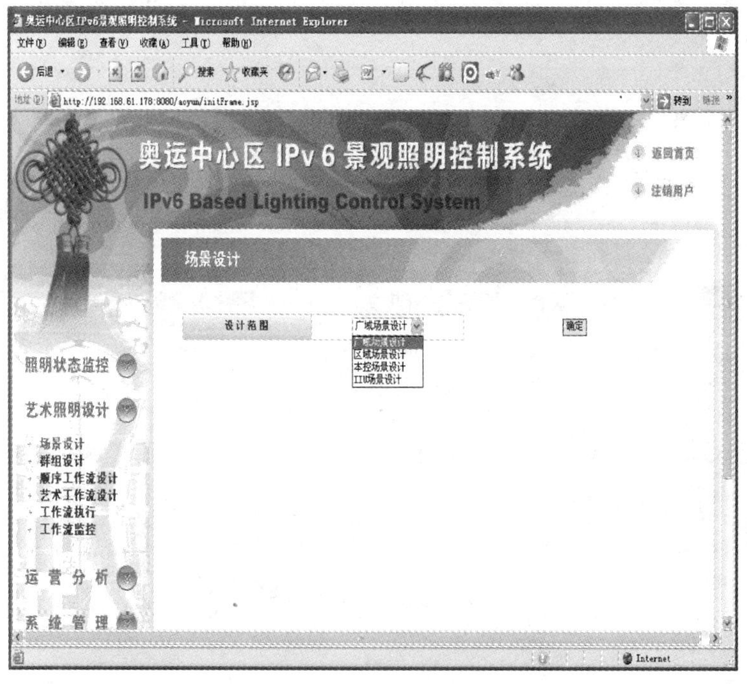

图 7.48 场景设计主页面

7.4.1.1 广域场景设计

用户在场景设计主页面，选择“广域场景设计”，点击“确定”后，进入广域场景设计页面，页面显示设计配置的相关信息，包括场景选择、场景描述、可选择的区域及该区域可供选择的场景，以及相应场景是否被选中，用户进行场景设计后，可进行“预览”操作或“保存”操作，如图 7.49 所示。

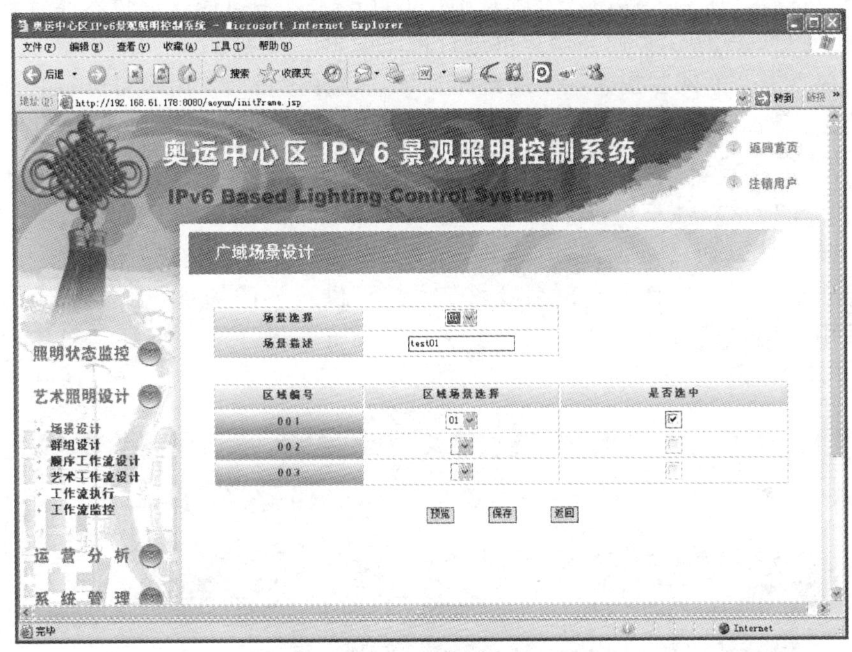

图 7.49　广域场景设计页面

用户点击“预览”按钮，对所设计的场景进行预览查看，如图 7.50 所示。

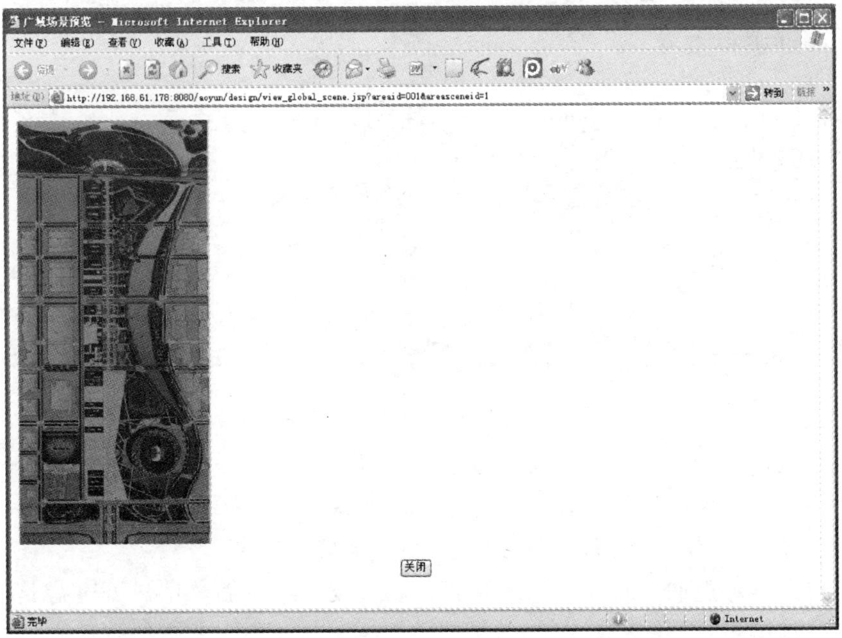

图 7.50　广域场景设计预览页面

用户点击“保存”按钮，系统将用户的此次设计编辑操作进行入库保存，页面仍处于图7.49所示页面，用户可进行再次编辑。

用户点击“返回”按钮，系统跳转到场景设计主页面，用户可进行其他场景类型的设计编辑。

7.4.1.2 区域场景设计

用户在场景设计主页面，选择“区域场景设计”，点击“确定”后，进入区域场景设计页面，页面显示设计配置的相关信息，包括区域选择、场景选择、场景描述、可选择的本控编号及该本控可供选择的场景，以及相应场景是否被选中，用户进行场景设计后，可进行“预览”操作或“保存”操作，如图7.51所示。

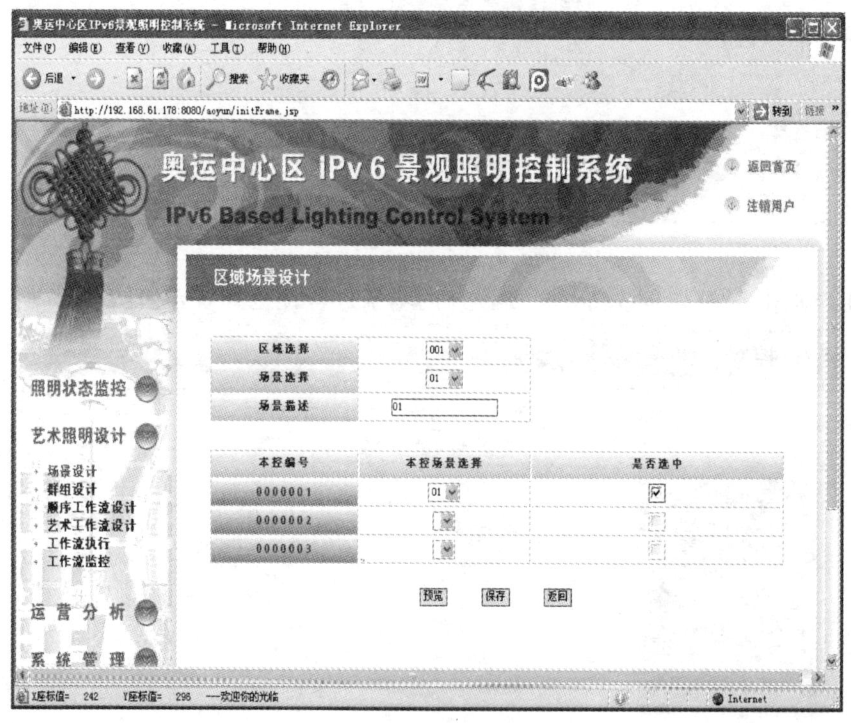

图7.51 区域场景设计页面

用户点击“预览”按钮，对所设计的场景进行预览查看，如图7.52所示。

用户点击“保存”按钮，系统将用户的此次设计编辑操作进行入库保存，页面仍处于图7.51所示页面，用户可进行再次编辑。

用户点击“返回”按钮，系统跳转到场景设计主页面，用户可进行其他场景类型的设计编辑。

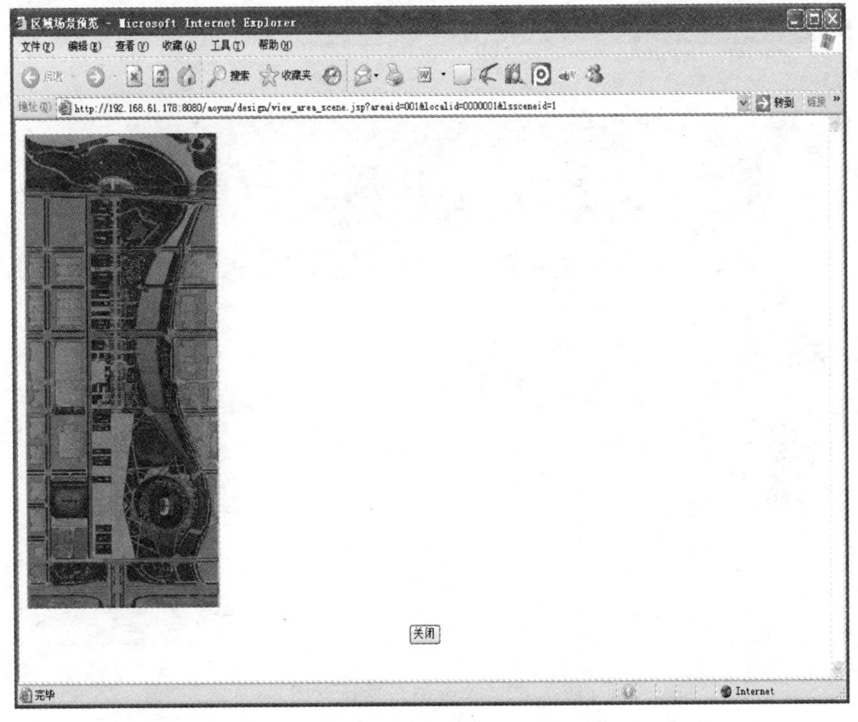

图 7.52 区域场景设计预览页面

7.4.1.3 本控场景设计

用户在场景设计主页面，选择“本控场景设计”，点击“确定”后，进入本控场景设计页面，页面显示设计配置的相关信息，包括区域选择、本控选择、场景选择、场景描述、可选择的IIU编号及该IIU可供选择的场景，以及相应场景是否被选中，用户进行场景设计后，可进行“预览”操作或“保存”操作，如图7.53所示。

用户点击“预览”按钮，对所设计的场景进行预览查看，如图7.54所示。

用户点击“保存”按钮，系统将用户的此次设计编辑操作进行入库保存，页面仍处于图7.53所示页面，用户可进行再次编辑。

用户点击“返回”按钮，系统跳转到场景设计主页面，用户可进行其他场景类型的设计编辑。

7.4.1.4 IIU场景设计

用户在场景设计主页面，选择“IIU场景设计”，点击“确定”后，进入IIU场景设计页面，页面显示设计配置的相关信息，包括区域选择、本控选择、IIU选择、场景选择、场景描述、可选择的回路编号以及相应回路是否被选中，用户进行场景设计后，可进行“预览”操作或“保存”操作，如图7.55所示。

用户点击“预览”按钮，对所设计的场景进行预览查看，如图7.56所示。

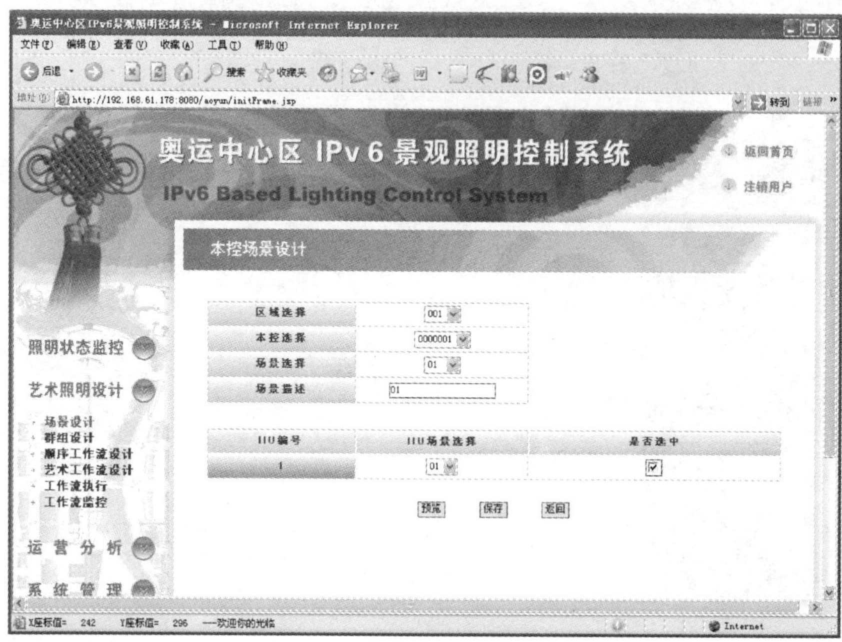

图 7.53　本控场景设计页面

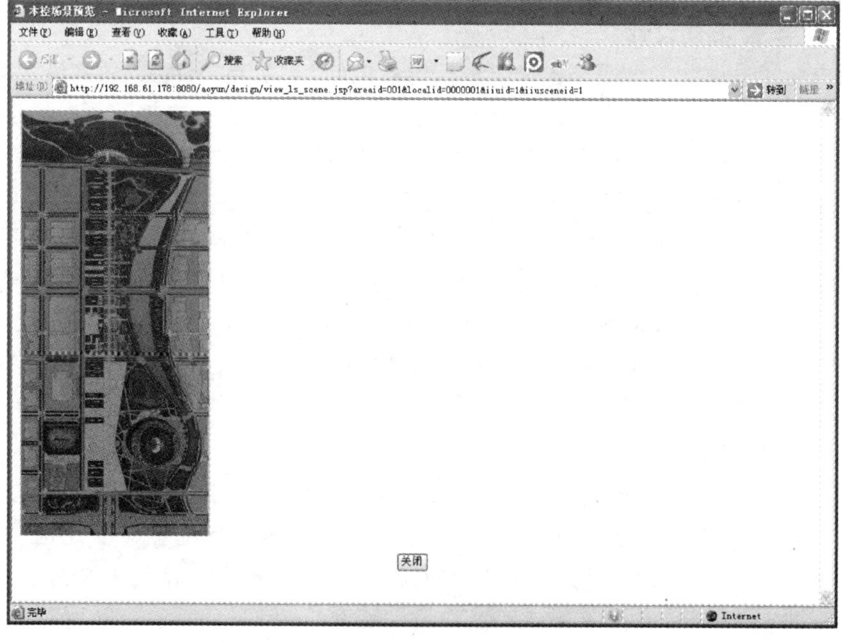

图 7.54　本控场景设计预览页面

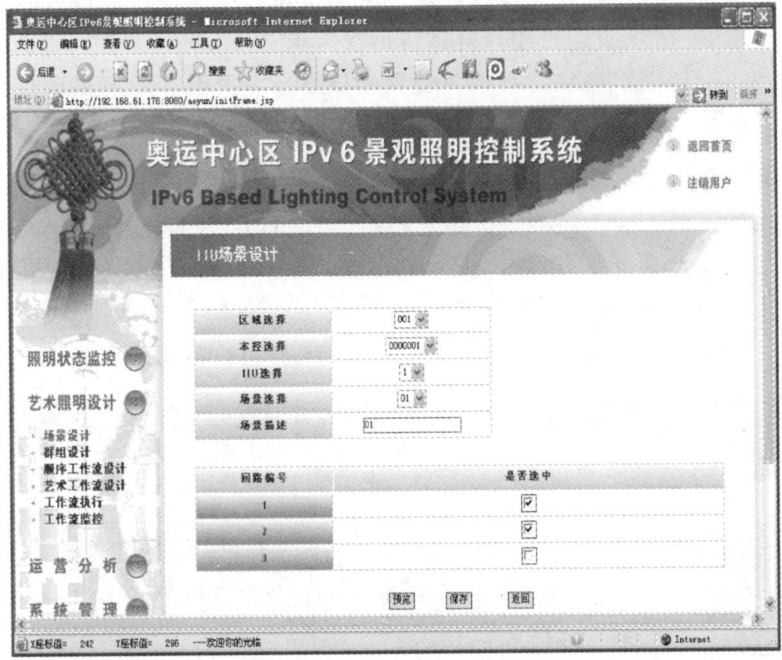

图 7.55　IIU 场景设计页面

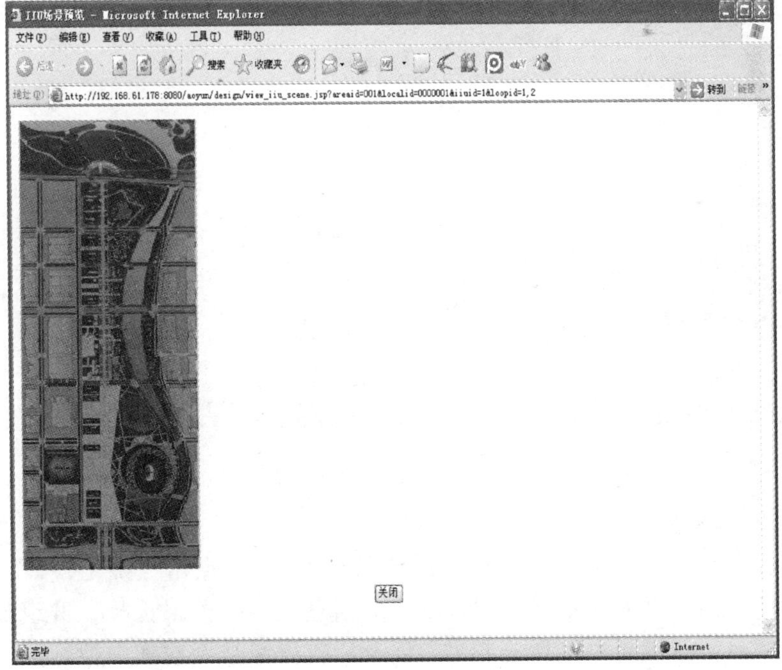

图 7.56　IIU 场景设计预览页面

用户点击“保存”按钮，系统将用户的此次设计编辑操作进行入库保存，页面仍处于图 7.55 所示页面，用户可进行再次编辑。

用户点击“返回”按钮，系统跳转到场景设计主页面，用户可进行其他场景类型的设计编辑。

7.4.2 群组设计

群组设计主要用于对广域、区域、本地、照明 IIU 4 种范围进行群组设计。

在导航栏点击“群组设计”，进入群组设计页面，在群组设计主页面选择所需设计的场景范围，包括广域群组、区域群组、本控群组和 IIU 群组，如图 7.57 所示，然后点击“确定”后，进入相应页面对所选群组进行设计。

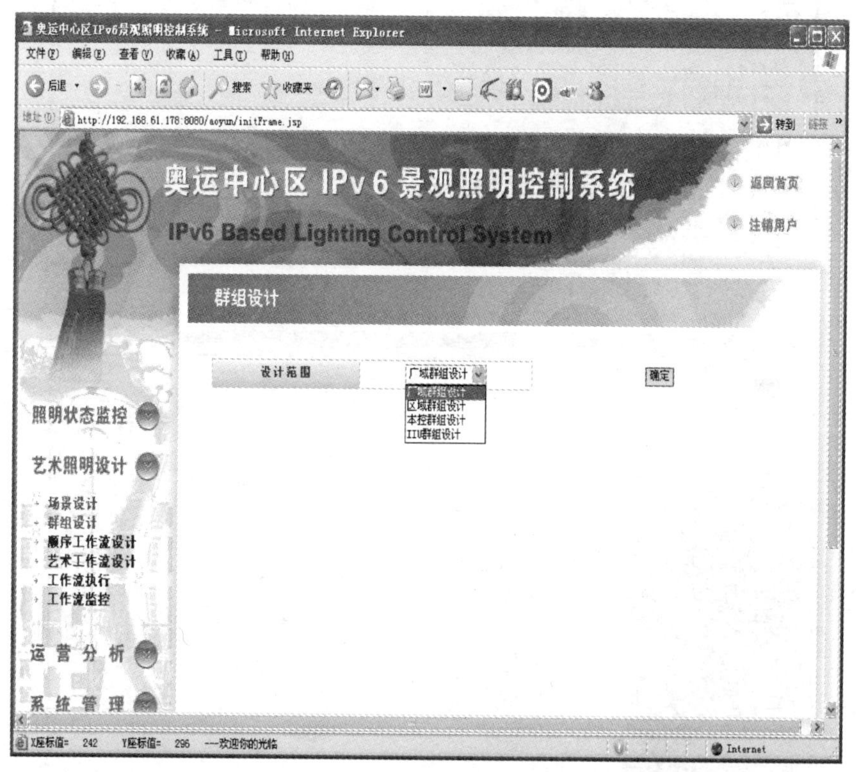

图 7.57 群组设计主页面

7.4.2.1 广域群组设计

用户在群组设计主页面，选择“广域群组设计”，点击“确定”后，进入广域群组设计页面，页面显示设计配置的相关信息，包括群组选择、群组描述、可选择的区域及该区域可供选择的群组，以及相应群组是否被选中控制，用户进行群组设计后，可进行“预览”操作或“保存”操作，如图 7.58 所示。

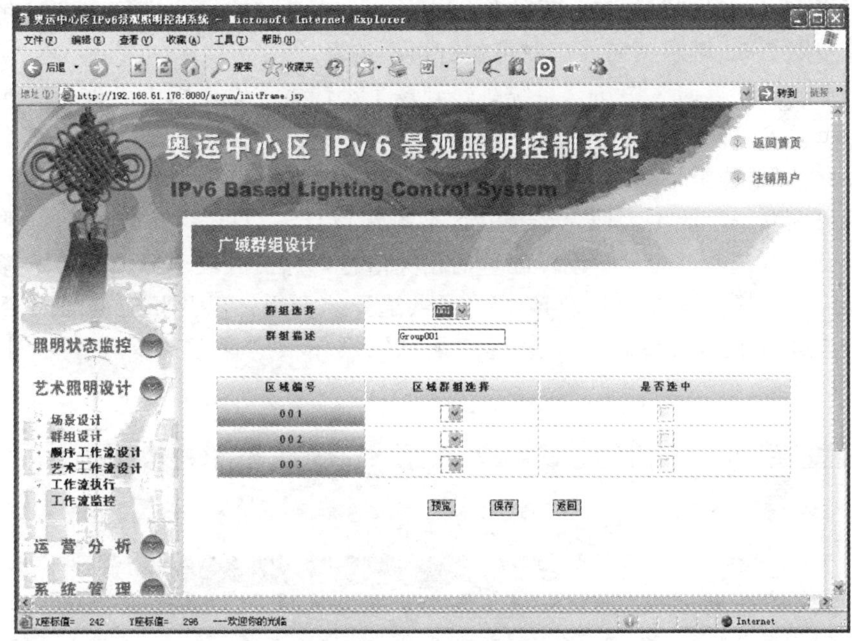

图 7.58　广域群组设计页面

用户点击“预览”按钮，对所设计的群组进行预览查看，如图 7.59 所示。

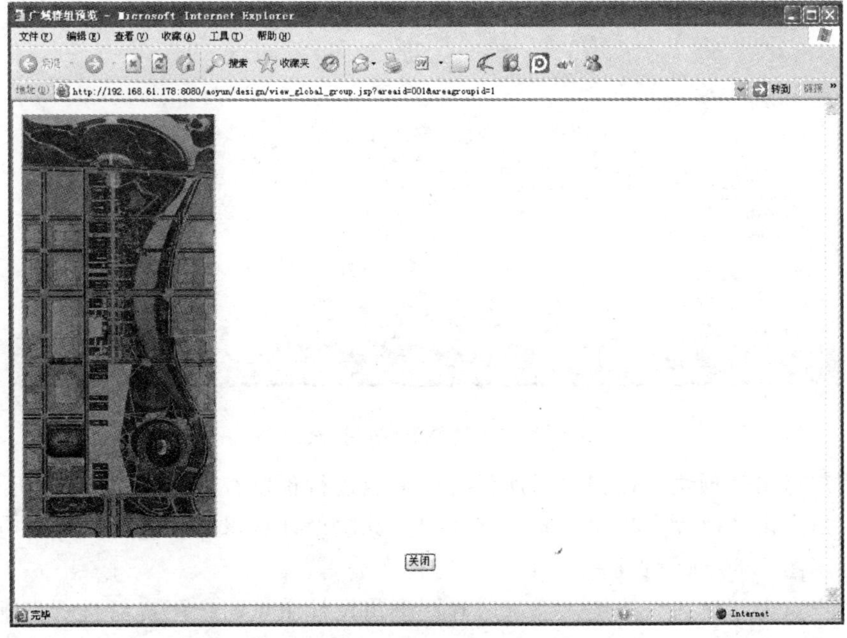

图 7.59　广域群组设计预览页面

用户点击“保存”按钮，系统将用户的此次设计编辑操作进行入库保存，页面仍处于图7.58所示页面，用户可进行再次编辑。

用户点击“返回”按钮，系统跳转到场景设计主页面，用户可进行其他群组类型的设计编辑。

7.4.2.2 区域群组设计

用户在群组设计主页面，选择“区域群组设计”，点击“确定”后，进入区域群组设计页面，页面显示设计配置的相关信息，包括区域选择、群组选择、群组描述、可选择的本控编号及该本控可供选择的群组，以及相应群组是否被选中，用户进行群组设计后，可进行“预览”操作或“保存”操作，如图7.60所示。

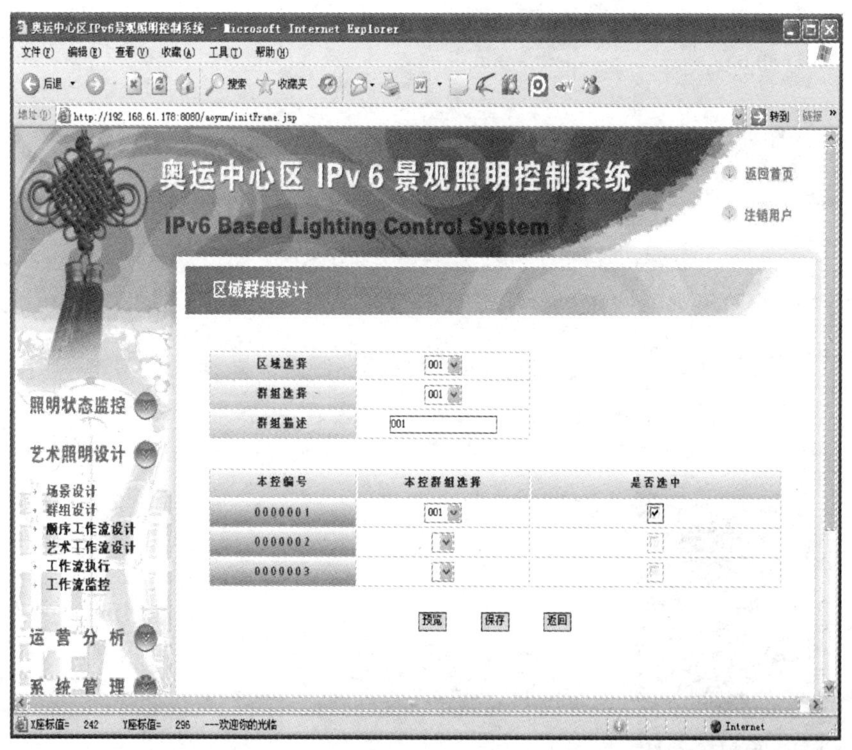

图7.60 区域群组设计页面

用户点击“预览”按钮，对所设计的群组进行预览查看，如图7.61所示。

用户点击“保存”按钮，系统将用户的此次设计编辑操作进行入库保存，页面仍处于图7.60所示页面，用户可进行再次编辑。

用户点击“返回”按钮，系统跳转到群组设计主页面，用户可进行其他场景类型的设计编辑。

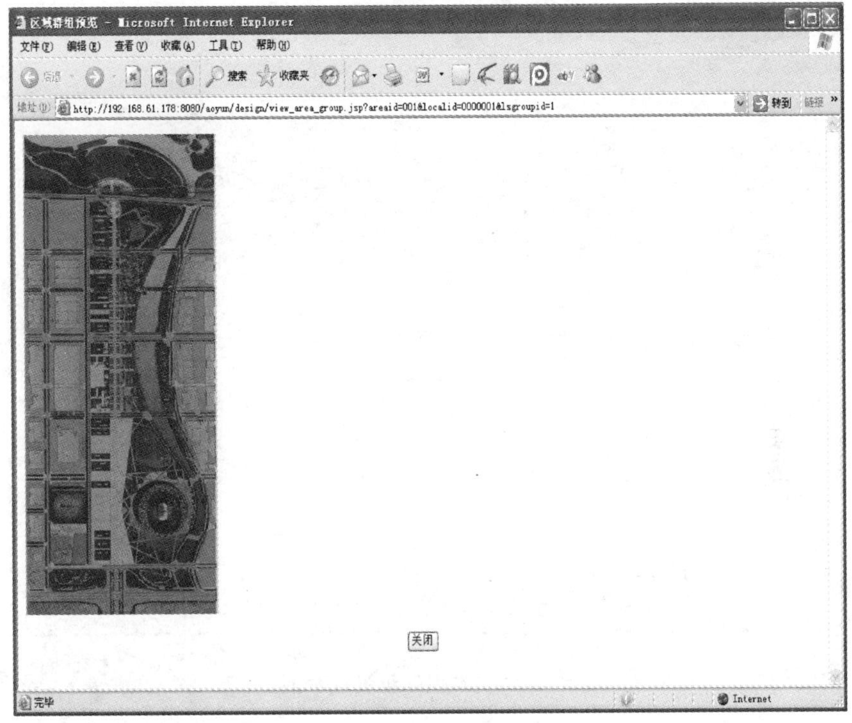

图 7.61 区域群组设计预览页面

7.4.2.3 本控场景设计

用户在群组设计主页面，选择“本控群组设计”，点击“确定”后，进入本控群组设计页面，页面显示设计配置的相关信息，包括区域选择、本控选择、群组选择、群组描述、可选择的 IIU 编号及该 IIU 可供选择的群组，以及相应群组是否被选中，用户进行群组设计后，可进行“预览”操作或“保存”操作，如图 7.62 所示。

用户点击“预览”按钮，对所设计的群组进行预览查看，如图 7.63 所示。

用户点击“保存”按钮，系统将用户的此次设计编辑操作进行入库保存，页面仍处于图 7.62 所示页面，用户可进行再次编辑。

用户点击“返回”按钮，系统跳转到图所示的群组设计主页面，用户可进行其他群组类型的设计编辑。

7.4.2.4 IIU 群组设计

用户在群组设计主页面，选择“IIU 群组设计”，点击“确定”后，进入 IIU 群组设计页面，页面显示设计配置的相关信息，包括区域选择、本控选择、IIU 选择、群组选择、群组描述、可选择的回路编号以及相应回路是否被选中，用户进行群组设计后，可进行“预览”操作或“保存”操作，如图 7.64 所示。

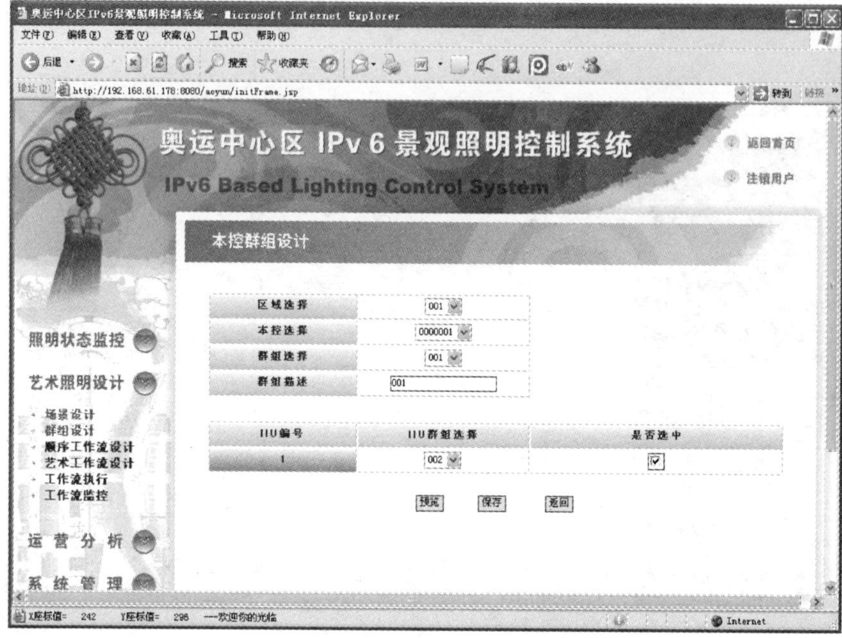

图 7.62　本控群组设计页面

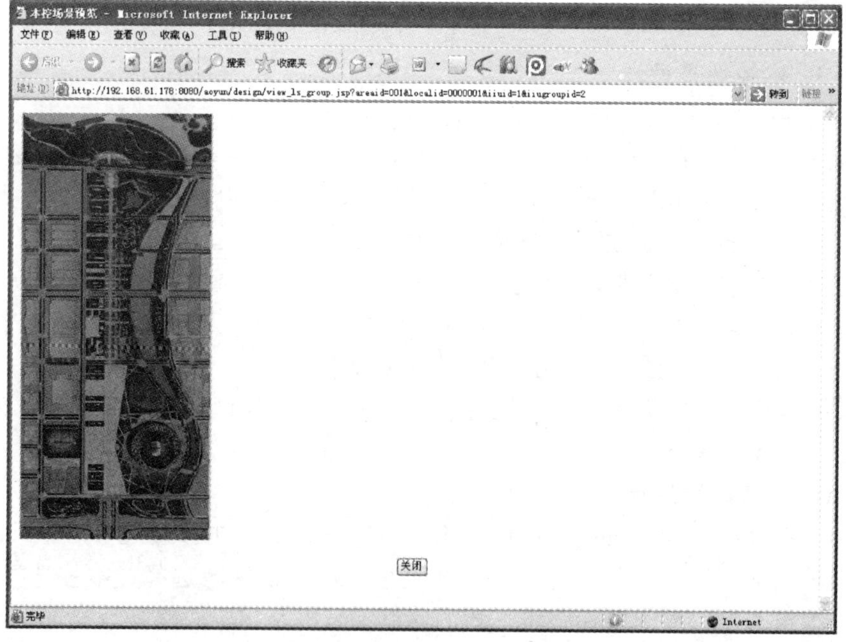

图 7.63　本控群组设计预览页面

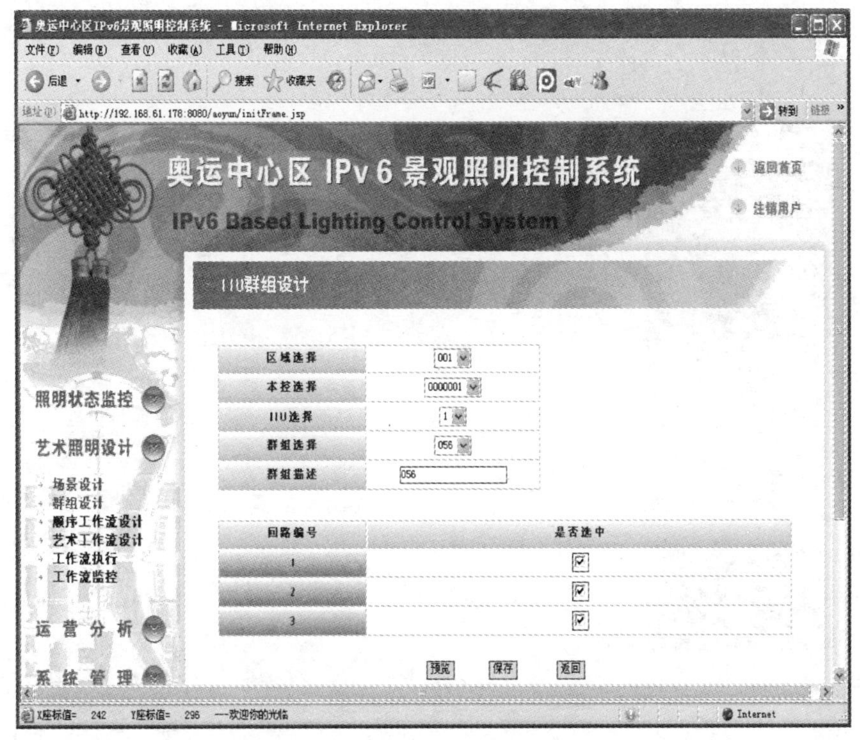

图 7.64　IIU 群组设计页面

用户点击“预览”按钮，对所设计的群组进行预览查看，如图 7.65 所示。

用户点击“保存”按钮，系统将用户的此次设计编辑操作进行入库保存，页面仍处于图 7.64 所示页面，用户可进行再次编辑。

用户点击“返回”按钮，系统跳转到图所示的群组设计主页面，用户可进行其他群组类型的设计编辑。

7.4.3　顺序工作流设计

顺序工作流设计主要用于对顺序工作流进行设计，使得用户可以按时间顺序编辑设计工作流。

在导航栏点击“顺序工作流设计”，进入顺序工作流设计页面，在顺序工作流设计主页面用户可添加对所设计的顺序工作流的基本描述信息，并可“点击编辑工作流”按钮，按照页面提示步骤，进行该工作流的编辑，如图 7.66 所示。

点击“点击此处开始编辑工作流”按钮后，首先进入编辑步骤 1 页面，该页面主要用于用户对工作流的参数进行编辑，包括全局场景控制、全局群组控制、本地场景控制和本地群组控制，共 4 种工作流控制参数配置方式，并可进行

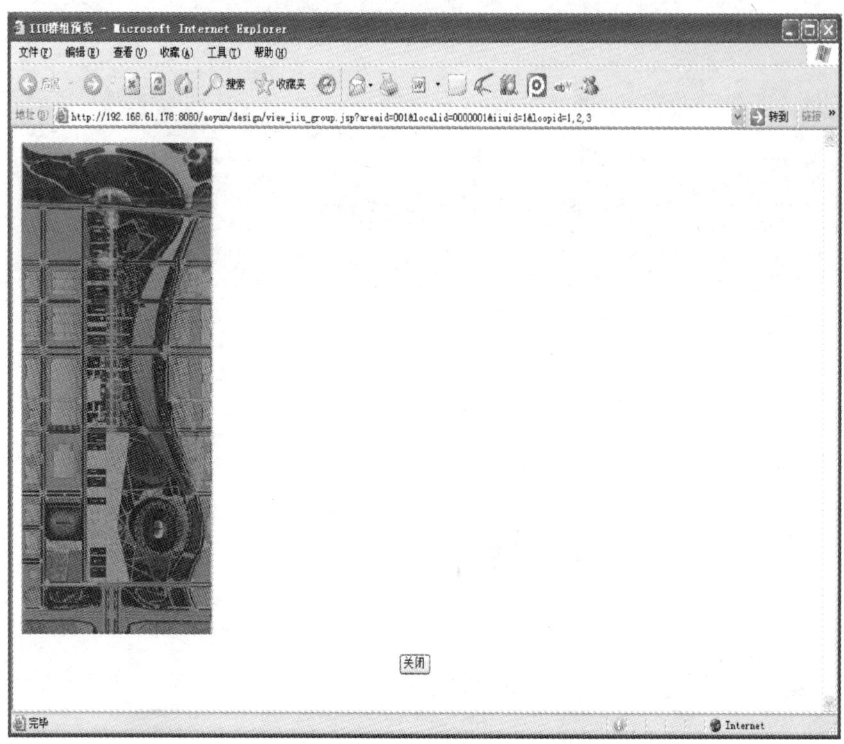

图 7.65　IIU 群组设计预览页面

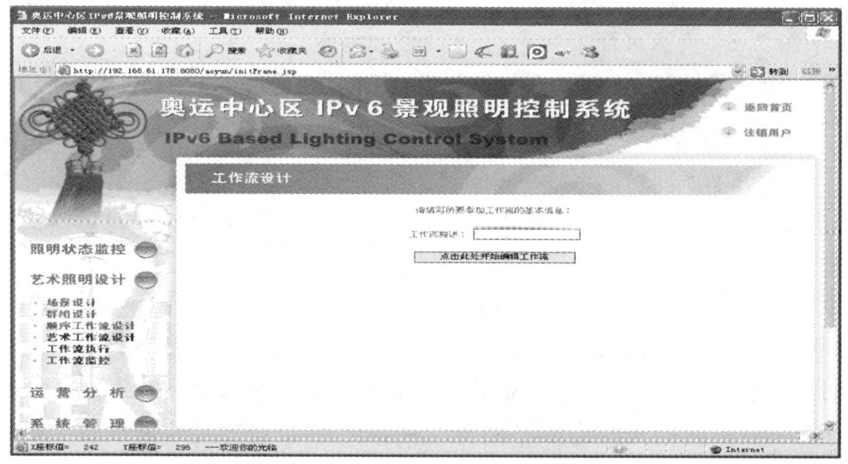

图 7.66　顺序工作流设计主页面

设计“预览”、“下一步”配置和“完成”的操作，如图 7.67 所示。其中，“预览”操作用于用户对当步所设计的工作流的预览；“下一步”操作用于该顺序工作流进行下一步骤的设计编辑，其中每一步的配置选择一致；“完成”操作则用于结束该工作流的设计编辑。

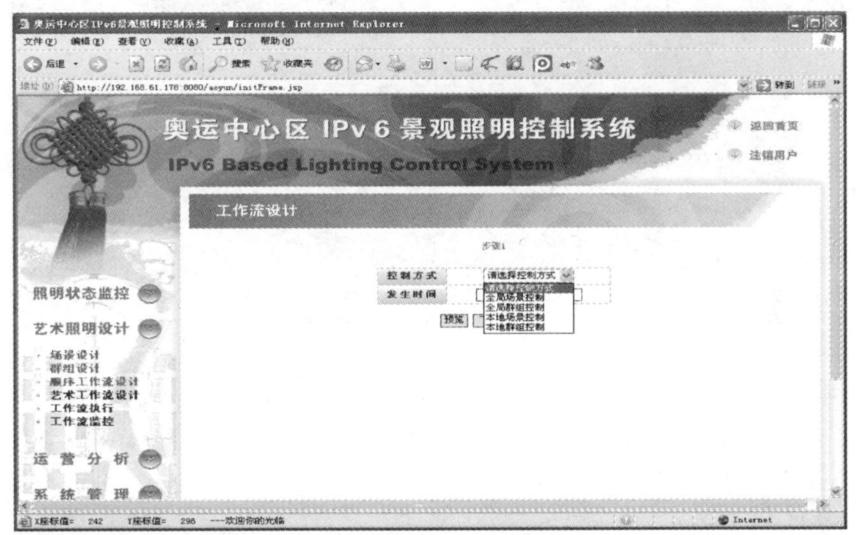

图 7.67 顺序工作流步骤 1 页面

7.4.3.1 全局场景控制

若用户选择全局场景控制方式，页面显示该控制方式的参数包括：发生时间、本控选择和场景选择，其中发生时间为该步骤相对于工作流执行顺序的相对时间；用户设计编辑后，可选择“预览”、“下一步”或“完成”3 种操作之一，进行其他操作，如图 7.68 所示。

用户点击“预览”按钮，对所设计的工作流进行预览，如图 7.69 所示。

用户点击“下一步”按钮，页面将跳转到“步骤 2”显示页面，如图 7.70 所示，其配置过程与“步骤 1”配置过程一致。

用户点击“完成”按钮，页面将跳转到“工作流执行”页面，如图 7.71 所示。

7.4.3.2 全局群组控制

若用户选择全局群组控制方式，页面显示该控制方式的参数包括：发生时间、本控选择、群组选择和该群组的开关状态控制，其中发生时间为该步骤相对于工作流执行顺序的相对时间；用户设计编辑后，可选择“预览”、“下一步”或“完成”3 种操作之一，进行其他操作，如图 7.72 所示。

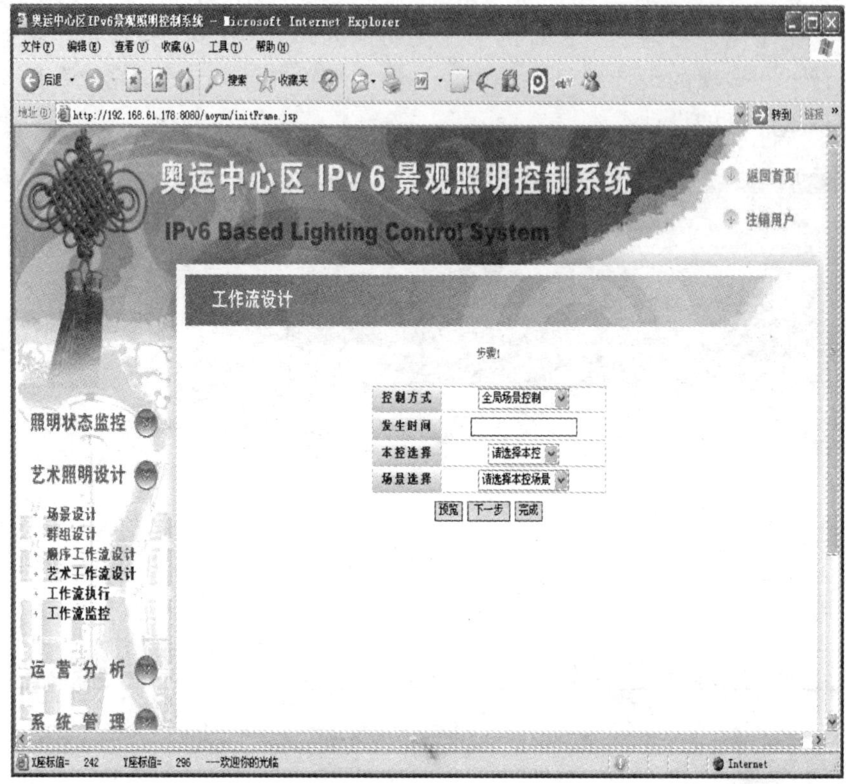

图 7.68 全局场景控制方式工作流设计页面

用户点击“预览”按钮，对所设计的工作流进行预览，如图 7.73 所示。

用户点击“下一步”按钮，页面将跳转到如图 7.70 所示的“步骤 2”显示页面，其配置过程与“步骤 1”配置过程一致。

用户点击“完成”按钮，页面将跳转到“工作流执行”页面，如图 7.74 所示。

7.4.3.3 本地场景控制

若用户选择本地场景控制方式，页面显示该控制方式的参数包括：发生时间、本控选择、IIU 选择和场景选择，其中发生时间为该步骤相对于工作流执行顺序的相对时间；用户设计编辑后，可选择“预览”、“下一步”或“完成”3 种操作之一，进行其他操作，如图 7.75 所示。

用户点击“预览”按钮，对所设计的工作流进行预览，如图 7.76 所示。

用户点击“下一步”按钮，页面将跳转到如图 7.70 所示的“步骤 2”显示页面，其配置过程与“步骤 1”配置过程一致。

用户点击“完成”按钮，页面将跳转到“工作流执行”页面，如图 7.77 所示。

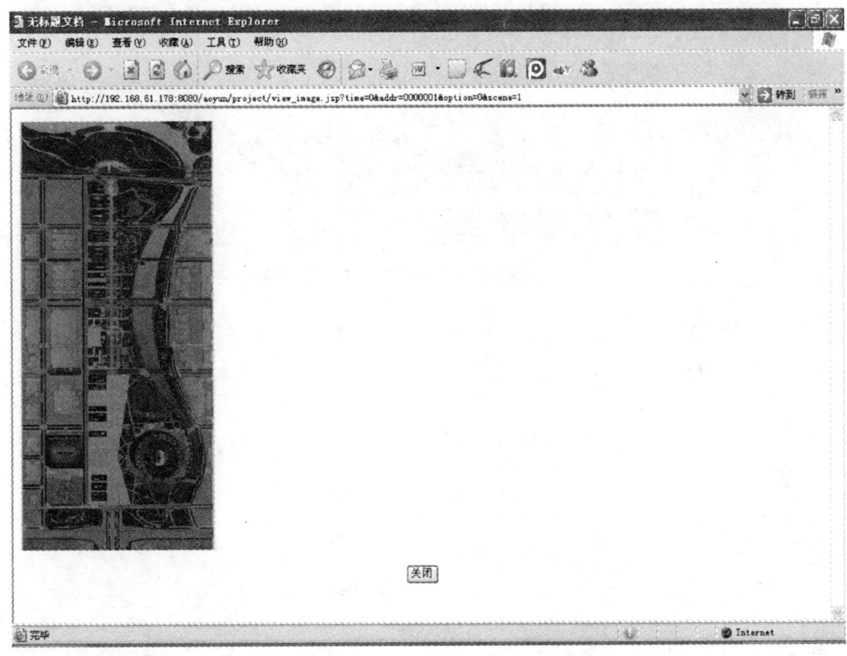

图 7.69　全局场景控制方式工作流设计预览页面

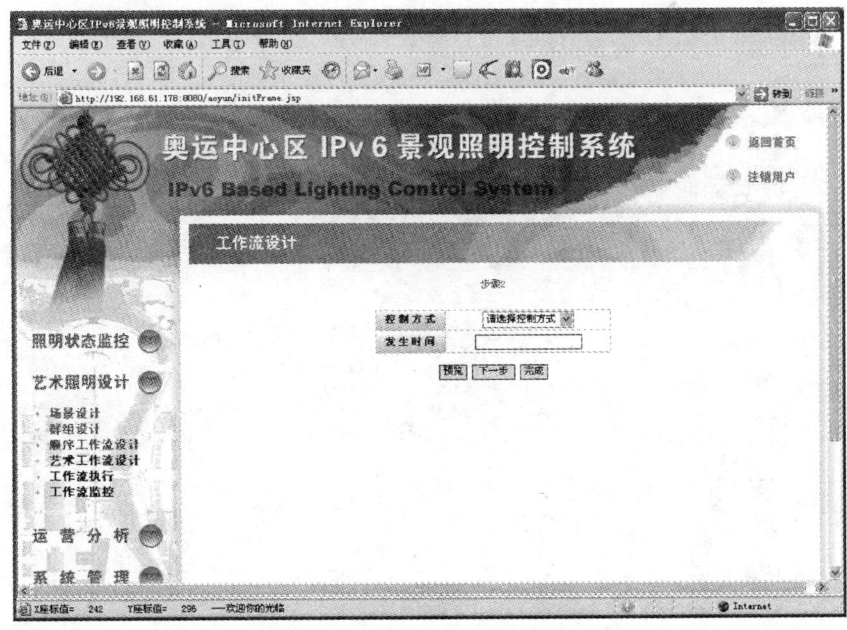

图 7.70　顺序工作流步骤 2 页面

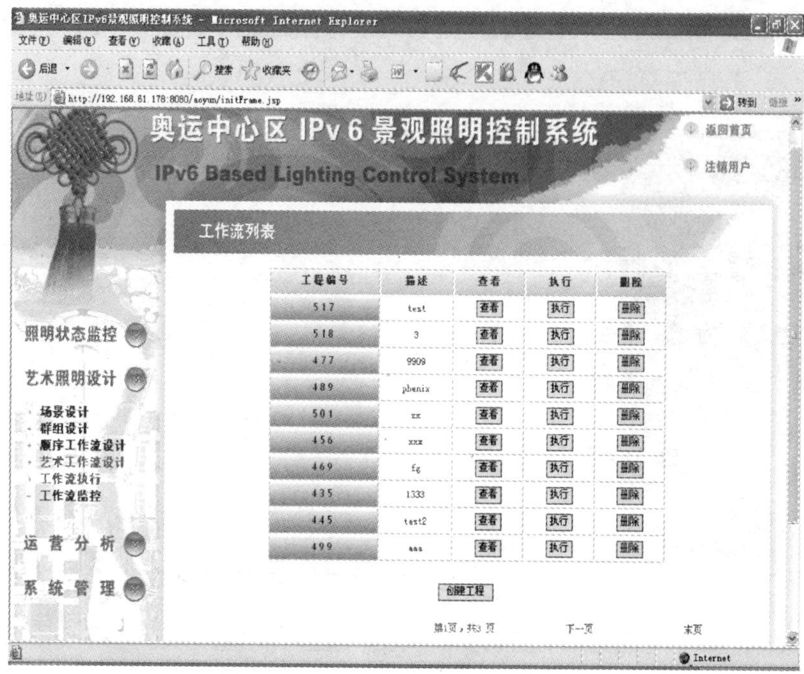

图 7.71　工作流执行

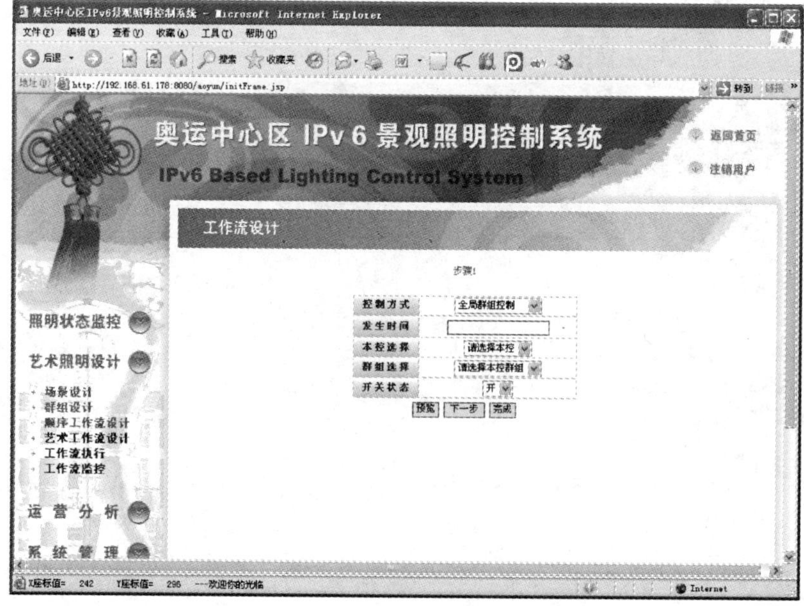

图 7.72　全局群组控制方式工作流设计页面

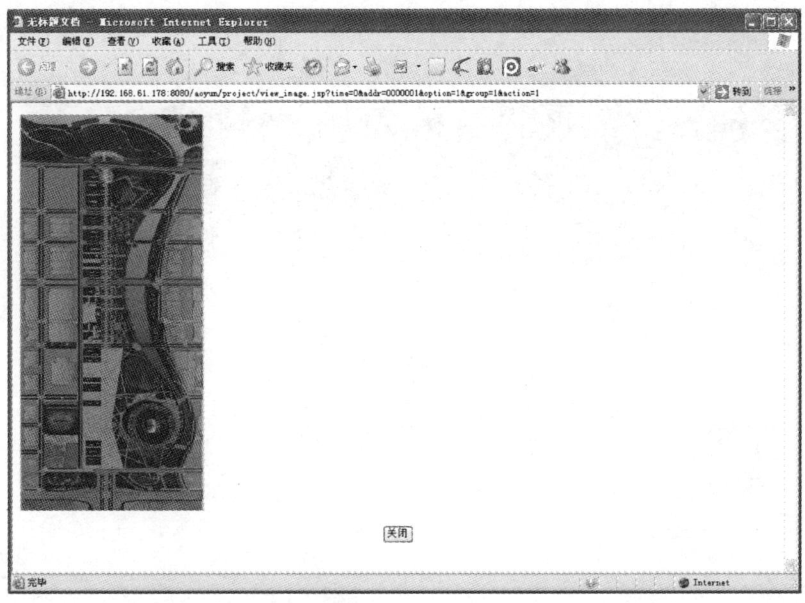

图 7.73 全局群组控制方式工作流设计预览页面

图 7.74 工作流执行

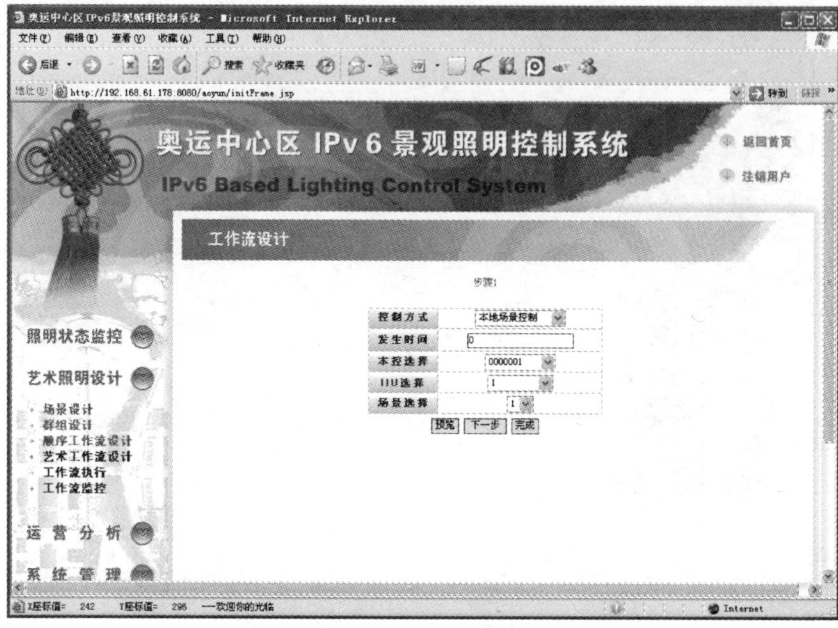

图 7.75　本地场景控制方式工作流设计页面

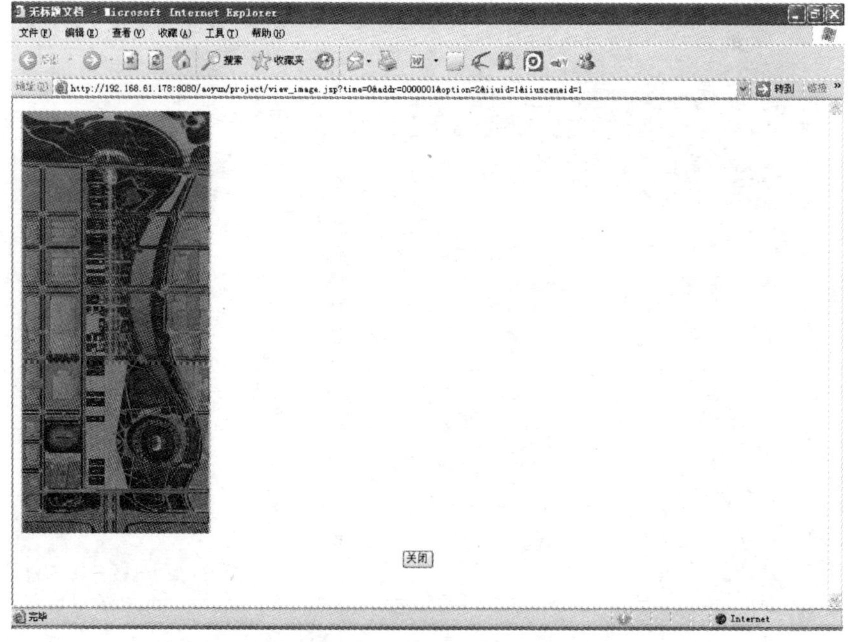

图 7.76　本地场景控制方式工作流设计预览页面

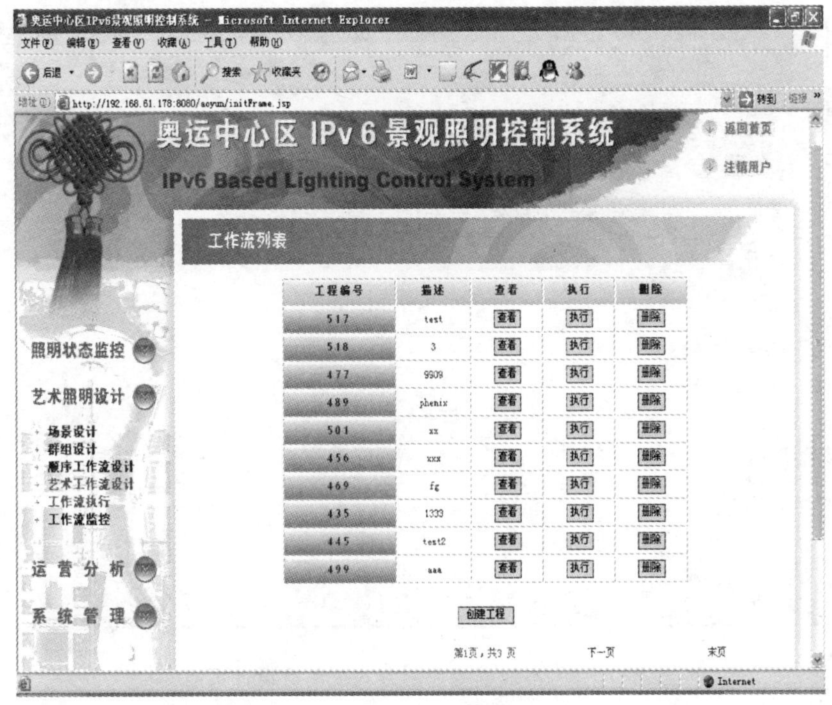

图 7.77 工作流执行

7.4.3.4 本地群组控制

若用户选择本地群组控制方式，页面显示该控制方式的参数包括：发生时间、本控选择、IIU 选择、群组选择和该群组的开关状态控制，其中发生时间为该步骤相对于工作流执行顺序的相对时间；用户设计编辑后，可选择“预览”、“下一步”或“完成”3 种操作之一，进行其他操作，如图 7.78 所示。

用户点击“预览”按钮，对所设计的工作流进行预览，如图 7.79 所示。

用户点击“下一步”按钮，页面将跳转到如图 7.70 所示的“步骤 2”显示页面，其配置过程与“步骤 1”配置过程一致。

用户点击“完成”按钮，页面将跳转到工作流执行页面，如图 7.80 所示。

7.4.4 艺术工作流设计

提供对艺术工作流进行辅助设计的功能。

每个艺术工作流流程为一个工程，每个工程由若干程序组成。艺术工作流设计的步骤分为创建工程、创建程序、编写代码。

1. 创建工程

在导航栏点击“艺术工作流设计”，进入艺术工作流设计工程创建页面，如图 7.81 所示。

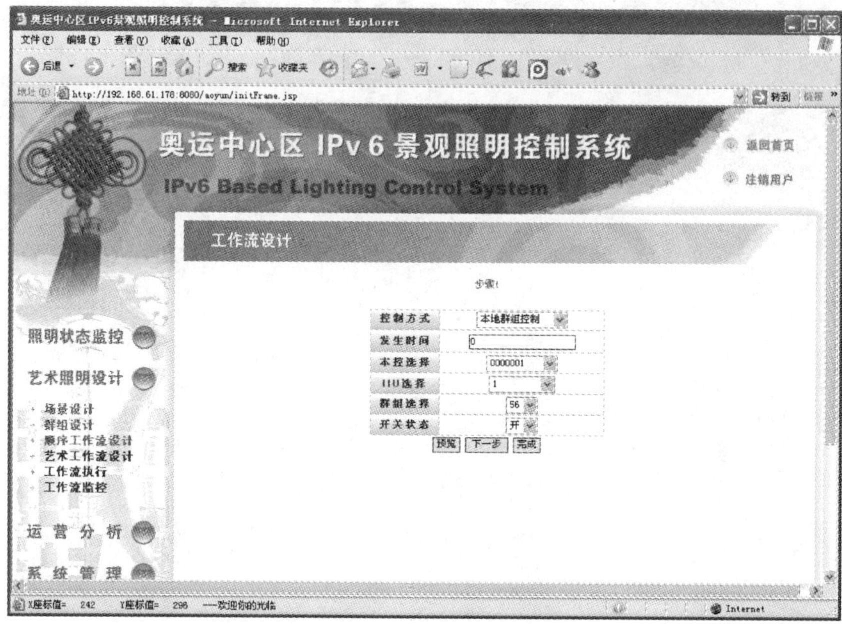

图 7.78　本地群组控制方式工作流设计页面

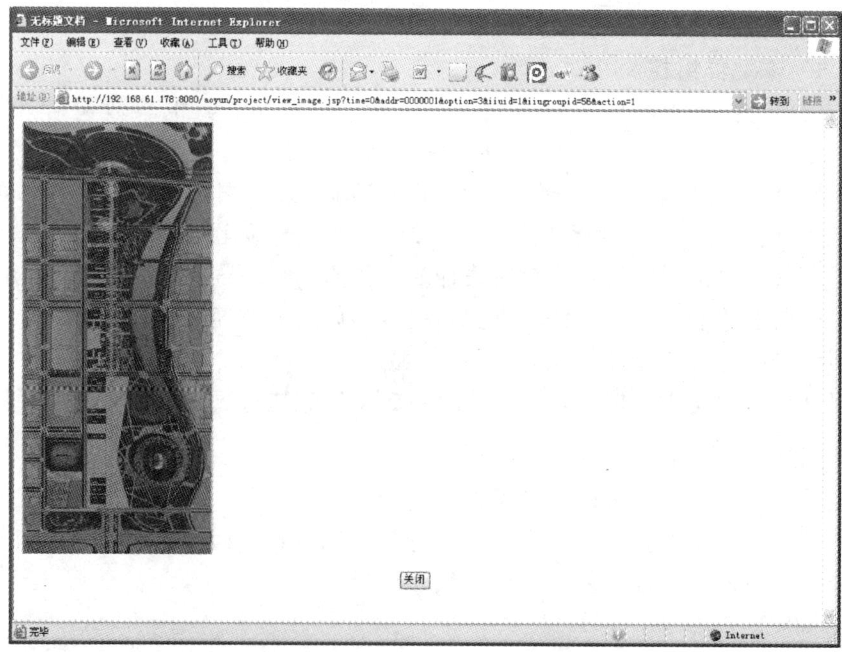

图 7.79　本地群组控制方式工作流设计预览页面

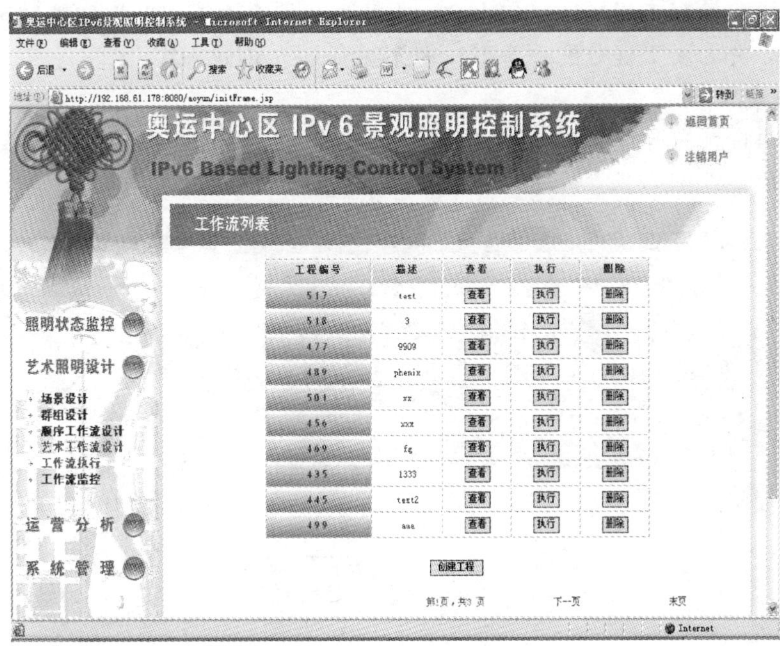

图 7.80　工作流执行

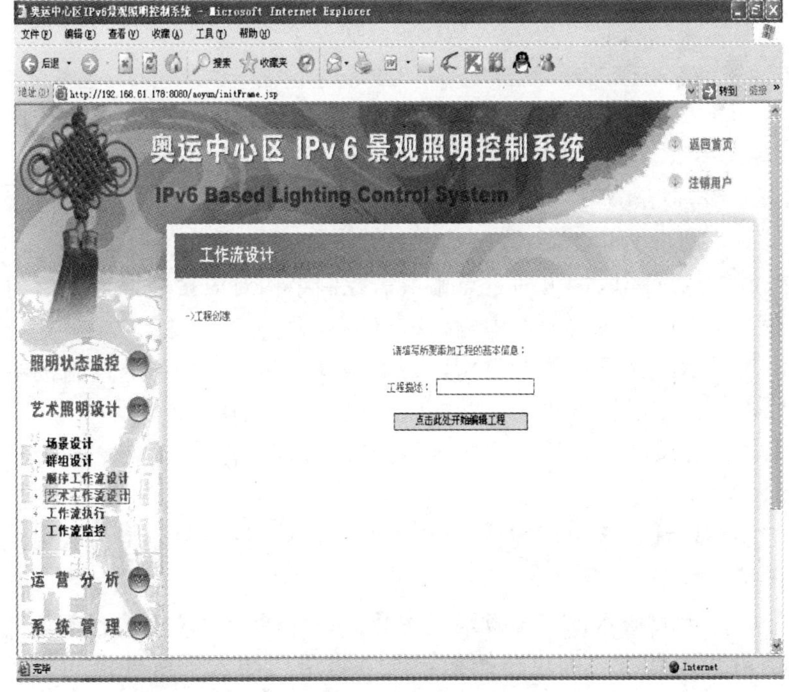

图 7.81　创建工程

在此页面填写工程描述，点击“点击此处开始编辑工程”按钮，即可创建一个新工程，并为新工程分配一个 ID，跳转到下一步创建程序。

2. 创建程序

在此页面配置程序 ID，点击“点击此处开始编辑程序”按钮，跳转到下一步编写代码，如图 7.82 所示。

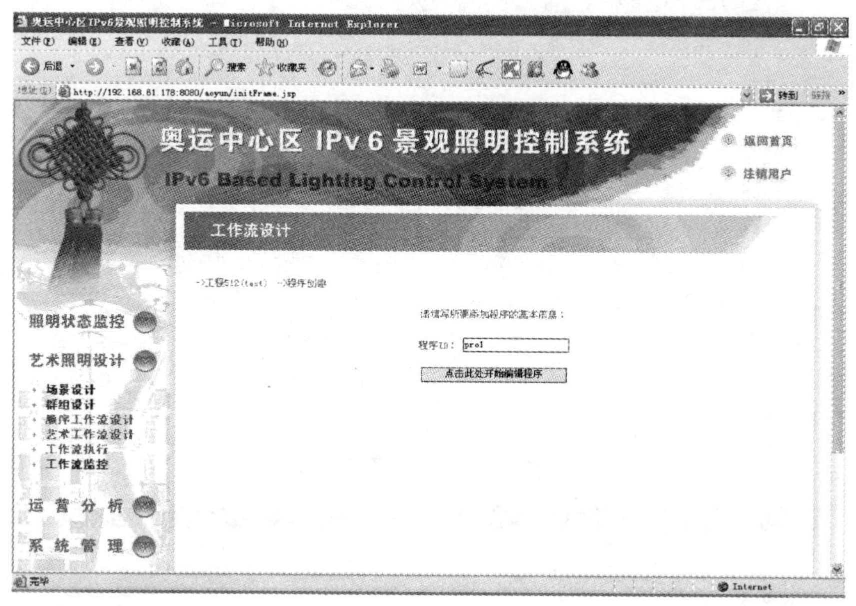

图 7.82　创建程序

3. 编写代码

在此页面编写新建程序的代码（图 7.83），提供了对代码的插入、修改、删除功能。此页面可分为以下 5 个工作区。

（1）控制结构选择区：可通过点击所需控制结构对应按钮插入新语句。

（2）参数输入区：在输入框中输入或修改参数。

（3）语句显示区：显示所选语句，并提供修改和删除功能的控制按钮。

（4）代码区：显示所有代码，并提供代码行选择功能。

（5）编译信息反馈区：显示程序经编译后的错误信息。

4. 插入语句

点击控制结构选择区中所需控制结构对应按钮，即可显示对应控制结构语句框架，如图 7.84 所示。

在语句框架中的输入框中配置适当参数，在代码显示区中选择新语句插入位置的前一条语句，点击“确定”按钮，即可将语句插入到所选语句之后，如图 7.85 所示。

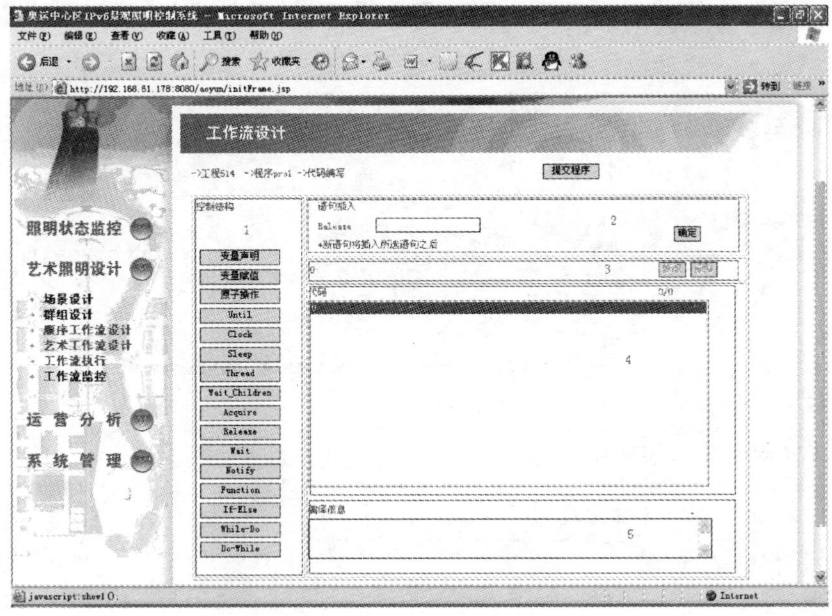

图 7.83 编写代码

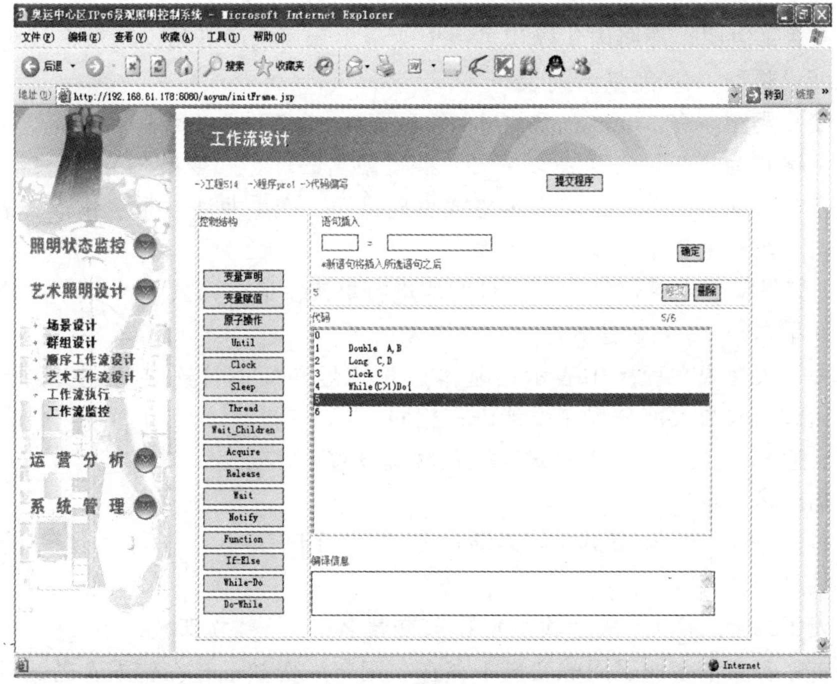

图 7.84 插入语句

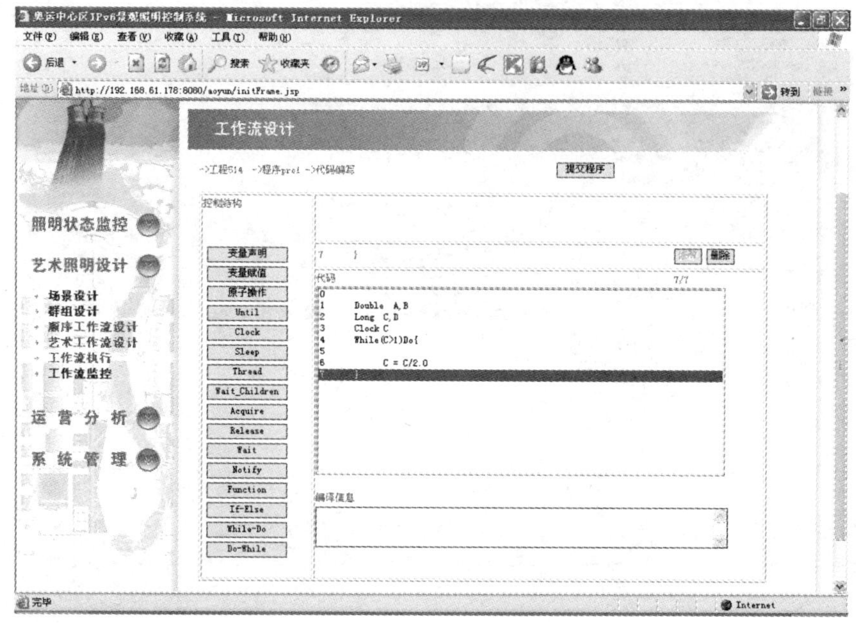

图 7.85　成功插入语句

下面对控制结构与参数意义进行逐一说明。

(1) 变量声明：声明语句标识了一个变量生命周期的开始。语法形式为

＜变量类型＞ ＜变量名列表＞

＜变量类型＞有 Long | Double | Boolean 3 种可供选择，＜变量名列表＞需填写，格式为＜变量名列表＞ :: = ＜变量名＞ [，＜变量名＞]。

变量名要求为：若变量名命名格式出现错误，产生非法变量名错误；若变量名已声明，则产生变量重复声明错误。

(2) 变量赋值：赋值语句对变量的值进行更改。语法形式为

＜变量名＞ = ＜表达式＞

其中，表达式在程序中表示由基本运算符号和标识符连接所定义的计算过程。表达式语法与大部分程序设计语言相同：

＜表达式＞ :: = ＜表达式＞＜加减运算符＞＜短语＞

＜加减运算符＞ :: = + | −

＜短语＞ :: = ＜短语＞＜乘除运算符＞＜因子＞

＜乘除运算符＞ :: = * | /

＜因子＞ :: = (＜表达式＞) | ＜变量名＞ | ＜立即数＞

要求：若变量名所引用的变量不存在，则产生变量不存在错误；若表达式解

析出现错误，则产生表达式解析错误；若变量名所引用变量类型与表达式值的值类型不匹配，且不存在可应用的隐式类型转换规则，则产生类型不匹配错误。

（3）原子操作：调用原子服务来完成照明控制，并将返回值赋予一个变量。语法形式为

<原子操作符>（<原子参数列表>）→<变量名>

其中，<原子操作符>通过选择可得，<原子参数列表>和<变量名>需要填写，各原子操作符与原子参数、返回变量类型对应关系见表 7.3。

表 7.3　　原子操作符与原子参数、返回变量类型对应关系

原子操作符	原子含义	原　子　参　数	返回类型
s01	全局场景控制	本控 ID：场景 ID	Long
s02	全局群组控制	本控 ID：群组 ID：开关状态（开为 1，关为 0）	Long
s03	本地群组控制	本控 ID：iiuID：群组 ID：开关状态 （开为 1，关为 0）	Long
s04	本地场景控制	本控 ID：iiuID：场景 ID	Long
s05	全局场景监视	本控 ID：场景 ID	Boolean
s06	全局群组监视	本控 ID：群组 ID	Boolean
s07	本地场景监视	本控 ID：iiuID：场景 ID	Boolean
s08	本地群组监视	本控 ID：iiuID：群组 ID	Boolean
s09	设定群组 On/Off 次数	本控 ID：iiuID：群组 ID：次数	Long
s10	设定群组 On 时间	本控 ID：iiuID：群组 ID：时间（秒）	Long
s11	获取群组 On 时间	本控 ID：iiuID： 群组 ID	Long
s12	获取群组 On/Off 次数	本控 ID：iiuID：群组 ID	Long
s13	获取能耗值	本控 ID：iiuID：群组 ID：时间 （yyyyMMddHHmmss）：某一照明仪器的 ID	Double
s14	获取 IIU 生存异常信息	本控 ID：某一照明仪器的 ID	Boolean
s15	获取照明 IIU 异常	本控 ID：iiuID：某一照明仪器的 ID	Boolean
s16	获取计量 IIU 下 各个计量的异常	本控 ID：iiuID：群组 ID： 某一照明仪器的 ID	Boolean
s17	获取 IIU 生存状态	本控 ID：iiuID：某一照明仪器的 ID	Boolean

（4）Until：使当前线程休眠，直到参数中指定的 Long 型时间到达，然后继续执行，语法形式为

Until <表达式>

要求：若表达式值类型不是 Long 型，则生成类型不匹配错误。

(5) Clock：获取当前系统时间，并保存到一个 Long 型变量中，语法形式为

Clock ＜变量名＞

时间的单位为毫秒，取 1970 年 1 月 1 日为开始计时时间。

要求：若变量类型不是 Long 型，则生成类型不匹配错误。

(6) Sleep：使当前线程休眠一个以毫秒为单位的 Long 型时长，然后继续执行，语法形式为

Sleep ＜表达式＞

＜表达式＞为一个值类型为 Long 型的表达式。

要求：若表达式值类型不是 Long 型，则生成类型不匹配错误。

(7) Thread：开启子线程，语法形式为

Thread ＜程序名＞

＜程序名＞指定一个子线程的入口程序。

(8) Wait _ children：等待当前线程的所有子线程执行完毕，才继续执行。若仍有在执行中的子线程，则当前线程一直等待，直到用户手动中止或引擎超时处理。语法形式为

Wait _ children

无参数。

(9) Acquire：获取对一个信号量的占有权。一个信号量可以被设置成独占或者具有人数上限的多人共享。可以通过 Release 和 Acquire 的搭配使用实现各种占有限制。参数是信号量标识，将在信号量表中查找该标识，并试图将其值减 1。若信号量表中不存在该标识，将生成该标识，并将初始值置为 1（独占）。若当前信号量的值小于等于零，请求该信号量的线程将被阻塞直到其他线程 Release 该信号量，使信号量的值重新大于 1。语法形式为

Acquire ＜变量名＞

(10) Release：释放对一个信号量的占有权。Release 是非阻塞的，将使该信号量的值加 1。若存在正在 Acquire 阻塞等待信号量的线程，按照 FIFO 获取该信号量。Release 可以对大于零的信号量继续累加，从而实现多人共享的占有方式。语法形式为

Release ＜变量名＞

(11) Wait：等待对某信号量的 Notify 操作，Wait 语句将阻塞当前线程，直到 Signal 操作的到来才恢复执行。语法形式为

Wait ＜变量名＞

(12) Notify：通知正在 Wait 某信号量的所有线程继续执行。若没有线程 Wait 在该信号量上，Signal 操作无效。非阻塞操作。语法形式为

Notify ＜变量名＞

(13) Function：过程调用。语法形式为

Function ＜程序名＞

(14) If－Else：根据条件表达式计算的结果，决定跳转到哪个程序块。语法形式为

```
if (＜条件表达式＞) {
    ＜语句块＞
} else {
    ＜语句块＞
}
```

其中，＜条件表达式＞ ：：＝ ＜表达式＞＜条件运算符＞＜表达式＞

＜条件运算符＞ ：：＝ ＝＝ ｜ ！＝ ｜ ＞＝ ｜ ＜＝ ｜ ＞ ｜ ＜

(15) While－Do：根据条件判断的结果，决定是否继续循环执行该代码块。语法形式为

```
while (＜条件表达式＞)
 {
    ＜while 代码块＞
 }
```

(16) Do－While：根据条件判断的结果，决定是否继续循环执行该代码块。语法形式为

```
do {
    ＜while 代码块＞
} while (＜条件表达式＞)
```

5. 修改语句

在代码区中选定一行语句，然后在语句显示区点击“修改”按钮，参数输入区显示所选语句的参数，可对其进行修改，如图 7.86 所示。

填入修改后的参数后，点击“确定”按钮，可成功修改。

6. 删除语句

在代码区中选定一行语句，然后在语句显示区点击“删除”按钮，可对其进行删除。

(1) 若为 If－Else、While－Do、Do－While 带有嵌套块的语句，将会有提示信息确认是否删除，如图 7.87 所示。

点击“确定”，将会删除此控制结构及其间的代码。

(2) 若不为带有嵌套块的语句，则无确认信息，直接删除，如图 7.88 所示。

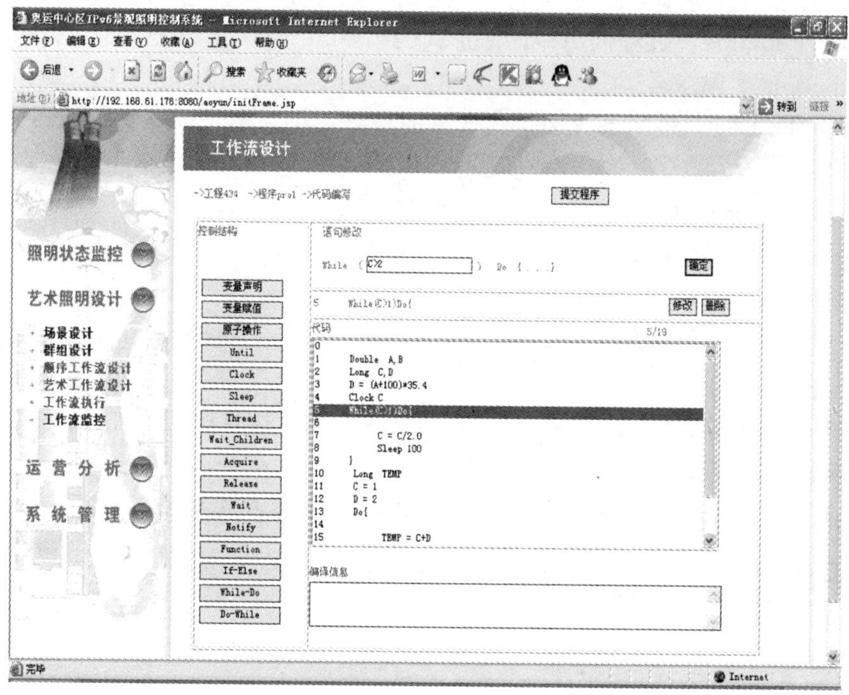

图 7.86　修改语句

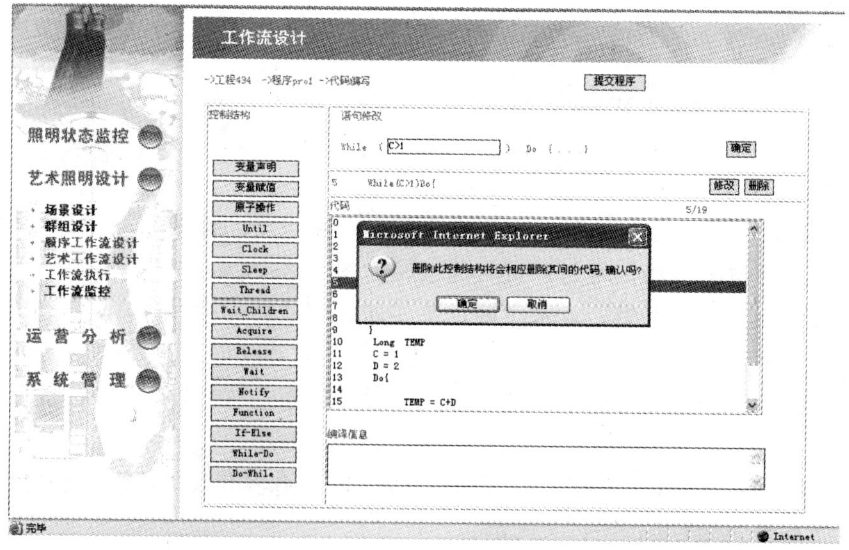

图 7.87　删除嵌套结构

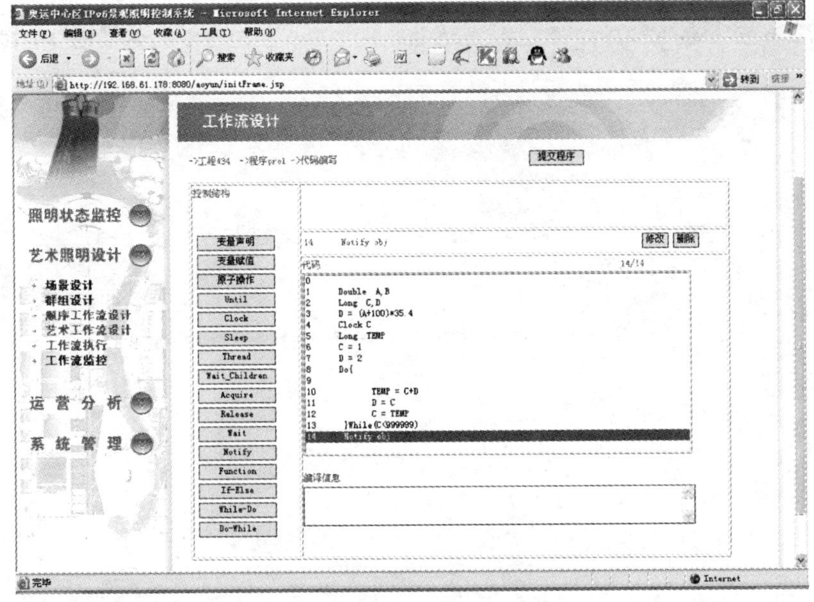

图 7.88　成功删除嵌套结构

7. 提交程序

编辑语句完成后，点击“提交程序”按钮，提交程序。

(1) 若程序编译失败，如图 7.89 所示。

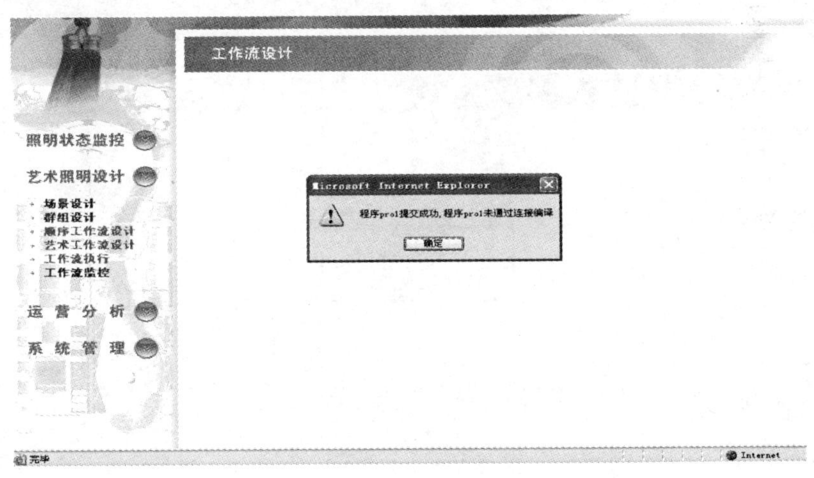

图 7.89　程序编译失败

点击“确定”后，返回代码编写页面，在编译信息反馈区显示编译信息，如图 7.90 所示。

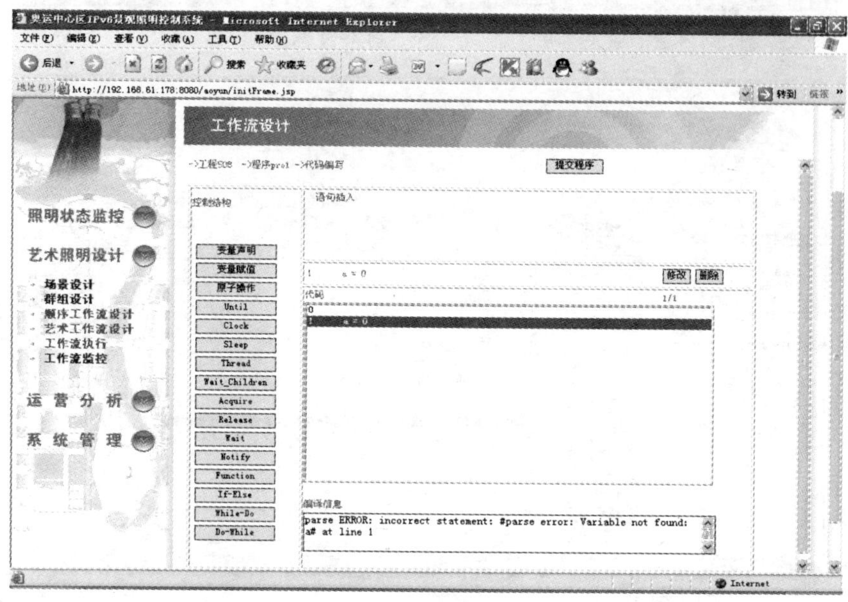

图 7.90　编译失败信息

(2) 若程序编译成功，如图 7.91 所示。

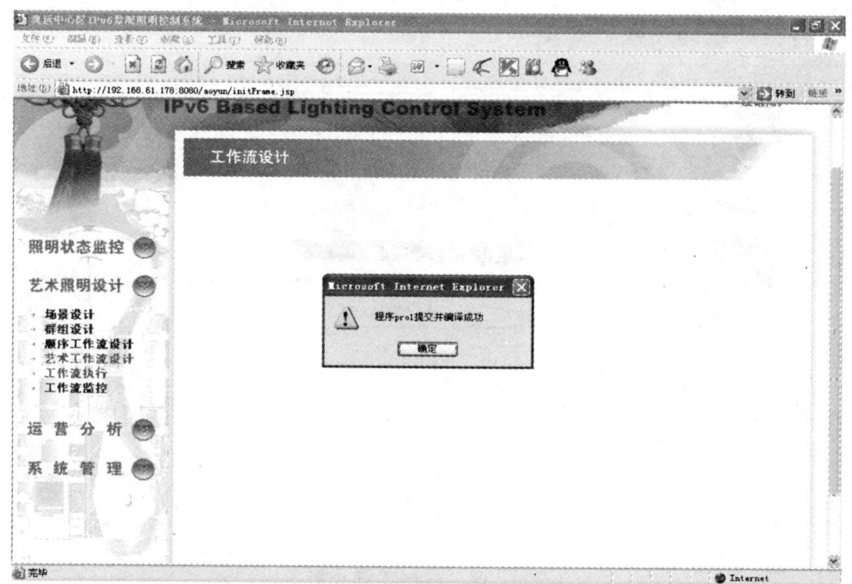

图 7.91　程序编译成功

点击“确定”后，跳转到已提交程序页面，如图7.92所示。

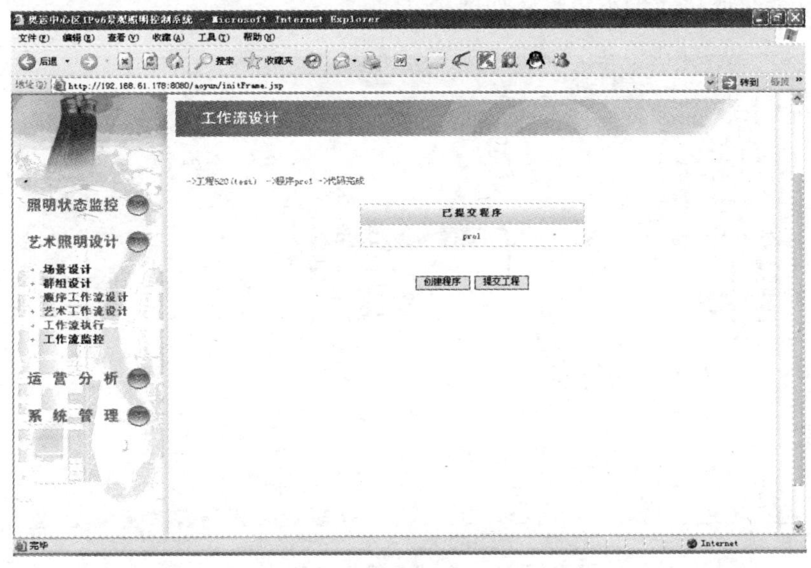

图7.92 已提交程序

编辑完成一个程序后，点击“创建程序”，跳转到第2步继续创建新程序。

8. 提交工程

完成一个工程中所有程序后，在“已提交程序”页面，点击“提交工程”按钮，跳转到工程提交页面，如图7.93所示。

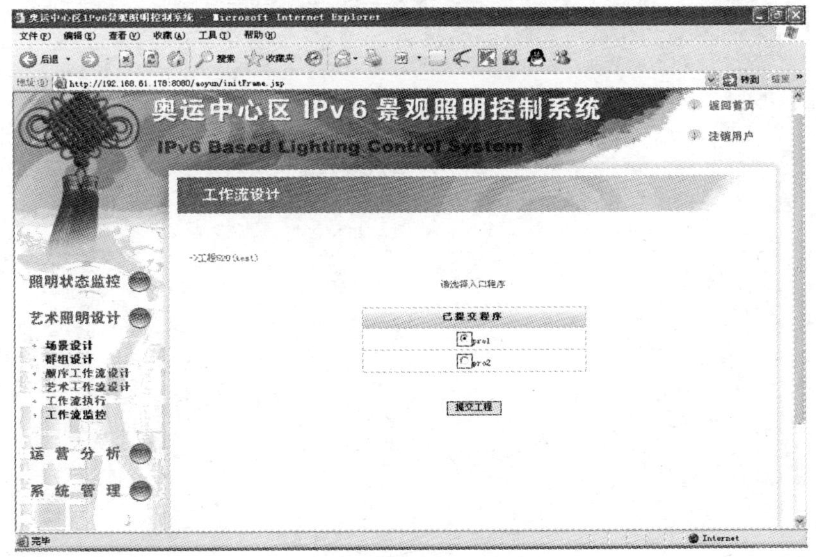

图7.93 选择入口程序

在此页面选择入口程序（工程的主线程程序），点击“提交工程”按钮，显示“工程提交成功”提示信息，如图 7.94 所示。

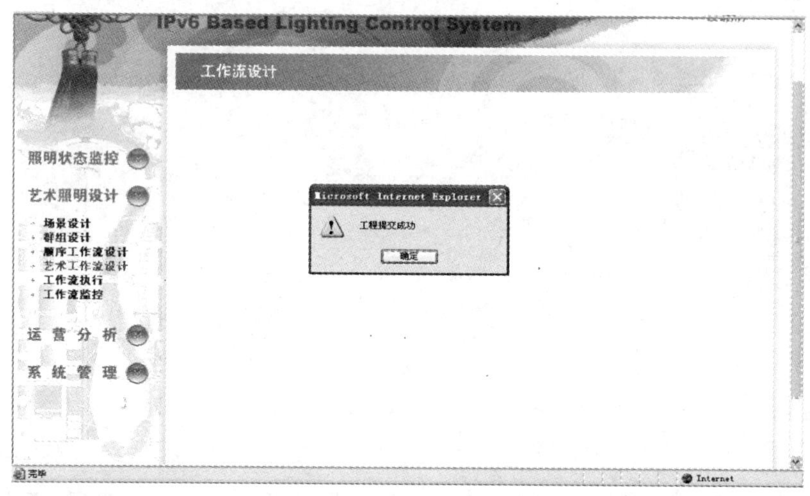

图 7.94　成功提交工程

点击“确定”按钮后，显示刚新建完成的工程的程序列表，如图 7.95 所示。

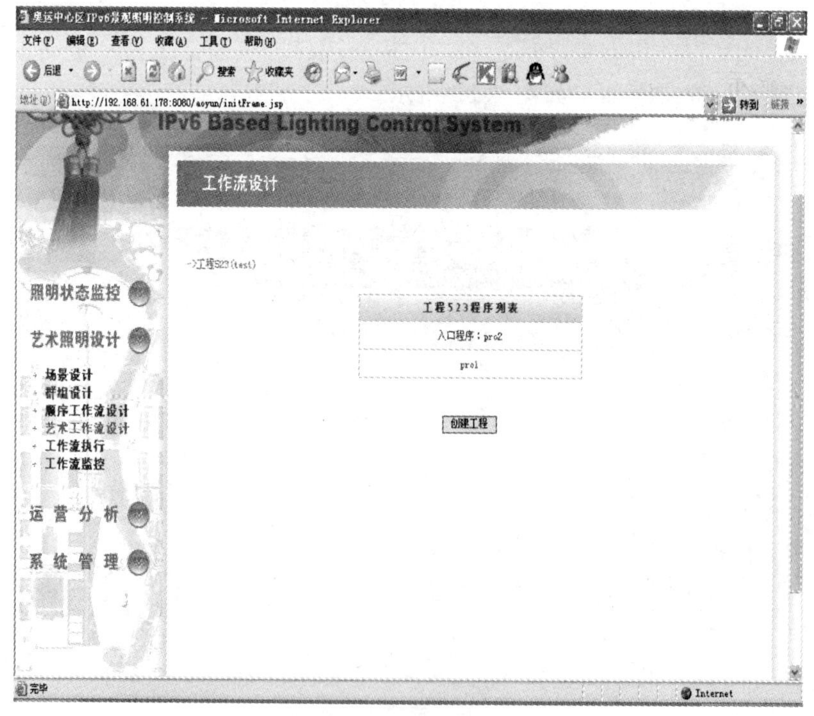

图 7.95　程序列表

在此页面点击“创建工程”，可继续创建下一个新的艺术工作流。

7.4.5　工作流执行

提供执行和管理工作流的功能。

在导航栏点击“工作流执行”，进入工作流列表页面，如图 7.96 所示。

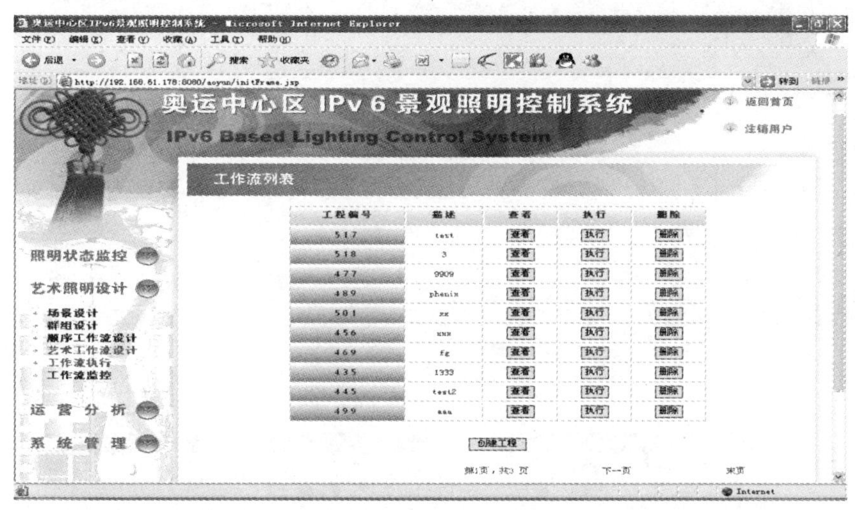

图 7.96　工作流列表

此页面显示了所有工程的编号、描述信息，并提供“查看”、“执行”、“删除”功能按钮，并且以每页 10 条记录进行分页显示。

1. 查看工程

在工作流列表页面点击“查看”按钮，进入工程程序列表页面，如图 7.97 所示。

在此页面显示本工程中所有程序的名称，提供“查看”功能按钮，点击某一待查看程序对应的“查看”按钮，跳转到该程序的查看页面，如图 7.98 所示。

在此页面可以查看对应程序的所有代码，点击“编辑”按钮，可以跳转到程序代码编辑页面，如图 7.99 所示。

在此页面可以对该程序的代码进行插入、修改、删除，同艺术工作流设计中的第 3 步编写代码。

编辑完成后，点击“提交程序”按钮，提交此程序，同艺术工作流设计中的第 4 步提交程序。程序成功提交后，返回到程序列表页面，在此页面可继续点击查看其他程序，如图 7.100 所示。

2. 执行工程

在工作流列表页面对应待执行工程点击“执行”按钮，进入工程执行页面，如图 7.101 所示。

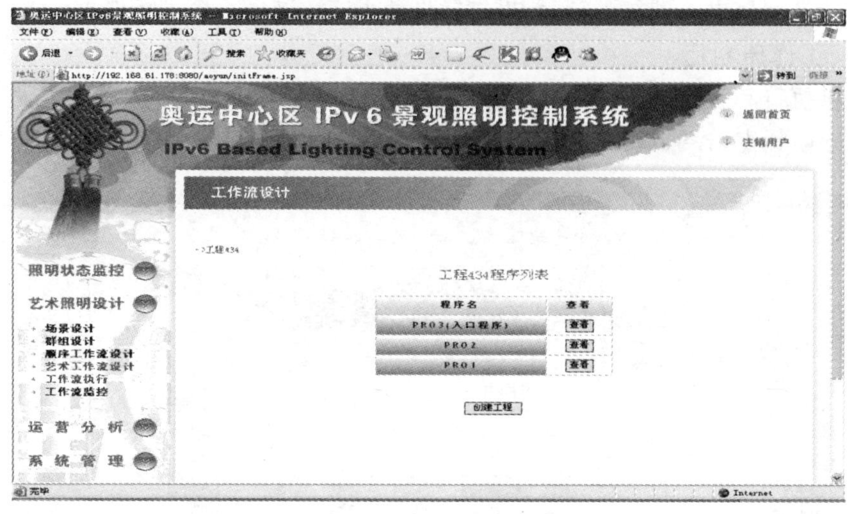

图 7.97　程序列表

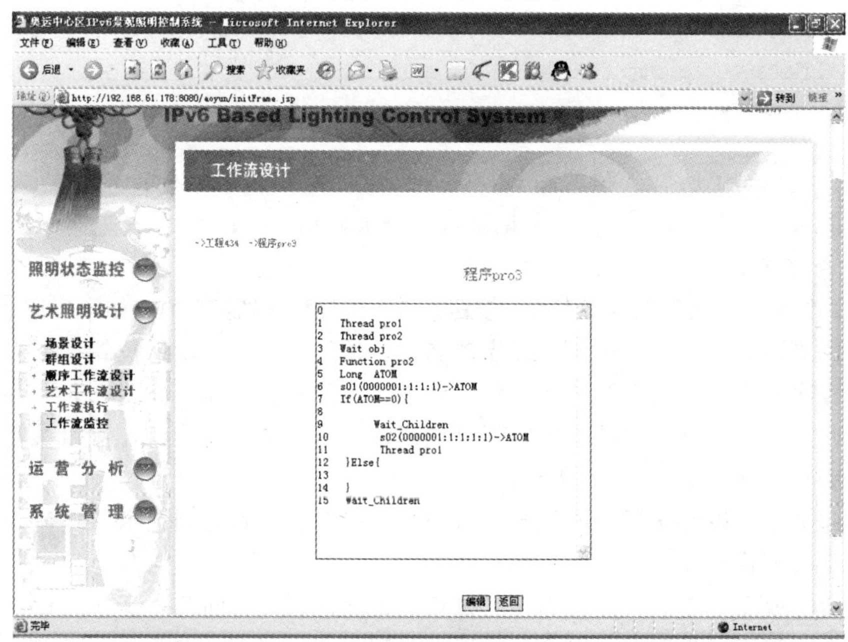

图 7.98　程序查看页面

工程执行页面分为以下 3 个工作区。

(1) 状态控制区：动态显示工作流执行的总状态和各分支线程的状态（running 表示运行中，paused 表示处于暂停，finished 表示已完成），并且可以通过

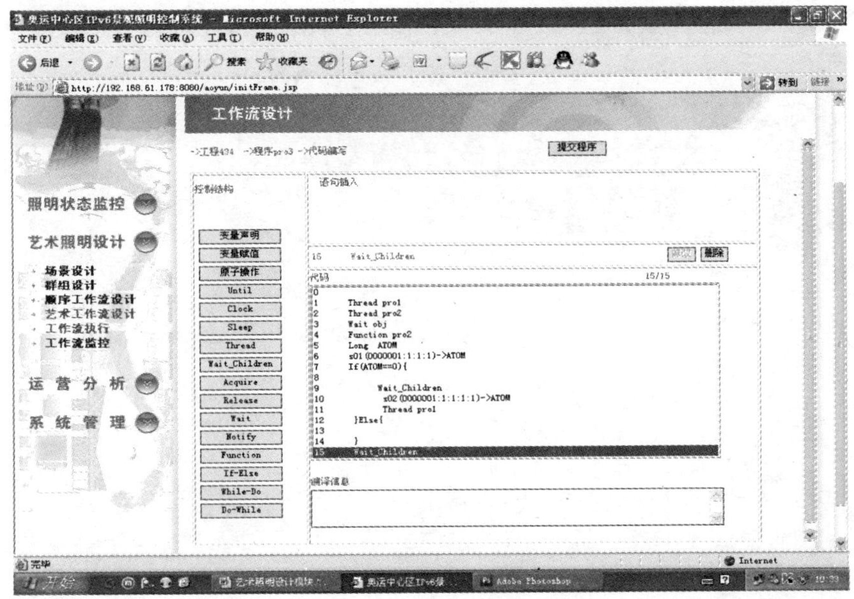

图 7.99 程序代码编辑

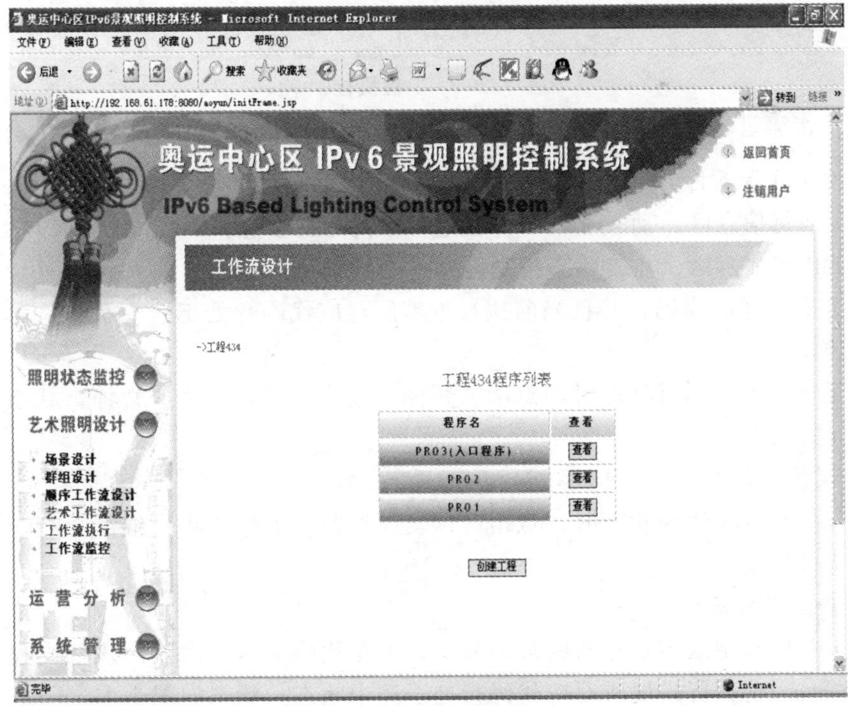

图 7.100 程序列表

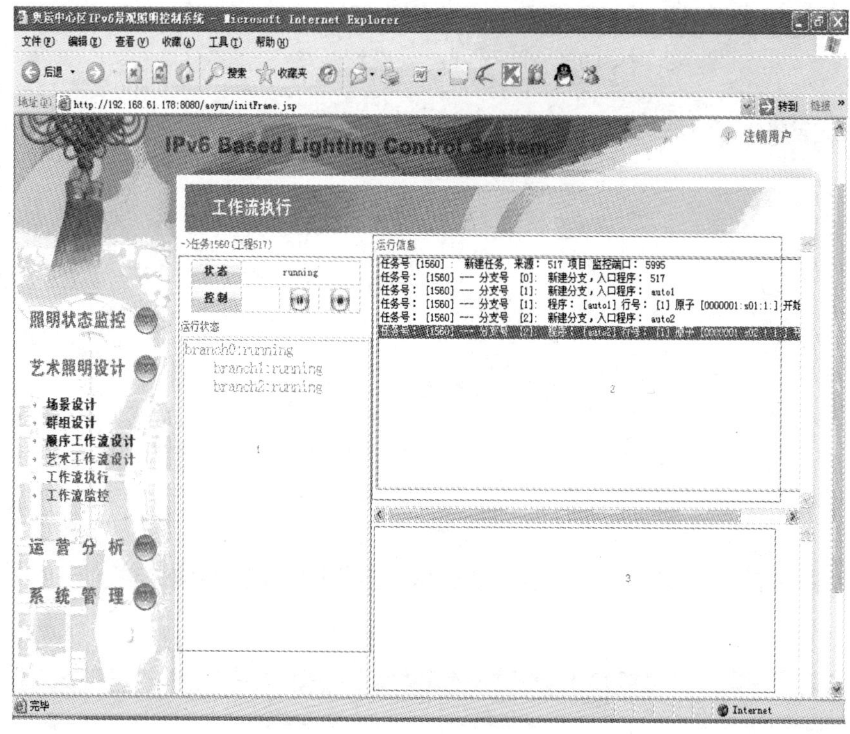

图 7.101 工程执行

按钮对工作流进行控制（在暂停状态时可使工作流恢复执行，在运行状态时可使工作流暂停，使工作流停止执行）。

(2) 运行信息区：动态显示工作流过程中的运行信息。

(3) 代码显示区：点击状态控制区中状态树的某一分支，可在代码显示区内显示该分支程序的代码，并且当前执行进度所对应代码行处于选中状态。

3. 暂停工作流

在工作流处于运行状态时，点击“暂停”按钮，工作流将会暂停，状态如图 7.102 所示。

4. 恢复工作流

在工作流处于暂停状态时，点击“恢复”按钮，工作流将会继续执行，状态如图 7.103 所示。

5. 查看工作流进度

点击状态控制区中状态树的某一分支，可在代码显示区内显示该分支程序的代码，并且当前执行进度所对应代码行处于选中状态，状态如图 7.104 所示。

工作流执行完成，状态如图 7.105 所示。

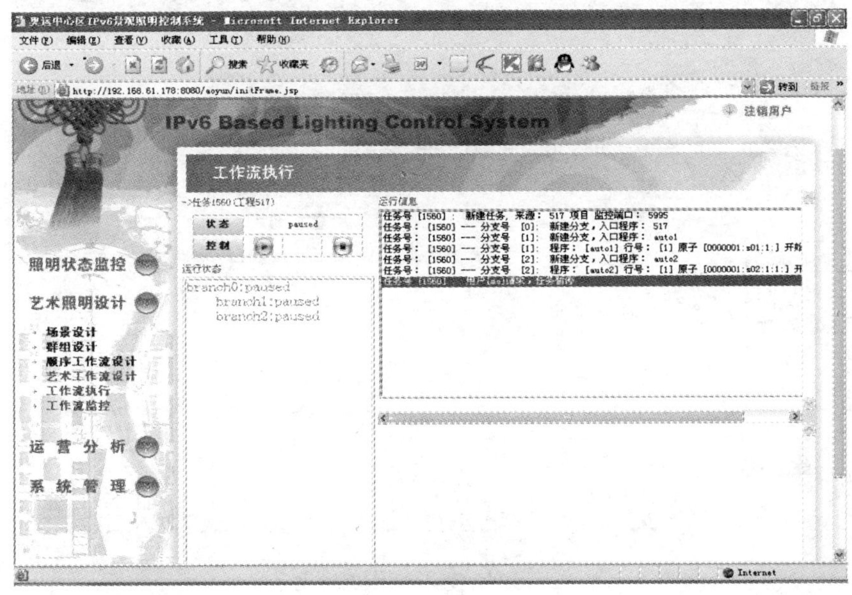

图 7.102 任务暂停

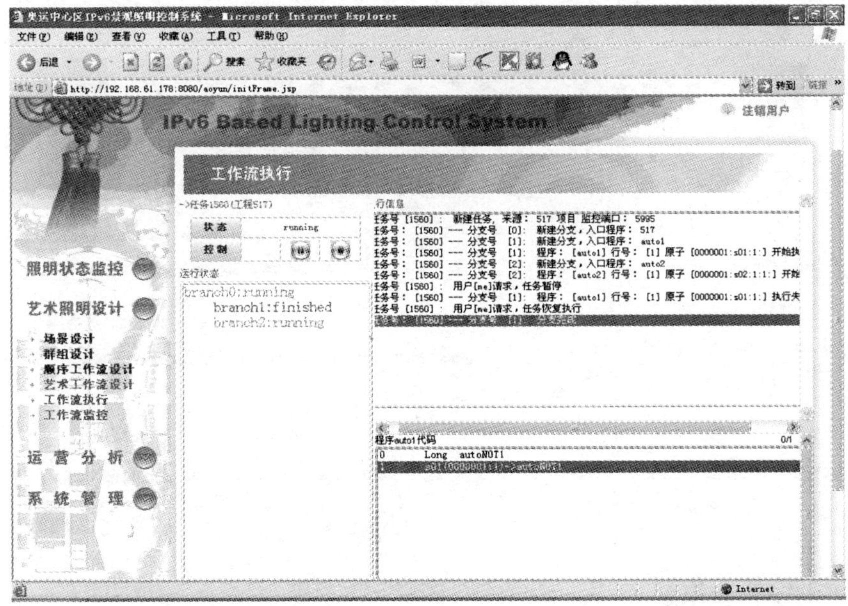

图 7.103 任务恢复

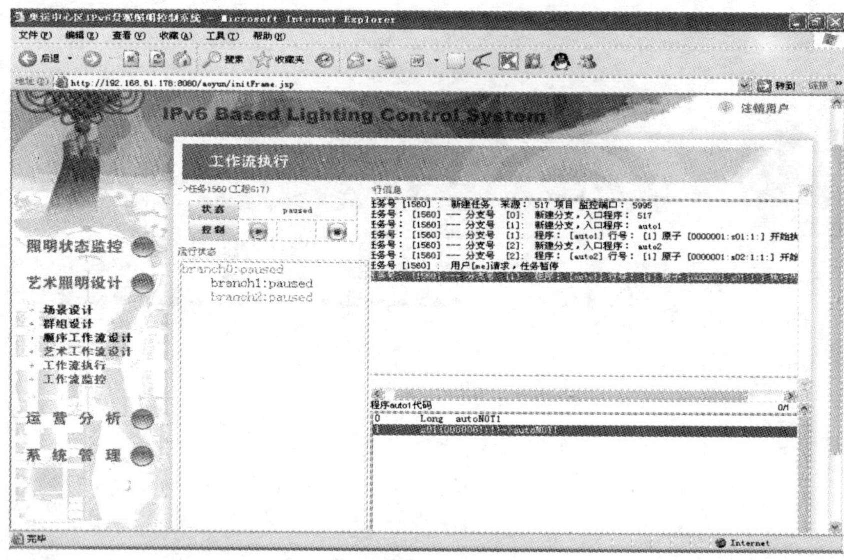

图 7.104　查看工作流进度

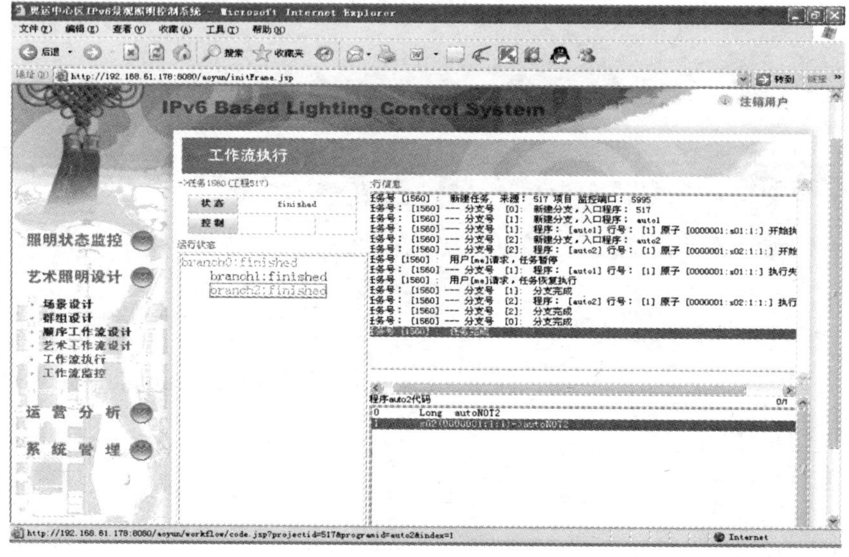

图 7.105　工作流完成

7.4.6　工作流监控

提供对工作流执行进行监控的功能。

工作流执行过程中的运行信息可暂存于系统中，在导航栏点击“工作流监

控”，进入工作流监控页面，如图 7.106 所示。

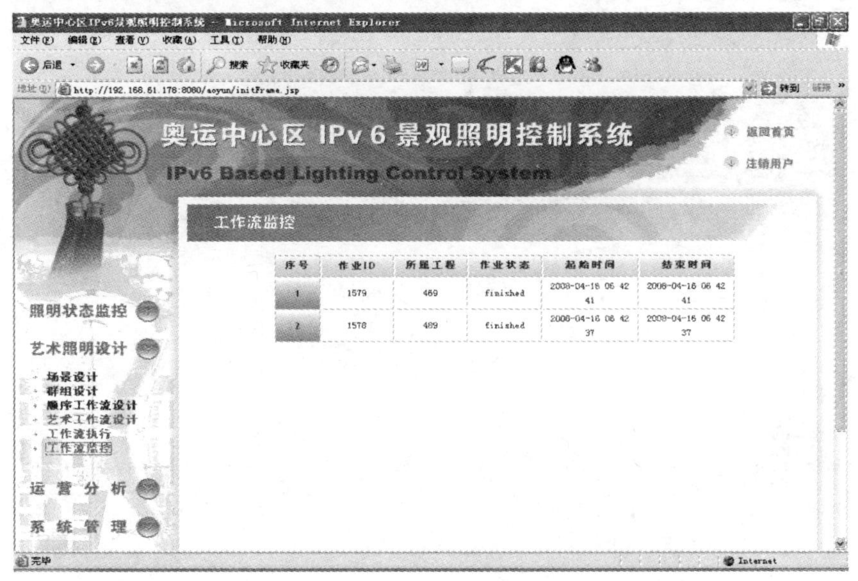

图 7.106 工作流执行

7.5 运 营 分 析

运营分析的目标，是以照明系统的状态检测、运行模型为基础，采用计算机辅助分析决策，实现设备和系统的运行分析和管理，最终达到营运状态、能耗、物耗的科学合理，以及照明效果智能评测和控制的最优化。

7.5.1 能耗分析

对比照明的不同范围在不同时间段的能耗，并以柱状图显示。范围粒度可为中心区、区域、本地服务器、IIU、回路，时间粒度可为年、月、日。首先选择时间粒度与范围粒度，然后分别为能耗 1、能耗 2 指定具体的值，点击生成图表便可看到两个能耗的对比柱形图。

在导航栏点击“能耗分析”，进入能耗分析页面，能耗分析页面提供相应的能耗分析操作选项，如图 7.107 所示。

系统目前包括的时间粒度分为 3 类，分别是年、月、日，如图 7.108 所示。

系统目前包括的范围粒度分为 5 类，分别是中心区、区域、本地服务器、IIU、回路。如图 7.109 所示。

用户首先选择时间粒度，然后选择范围粒度，在此选择时间粒度为“日”，

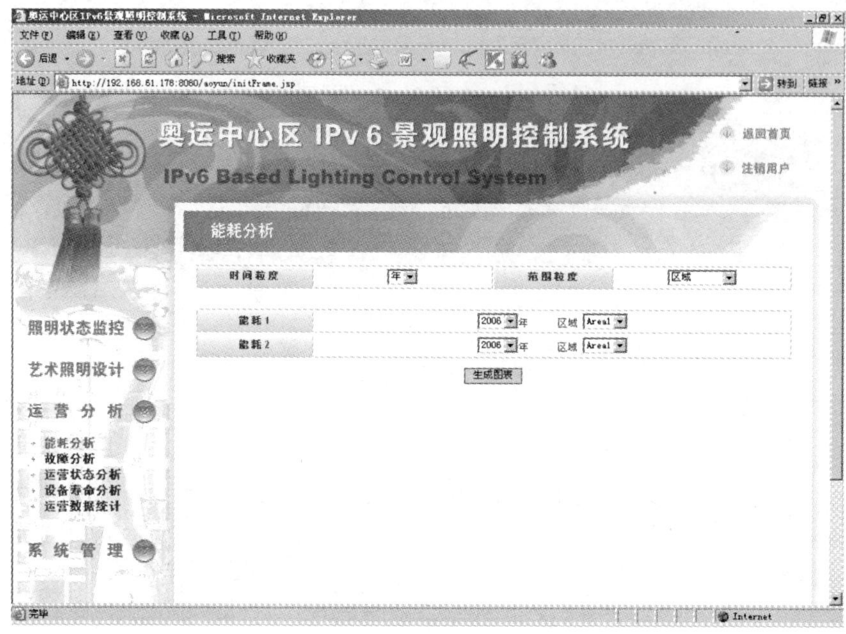

图 7.107　能耗分析

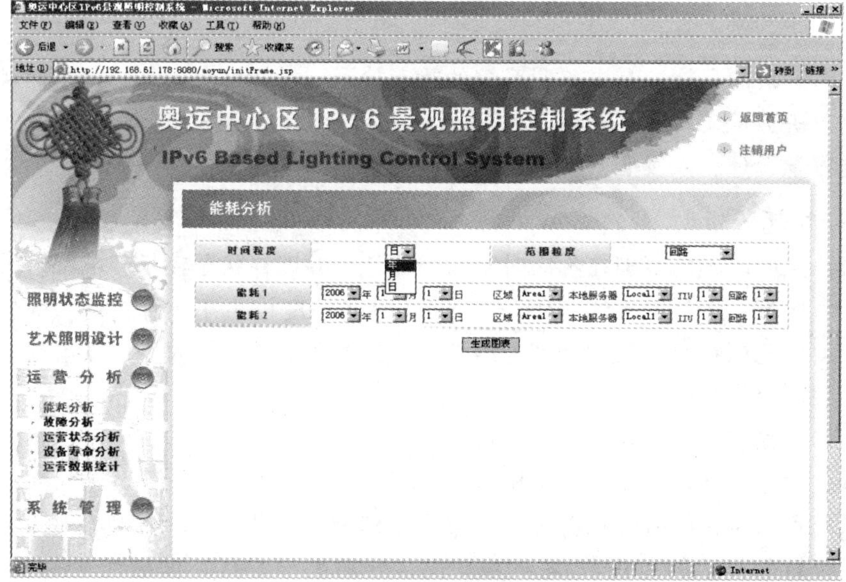

图 7.108　能耗分析的时间粒度

范围粒度为“回路”，选完后下面的能耗1与能耗2会分别弹出具体选择日期与范围的选择框，如图7.110所示。

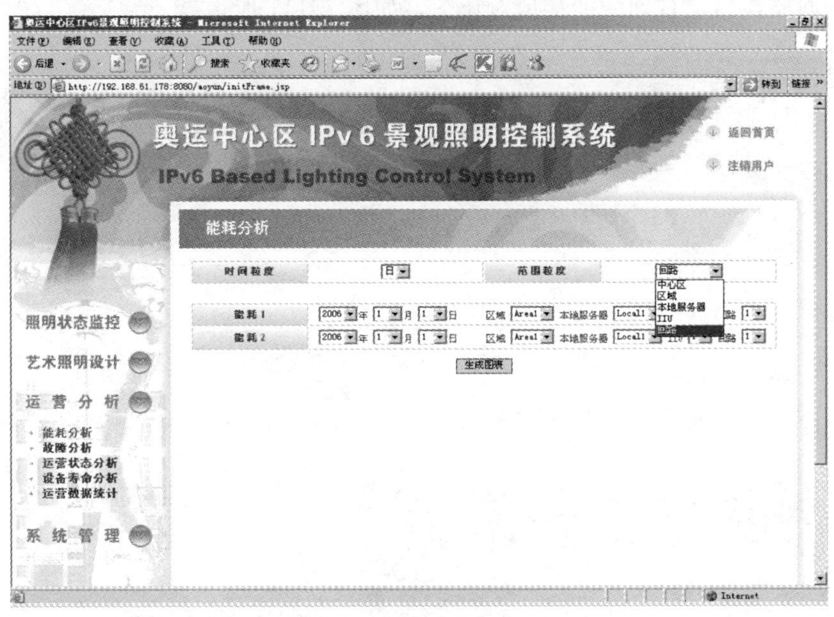

图7.109 能耗分析的范围粒度

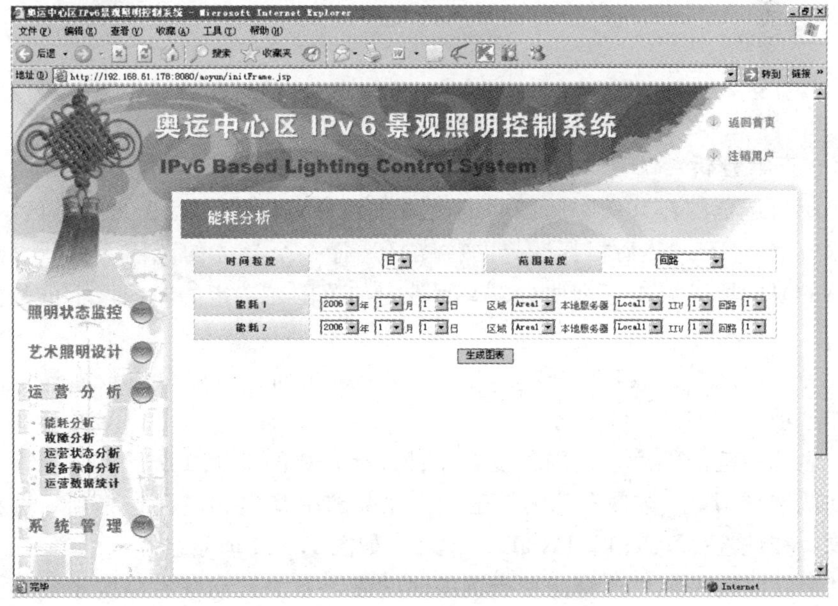

图7.110 能耗分析

在此选择能耗 1 为：2007 年 1 月 1 日 Area1、Local1、IIU1、回路 1，能耗 2 为：2007 年 1 月 2 日 Area1、Local1、IIU1、回路 1，点击“生成图表”，将生成这两个回路在指定日期的能耗值对比图，如图 7.111 所示。

图 7.111　能耗分析柱形结果图

7.5.2　故障分析

显示所选范围在某一时间区间的故障次数。范围粒度可选为中心区、区域、本地服务器、IIU。然后根据选择的粒度再选择一个具体的范围，然后再选择一个具体的时间段，点击查询便可以看到选定的范围在选定的时间段上的故障统计情况。

在导航栏点击“故障分析”，进入故障分析页面，故障分析页面显示了相应的操作选项，如图 7.112 所示。

首先选择范围粒度，范围粒度有 4 种选择，如图 7.113 所示。

在此选择 IIU，选择完范围粒度后会在范围中弹出相应的选择项，选择具体的范围。在此选择 Area1、Local1、IIU1，如图 7.114 所示。

然后在时间一栏中选择想要查询的时间段，点击日期框右侧的小块会弹出日期选择框，如图 7.115 所示。

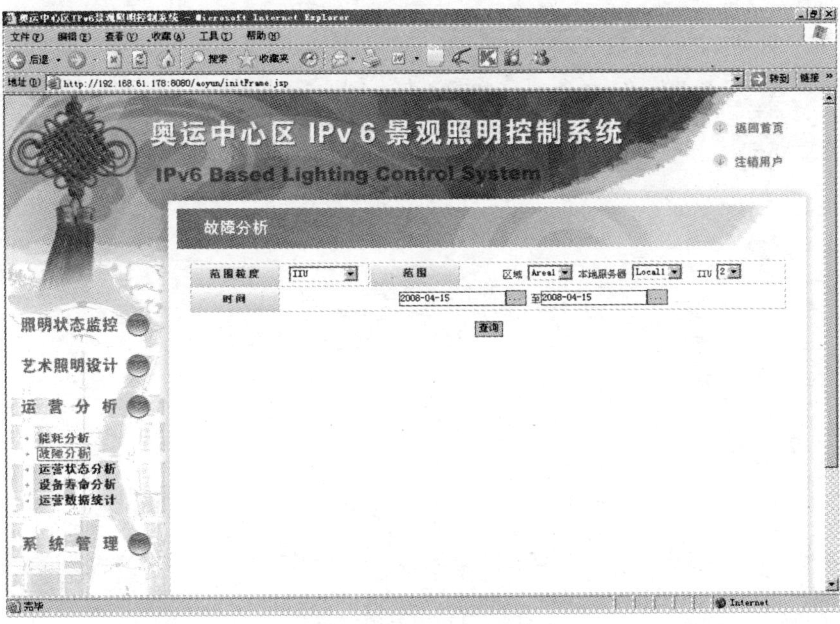

图 7.112 故障分析

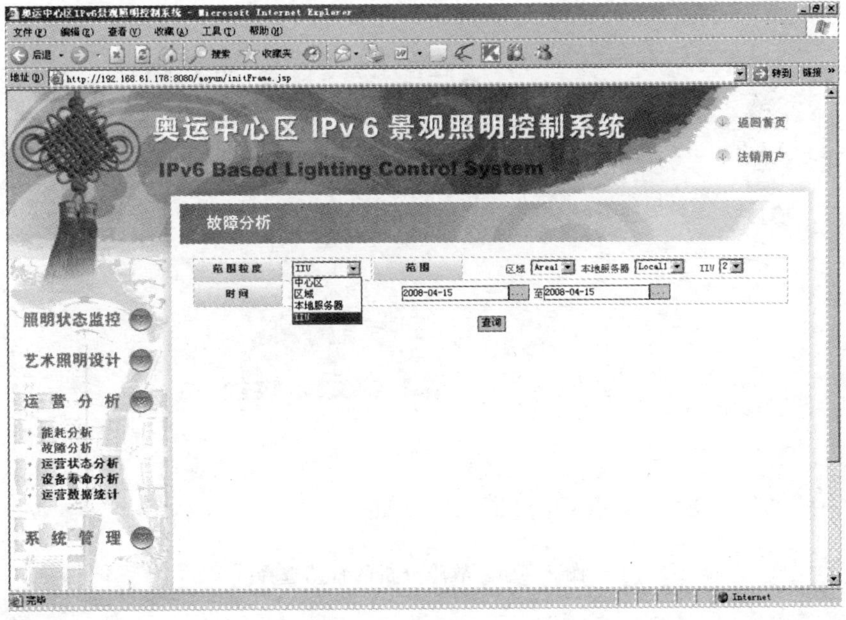

图 7.113 故障分析的范围粒度

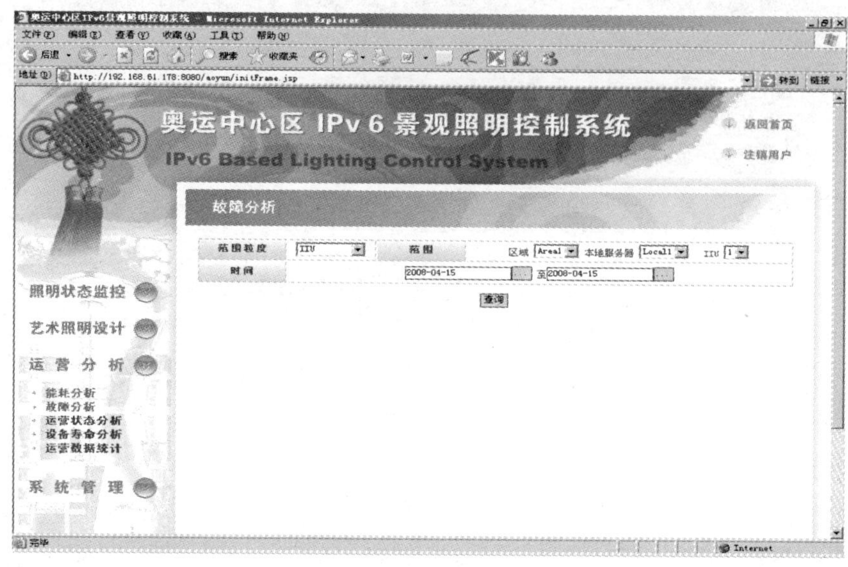

图 7.114　故障分析

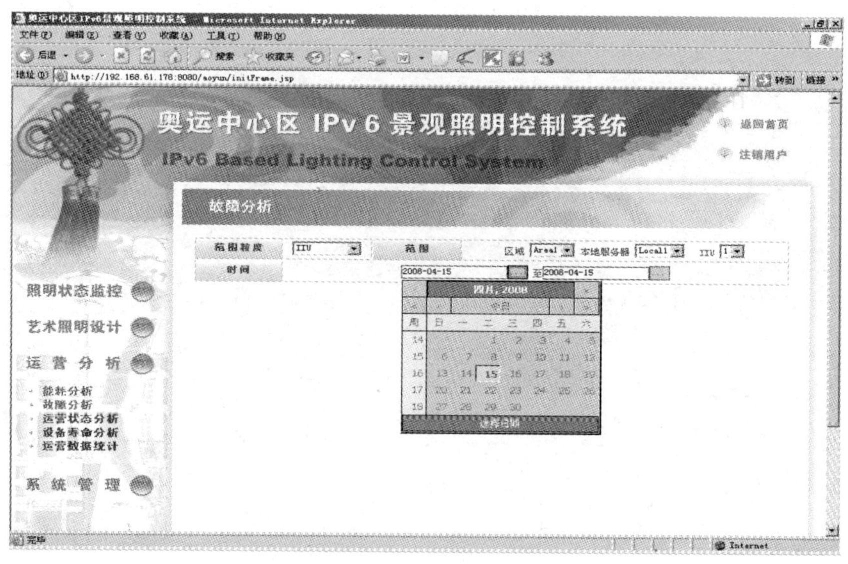

图 7.115　故障分析的日期选择

在此选择时间为：2008－03－15 到 2008－04－15，点击“查询”按钮，便可以看到选定的范围在选定的时间段上的故障统计情况，如图 7.116 所示。

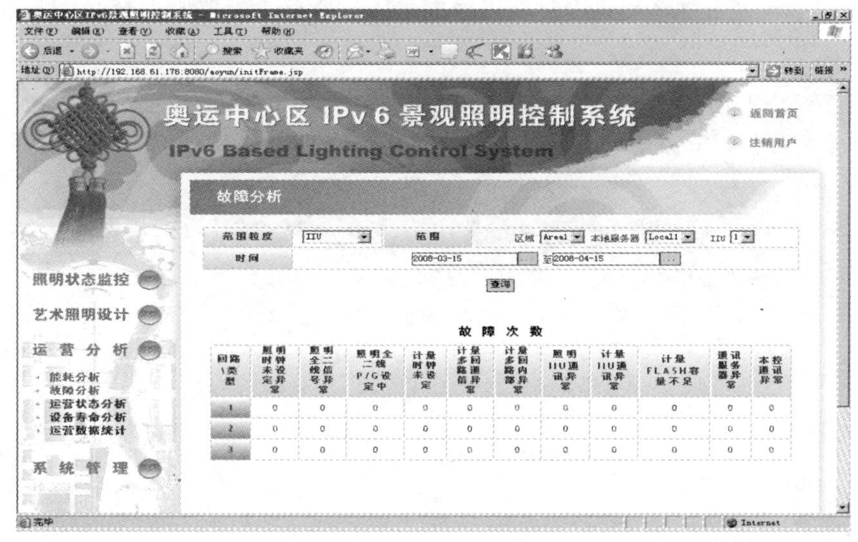

图 7.116　故障统计结果

7.5.3　运营状态分析

对比照明的同一范围在不同两天的小时能耗，并以折线图显示。在导航栏点击“运营状态分析”，进入运营状态分析页面，运营状态分析页面显示了进行运营状态分析操作的选项，如图 7.117 所示。

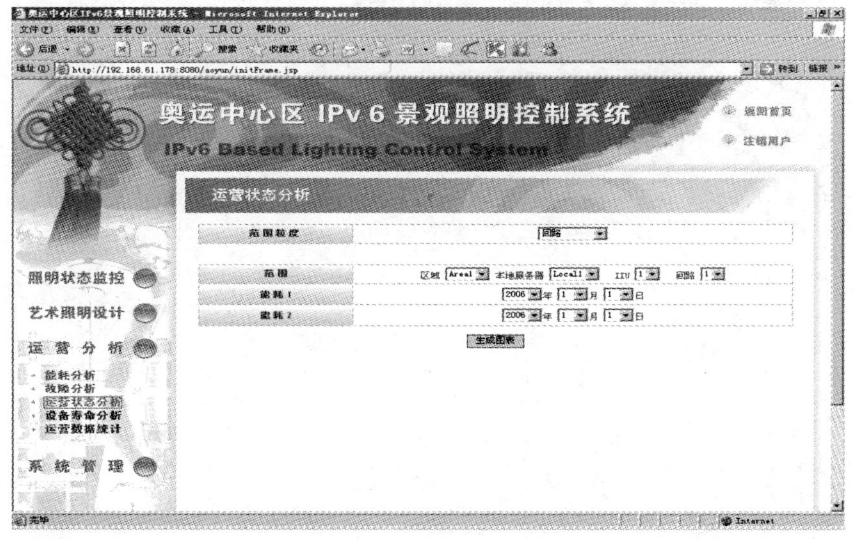

图 7.117　运营状态分析

首先选择范围粒度，范围粒度可为中心区、区域、本地服务器、IIU、回路，如图 7.118 所示。

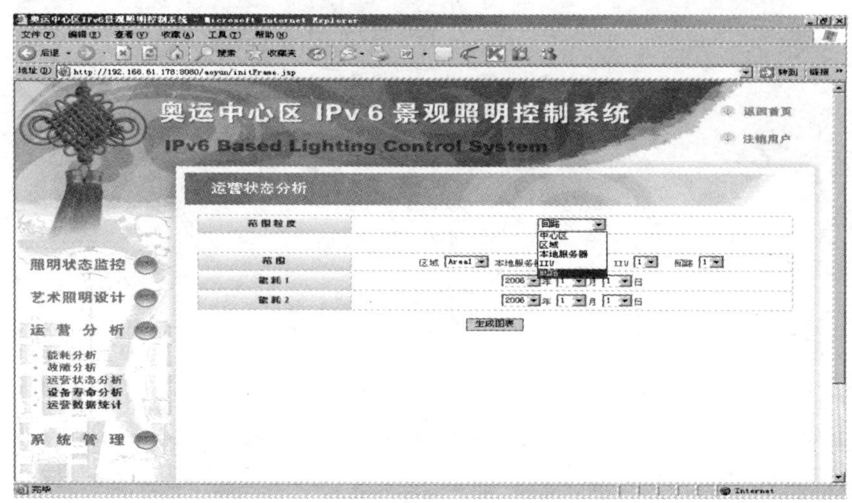

图 7.118　运营状态分析的范围粒度

在此选择范围粒度为回路，然后在范围一栏中选择具体的范围，在此选为 Area1、Local1、IIU1、回路 1，然后选择两个时间段，在此将能耗 1 选为 2007 年 1 月 1 日，将能耗 2 选为 2007 年 1 月 2 日，如图 7.119 所示。

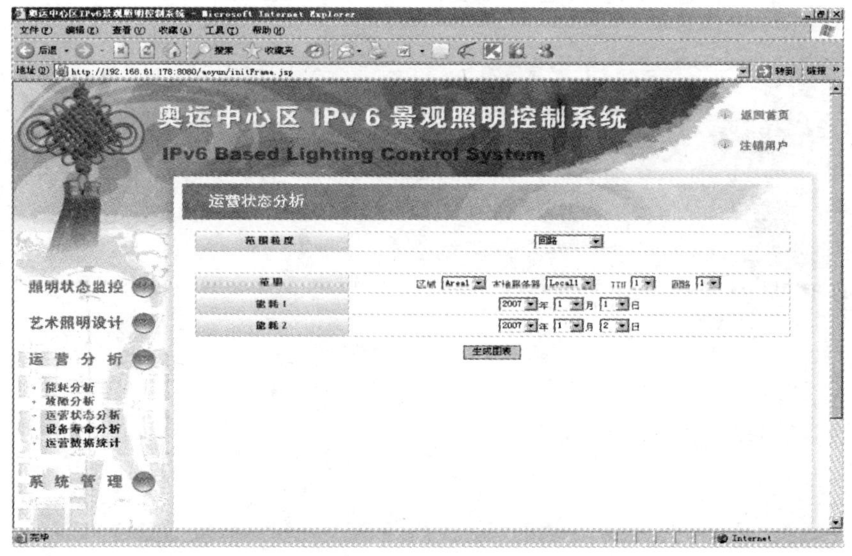

图 7.119　运营状态分析

点击“生成图表”按钮，将生成该范围在指定的两个时间上的能耗值折线图，如图 7.120 所示。

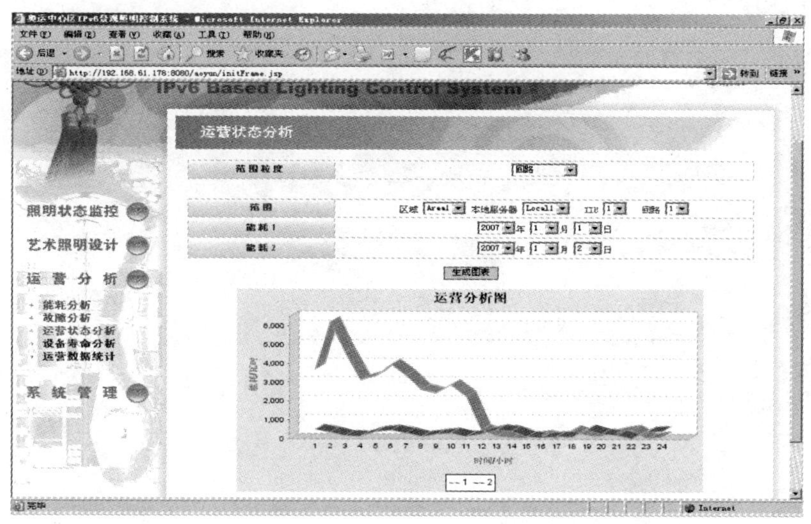

图 7.120　运营状态分析折线图

7.5.4　设备寿命分析

显示和设定所选 IIU 的各回路的设备寿命。在导航栏点击“设备寿命分析”，进入设备寿命分析页面，设备寿命分析页面显示了进行设备寿命分析相关操作的选项，如图 7.121 所示。

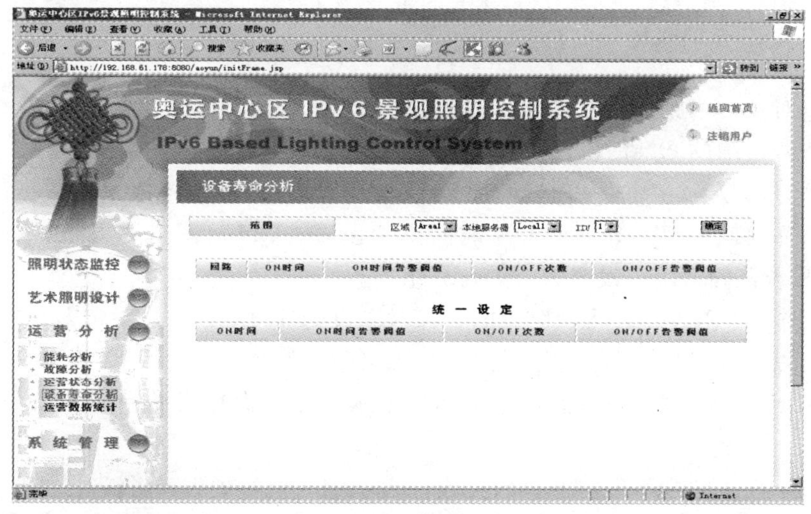

图 7.121　设备寿命分析

首先在范围一栏内选择相应的范围，指定到具体的 IIU，在此选为 Area1、Local1、IIU1，点击“确定”按钮，可以看到相应 IIU 的所有回路的设备寿命状态，如图 7.122 所示。

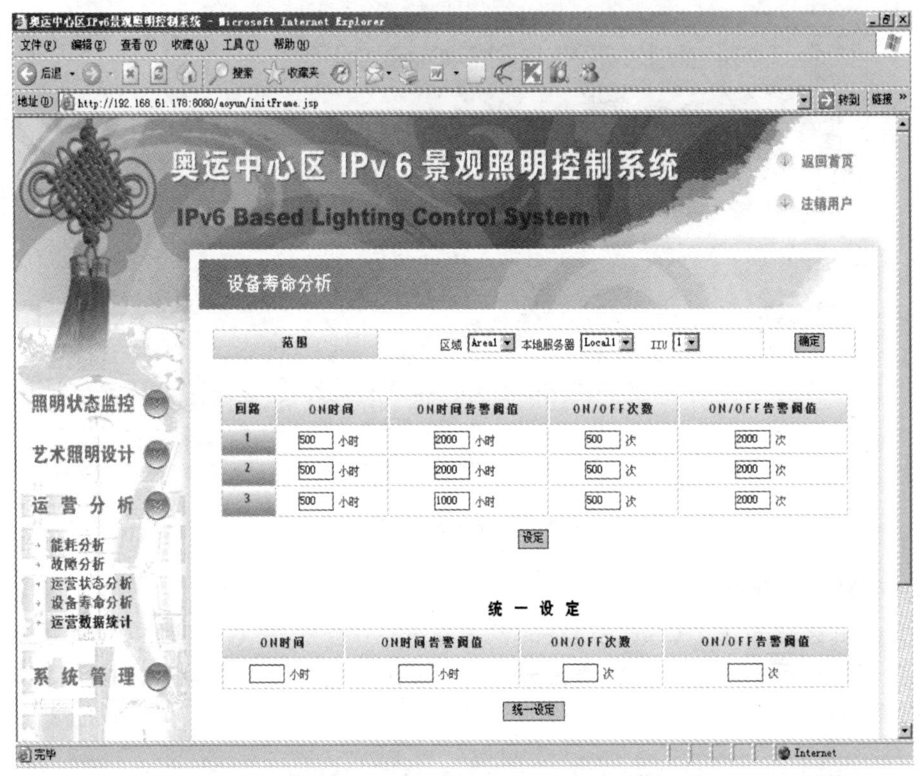

图 7.122　设备寿命状态显示

可以对某个回路的寿命进行单独设置，也可对该 IIU 所有回路进行统一设置。设备寿命中的 ON 时间与 ON/OFF 次数的设置要与本地控制服务器进行交互，所需时间较长，而 ON 时间告警阀值与 ON/OFF 告警阀值只与数据库进行交互，所需时间较短。分别以 ON 时间单独设置、ON 时间告警阀值单独设置、ON/OFF 告警阀值统一设置为例进行介绍。

ON 时间单独设置：将回路 1 的 ON 时间设为 600，点击“确定”，进入如下页面，可以看到下发状态显示正在下发，如图 7.123 所示。

如果下发成功则下发状态显示成功，表示刚才的设置成功完成，如图 7.124 所示。

如果下发失败则下发状态显示失败，表示刚才设置失败，并弹出“重发”按钮，如图 7.125 所示。

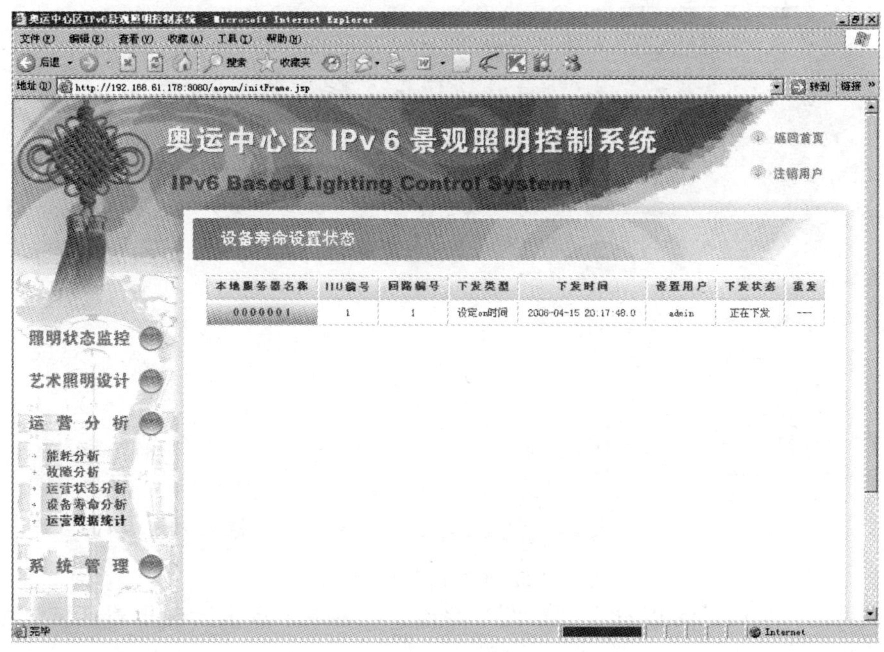

图 7.123　ON 时间设置命令下发

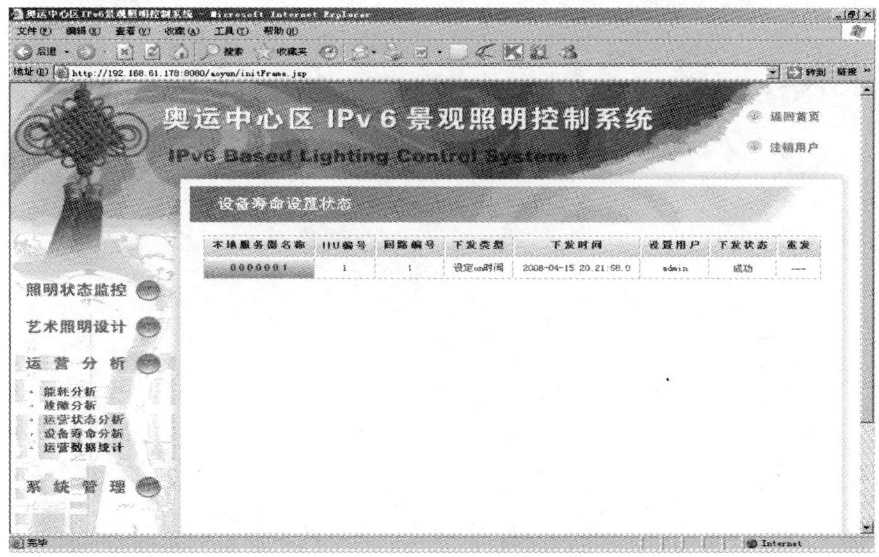

图 7.124　ON 时间设置成功

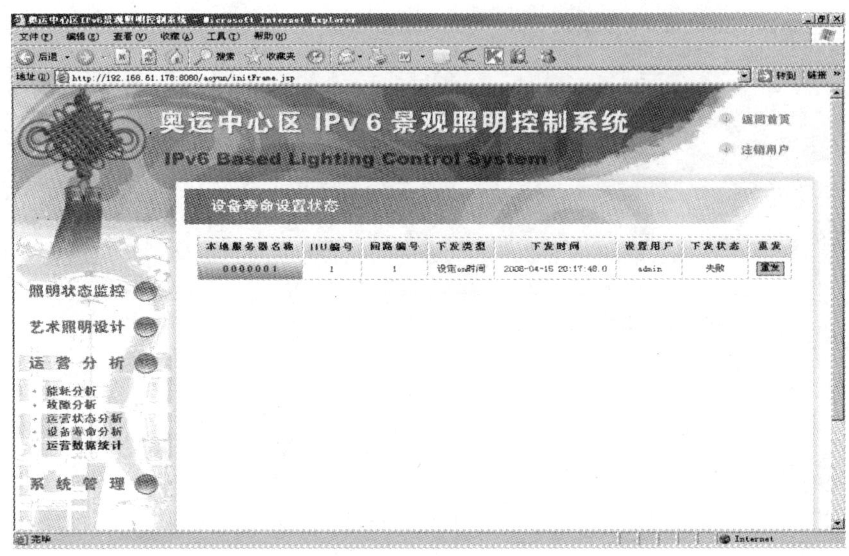

图 7.125　ON 时间设置失败

如果设置失败，可以点击“重发”按钮进行重发，点击后弹出对话框，如图 7.126 所示。

图 7.126　ON 时间重新设置

ON 时间告警阀值单独设置：将回路 1 的 ON 时间告警阀值设为 6000，点击确定。

如果下发成功则下发状态显示成功，表示刚才的设置成功完成，如图 7.127

所示。

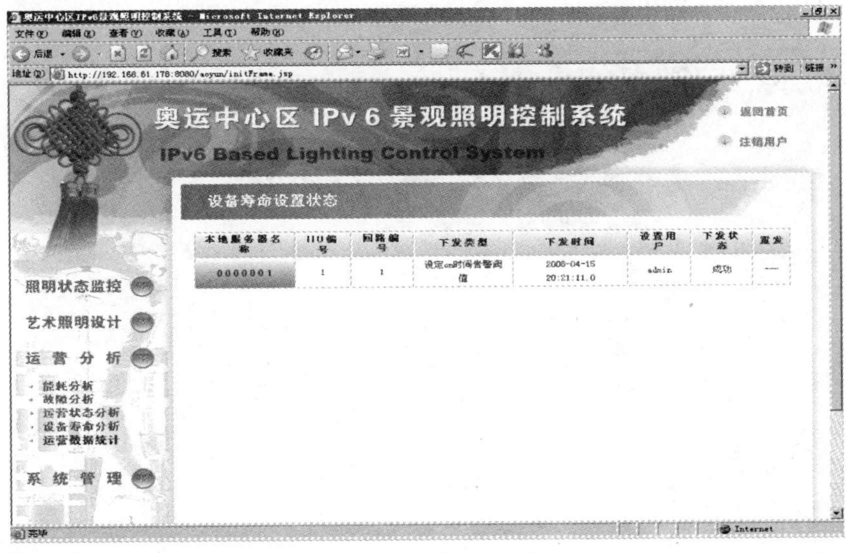

图 7.127 ON 时间告警阀值设置成功

如果下发失败则下发状态显示失败，表示刚才设置失败，并弹出“重发”按钮，如图 7.128 所示。

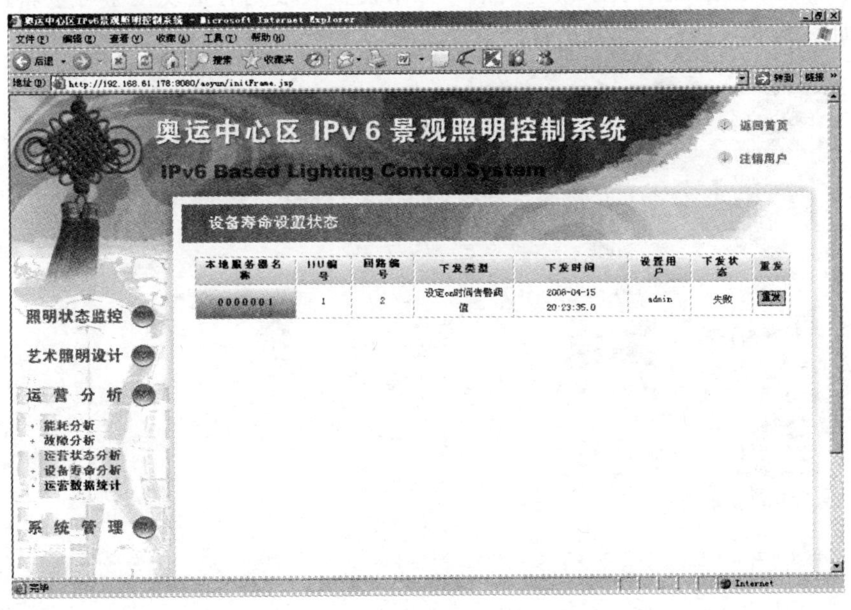

图 7.128 ON 时间告警阀值设置失败

ON/OFF 告警阀值统一设置：在统一设定栏中将 ON/OFF 告警阀值设为 3000，如图 7.129 所示。

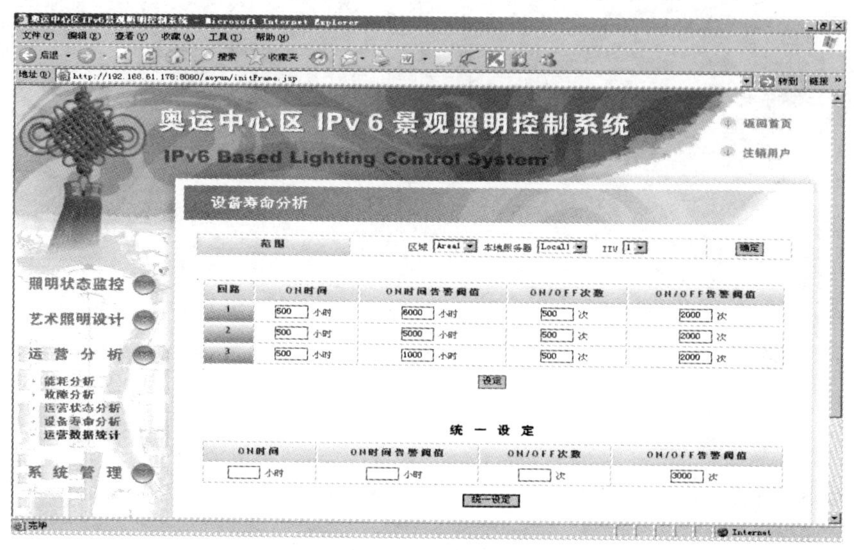

图 7.129　ON/OFF 告警阀值统一设置

点击“统一设定”按钮，进行下一个页面，下发状态显示成功表示设置成功，下发状态显示失败表示设置失败，如果设置失败则有重发按钮可重新进行设置，如图 7.130 所示。

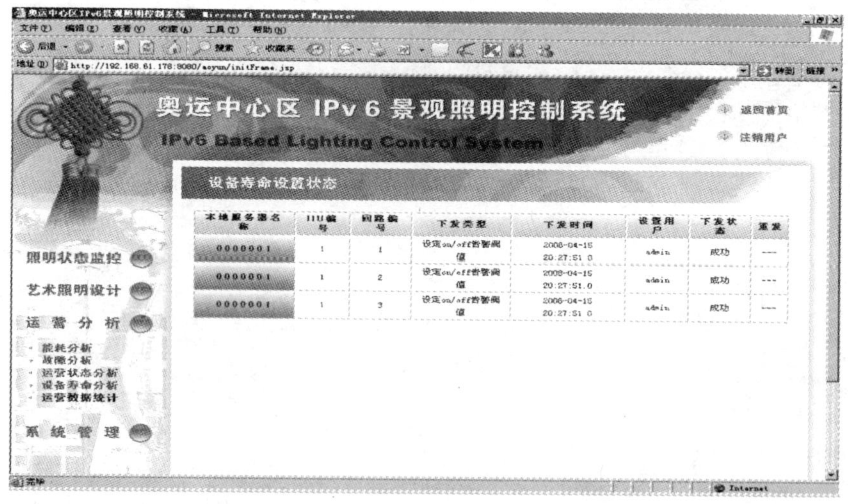

图 7.130　ON/OFF 告警阀值统一设置成功

7.5.5　运营数据统计

显示所选范围内的回路在某一时间区间的数据入库情况。在导航栏点击“运营数据统计”，进入运营数据统计页面，运营数据统计页面显示了进行运营数据统计相关操作的选项，如图7.131所示。

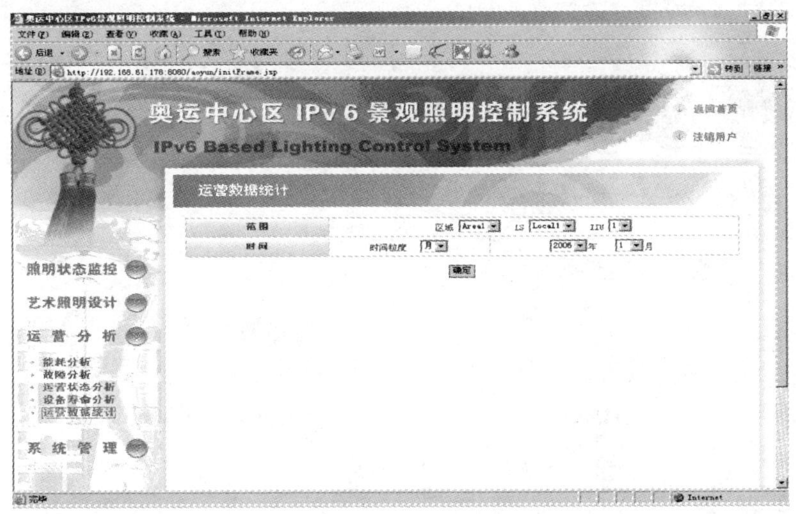

图7.131　运营数据统计

首先选择范围，在此选择Area1、Local1、IIU1，然后选择时间粒度，时间粒度有月、日两种，如图7.132所示。

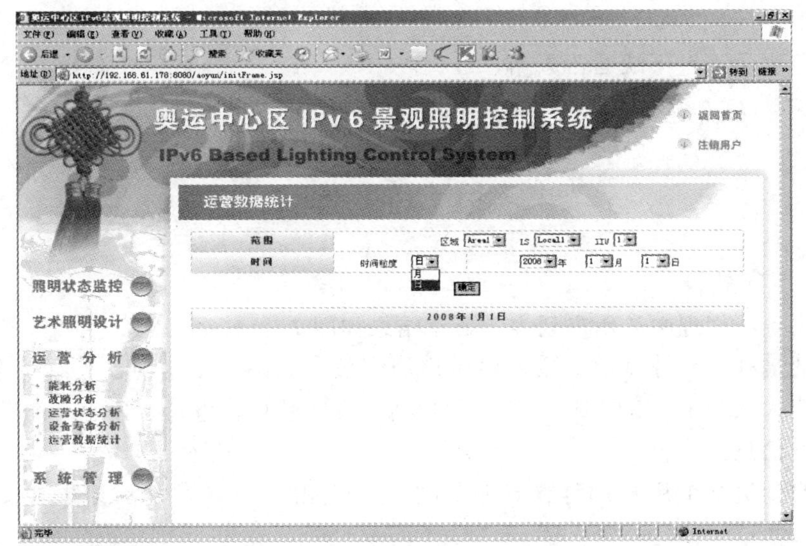

图7.132　运营数据统计时间粒度

在此选择为日，最后再选择相应的时间，在此选择 2008 年 2 月 2 日，点击“确定”，显示结果如图 7.133 所示。

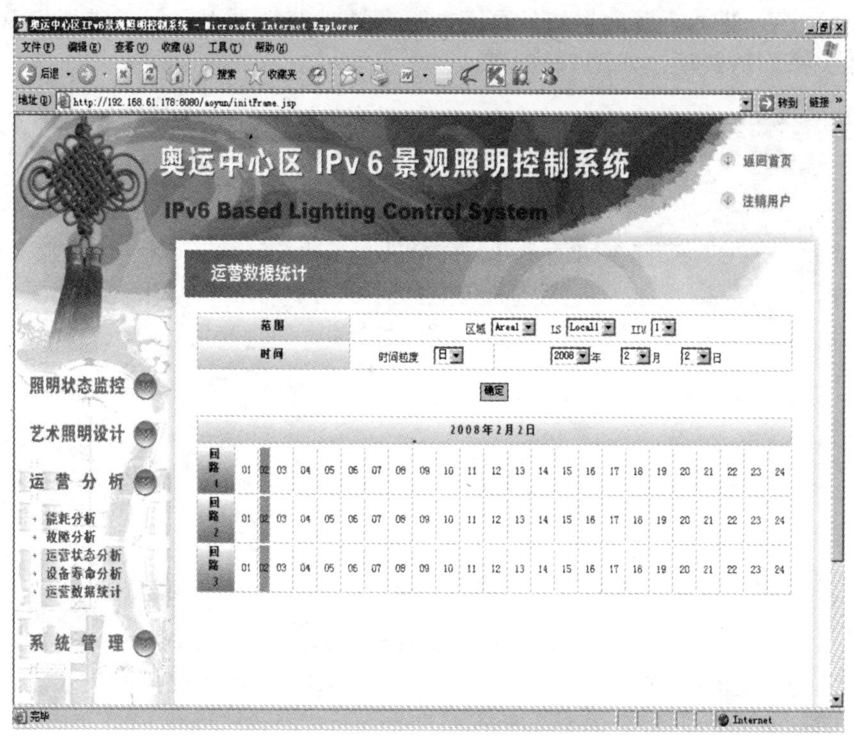

图 7.133　运营数据统计结果

绿色表示该天不缺运营数据，红色表示该天缺少运营数据，其他表示该天无运营数据。

7.6　系　统　管　理

7.6.1　用户列表

点击系统管理中的用户列表，显示结果如图 7.134 所示。

表的最开始部分显示了该表中用户的个数，如图 7.134 中，只有一个用户，所以用户人数为 1。用户 ID 为注册用户名，真实姓名、电话、E－mail 等都是用户的相关信息。

若想知道某个用户的详细信息，可直接点击用户名，显示结果如图 7.135 所示。

本页面给出了某一用户的详细信息，点击“返回”按钮返回上一页面。

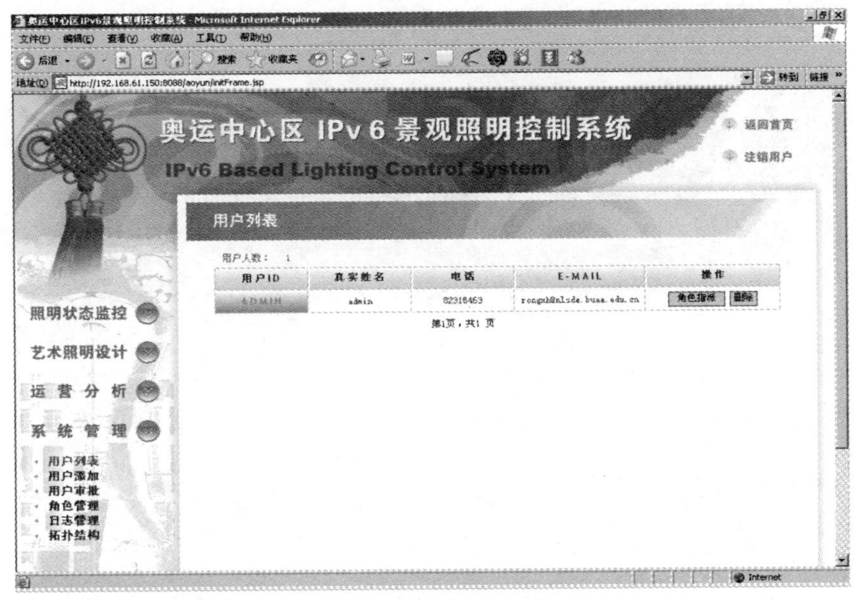

图 7.134　用户列表

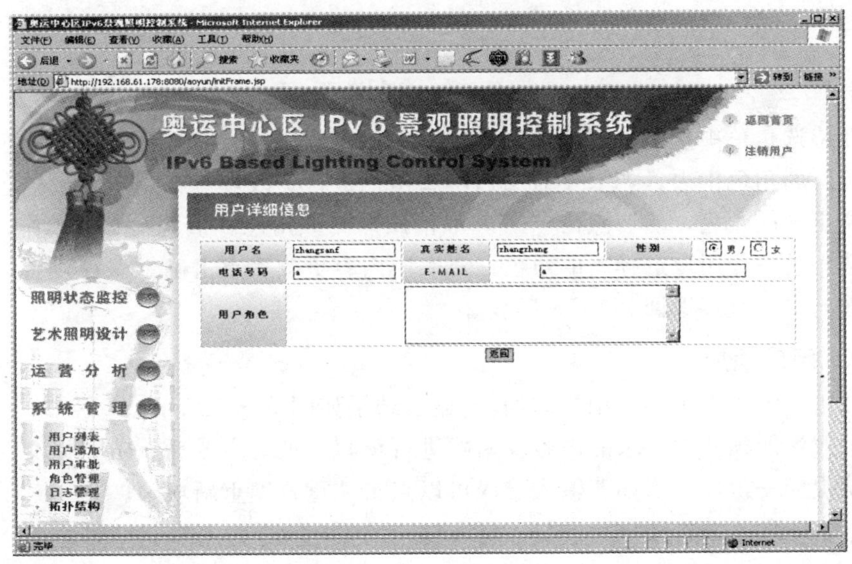

图 7.135　用户详细信息

如果点击“角色指派”，则会显示如图 7.136 所示页面。本栏中有两项功能，角色指派与删除，点击“删除”可将该用户从表中删除。点击“角色指派”，显示结果如图 7.136 所示。

图 7.136　角色管理

在待选角色中选中你要添加的角色，然后点击“》”按钮可以将此角色添加到用户所属角色中去。如果要对用户所属角色进行更改，可在用户所属角色栏中选中要更改的角色，然后点击“《”，取消用户的该角色。重复上一步操作，重新在待选角色中为用户选择新的角色。对表中内容更改后点击确定保存设置返回上一页面，也可直接返回。

7.6.2　用户添加

点击系统管理中的“用户添加”，显示结果如图 7.137 所示。

按照注册须知中要求的内容及格式进行填写，填写完成后点击“提交”即可向系统提交一份申请，如若输入错误可以点击“重置”重新填写。

7.6.3　用户审批

点击系统管理中用户审批，显示结果如图 7.138 所示。

此时管理员可以决定是否同意该用户的申请请求。

7.6.4　角色管理

点击系统管理中的“角色管理”，显示结果如图 7.139 所示。

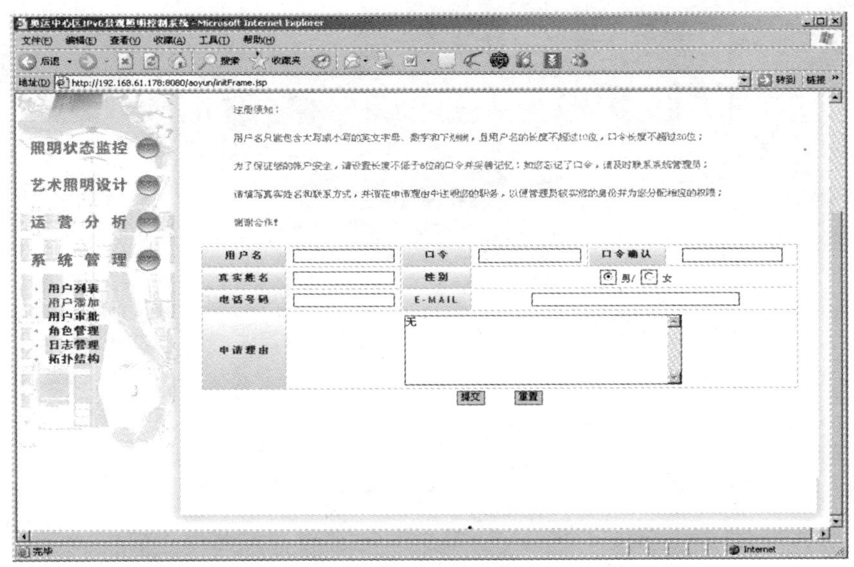

图 7.137　用户添加

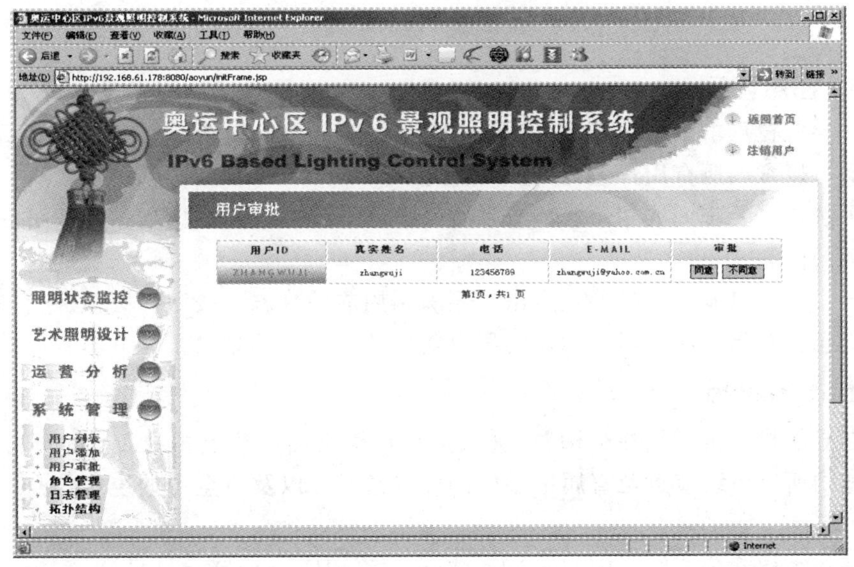

图 7.138　用户审批

列表中给出了各种角色及各自权限，权限分为照明状态监控、艺术照明设计、运营分析、系统管理4个部分。点击“修改”可以对每个角色的权限进行更改，也可以删除该角色。点击“添加”可以添加一个新的角色。

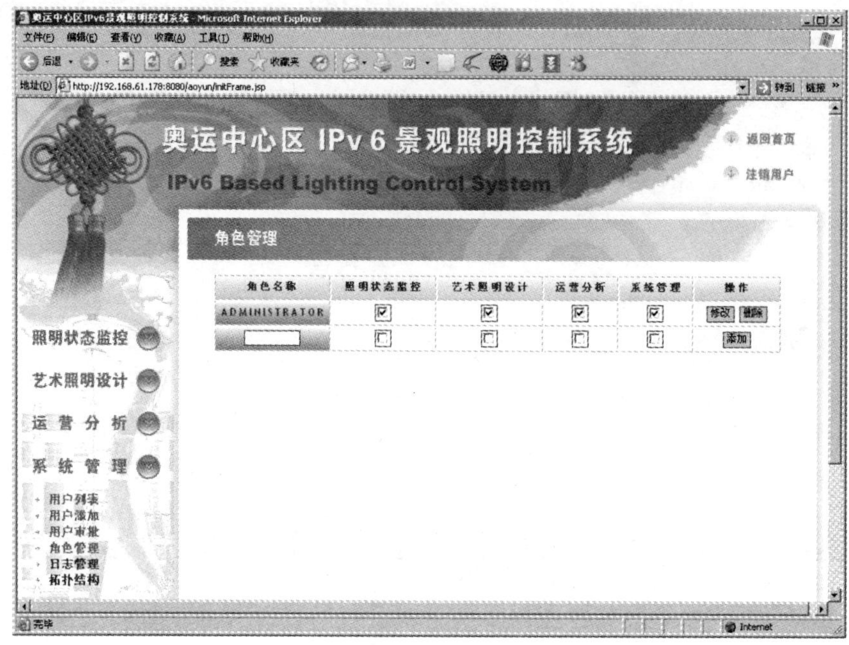

图 7.139　角色管理

7.6.5　日志管理

在导航栏点击“日志管理”，进入日志管理页面，如图 7.140 所示，日志管理页面可以查询所有用户进行的所有操作。

可选择所要查询的用户，操作类型，时间段等。点击“查询”，即可获得所要查询的内容。

日志信息只能批量删除，点击“删除两周前的日志”按钮，则只保留前推两周的日志。两周以前的所有用户的所有类型的记录全部删除。

7.6.6　拓扑结构

在导航栏点击“拓扑结构”，进入拓扑结构页面，节点拓扑页面显示了注册于本地的所有下级节点及直属中心区的配置情况，以及节点中的统计信息，如图 7.141 所示。

拓扑结构共分 6 级：中心区→区域→本控→IIU→回路→灯具。

区域列表：点击，进入区域列表页面（图 7.142），显示直属中心区的所有区域，点击“编辑”按钮可对区域名称及区域描述进行编辑。点击“删除”键删除该区域。点击“点击此处添加区域”可添加新区域，添加页面与编辑页面相似。

图 7.140　日志管理

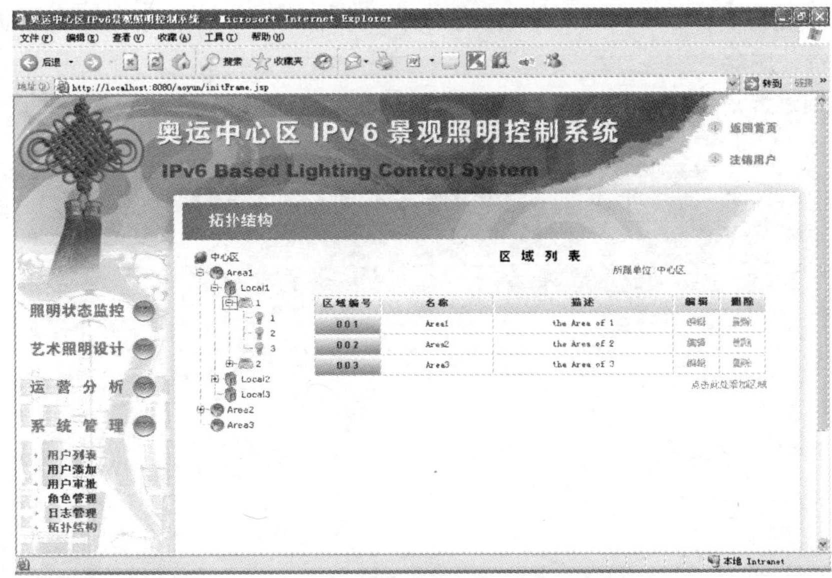

图 7.141　拓扑结构

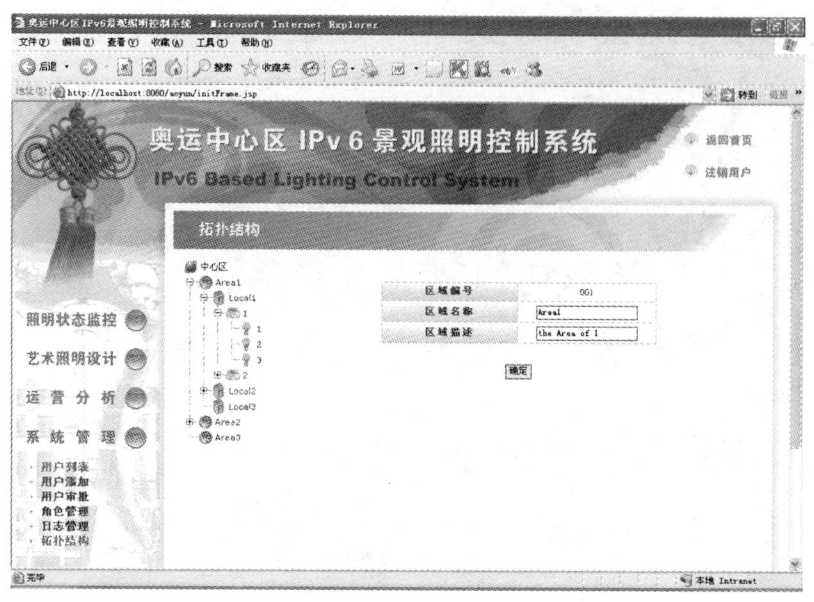

图 7.142　区域编辑

本控列表：点击树结构中的，进入本控列表页面，与区域列表相似，可对本控进行添加、编辑、删除。

IIU 列表、回路列表均与区域列表操作相似。

灯具列表：点击，进入灯具列表页面，如图 7.143 所示。可对灯具进行添加，编辑，删除。

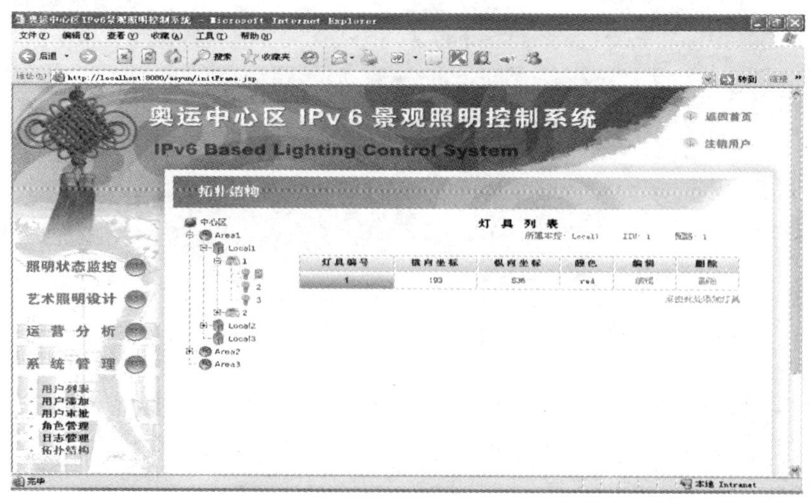

图 7.143　灯具列表

点击“点击此处添加灯具”，进入灯具添加页面，如图 7.144 所示。可设置灯具的横向及纵向坐标，及选择灯具图片。在图片上用鼠标点击，可自动生成坐标，点击“预览”，可在图片上显示灯具，如图 7.144 所示。编辑页面与添加页面相似，可对已存在的灯具属性进行修改。点击“删除”键可删除对应灯具。

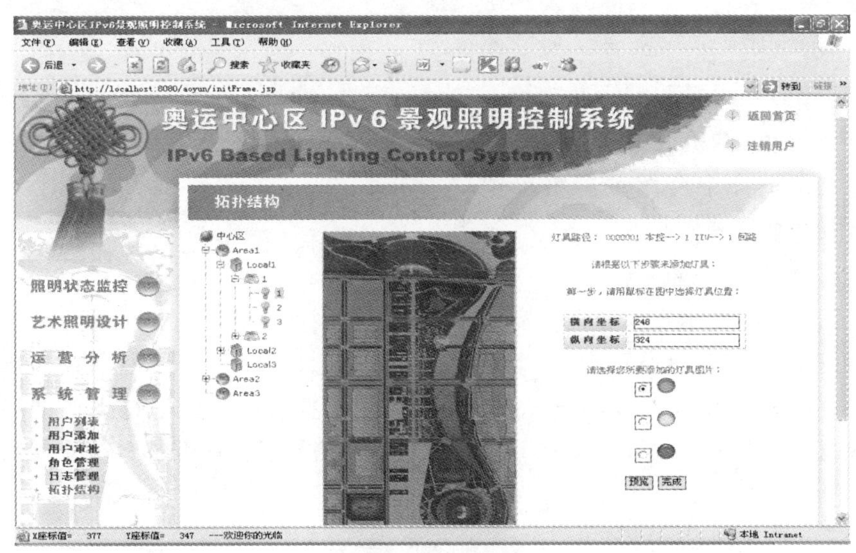

图 7.144 灯具添加

7.7 现 场 场 景 展 示

7.7.1 用户登录及密码修改

用户通过输入用户名/密码，进行登录操作，如图 7.145 所示。

同时在可以直接点击“修改密码”，进入用户修改密码界面（图 7.146）。

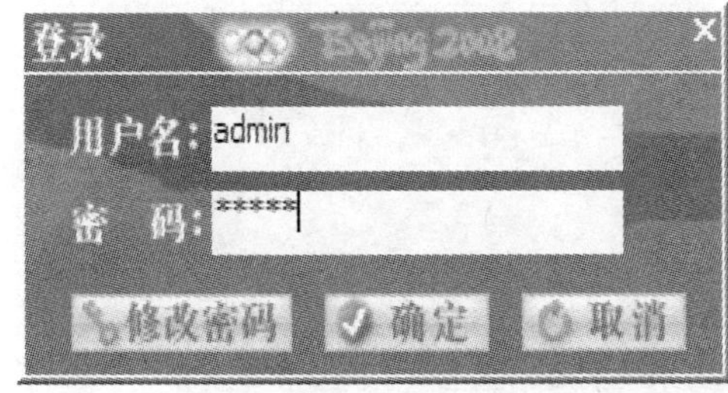

图 7.145 登录界面

图 7.146 进入修改密码操作

在修改密码界面中，输入需要修改的用户名、原密码、新密码及确认密码完成密码修改操作（图 7.147）。

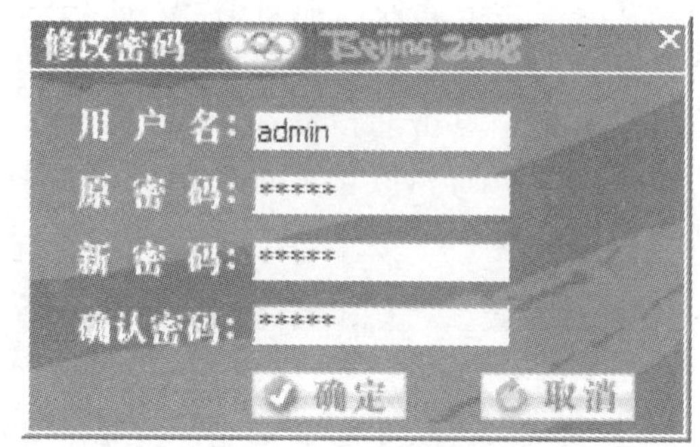

图 7.147 修改密码界面

本系统对用户名和密码的长度限制为 16 个字节，且只能输入字母和数字作为用户名和密码，超过此限制将提示用户无法进行操作。

7.7.2 网络摄像机配置

在功能简介中介绍了网络摄像机配置分为两类参数配置。

1. 内部参数配置

如图 7.148 所示，首先在主窗口下侧的“控制窗口”中点击“全景模式”显示所有网络摄像机，然后点击一个网络摄像机图标，出现提示后输入网络摄像机用户名、密码（图 7.149），进入该网络摄像机的监控窗口，通过点击网络摄像机监控窗口下侧的“预设位配置”按钮，进入网络摄像机内部参数配置界面（图 7.150 和图 7.151）。

图 7.148 选择全景模式

图 7.149　输入用户名密码

图 7.150　点击“预设位配置”进入网络摄像机内部设置界面

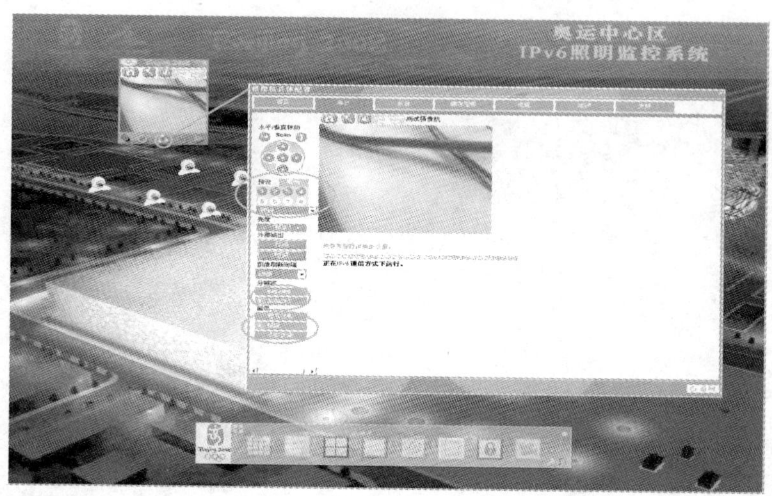

图 7.151　网络摄像机内部参数配置

2. 访问参数配置

如图 7.152 所示，通过点击网络摄像机监控窗口下侧的“编辑”按钮，进入网络摄像机信息配置界面，也可以通过点击主界面右侧的“网络摄像机”浮动按钮，并在“网络摄像机列表”窗口中点击相应网络摄像机，进入网络摄像机访问参数配置界面（图 7.153）。

图 7.152　进入网络摄像机信息配置

系统的网络摄像机设备只支持长度为 6～15 字节的用户名和密码，超过此长度的参数输入将无法进行操作。摄像机名称最大长度为 14 个字节或者 7 个中文

字符，不能输入各种符号（中文字符符号除外）超过此限制将提示，无法继续操作。

此外，通过摄像机信息配置界面配置的“摄像机名称”将会直接更新至摄像机，如果摄像机无法连通，将无法完成该信息配置。

“摄像机 IP 地址”的配置用于服务器端程序对摄像机的准确访问，也用于管理员权限的客户端对摄像机的访问，配置错误的“摄像机 IP 地址”将导致服务器端程序无法对摄像机进行自动控制操作；管理员权限客户端在重新登录的时候也将出现摄像机链接失败的现象，但对于普通权限客户端而言没有影响。

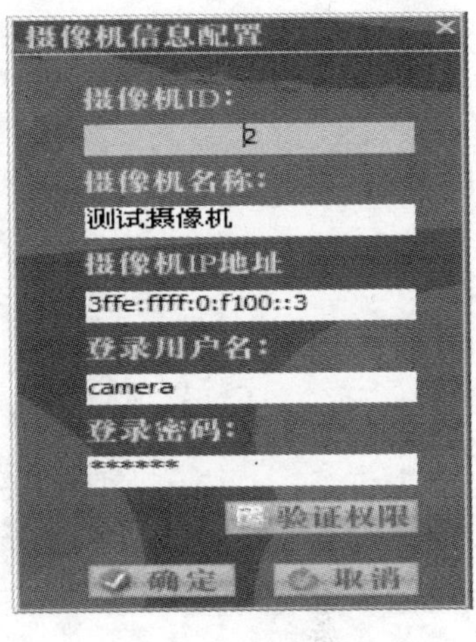

图 7.153 网络摄像机信息配置

摄像机“登录用户名”和“登录密码”配置错误，将导致服务器端程序无法对摄像机进行自动控制操作，但这两项配置不影响管理员权限用户访问摄像机，因为管理员权限客户端直接根据摄像机地址访问摄像机，并通过单独输入摄像机登录用户名和密码的方式访问摄像机；普通权限客户端也不受影响。

7.7.3 自动控制配置

如图 7.154 和图 7.155 所示，首先在主窗口下侧的“控制窗口”中点击“全

图 7.154 进入网络摄像机巡逻配置

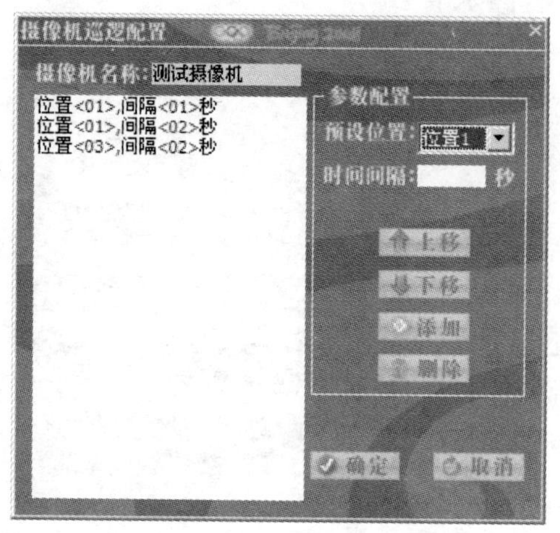

图 7.155 网络摄像机巡逻配置界面

景模式”显示所有网络摄像机，然后点击一个网络摄像机图标进入该网络摄像机的监控窗口，通过点击网络摄像机监控窗口下侧的“巡逻配置”按钮，进入网络摄像机巡逻配置窗口，通过对不同网络摄像机及其预设位置的选择和添加，以及不同时间间隔的添加，实现网络摄像机巡逻路径的组合，最后点击“确定”保存修改，完成对该网络摄像机巡逻路径信息最终修改。

系统中对单个摄像机的巡逻位置最大数量限制为 20 个，超过此数量将会提示，无法继续操作。同时时间间隔的输入范围为 0s～24h，超出范围提示无法继续操作。

7.7.4 场景配置

如图 7.156～图 7.158 所示，通过点击主窗口左侧的“场景”浮动按钮，进

图 7.156 进入网络摄像机场景配置

入“场景列表”窗口，然后点击相应的场景，进入“场景配置”窗口，在该窗口中，可以任意添加/删除/移动网络摄像机位置和时间间隔，组成一个完整的协同场景。最终点“确定”保存修改，同时，也可以直接点击“启动/停止场景”，进行场景的实时启动/停止操作。此外，也可以在“场景列表”窗口中直接点击“停止正在运行的场景”将任何正在运行的场景停止。

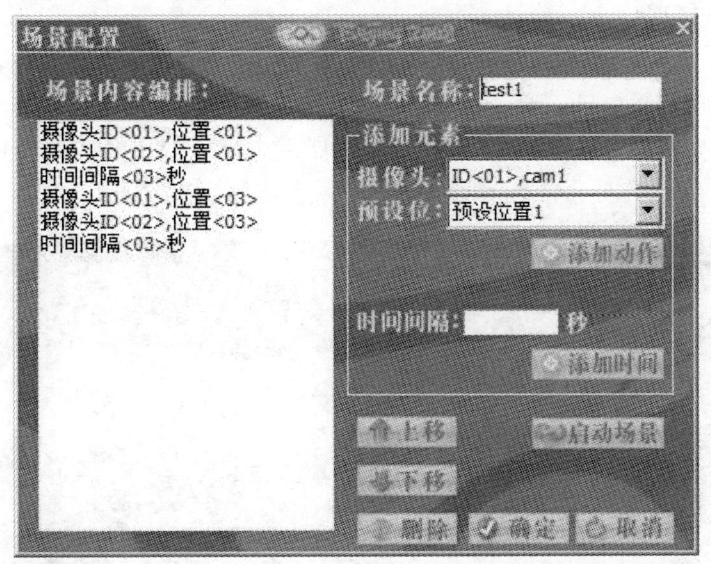

图 7.157　场景配置界面

图 7.158　停止正在运行的场景

系统中对场景组合时间段最大数量限制为 20 个，超过此数量将会提示，无法继续操作，场景内容编排列表的最大长度不能超过 32，超过此长度将会提示并无法继续操作。同时场景名称只能是中文字符、字母和数字，且最大长度为 16 字节或者 8 个中文字符（中文字符包括中文符号字符），时间间隔的输入范围为 0s～24h，超出范围提示无法继续操作。

7.7.5 用户配置

如图 7.159 和图 7.160 所示，在主窗口下侧的“控制窗口”上点击“用户管理”进入用户配置窗口，通过该窗口，可以方便地添加新的普通用户和管理员用户，也可以删除已经存在的普通用户和管理员用户（处于登录状态的用户不能删除）。

图 7.159 进入用户配置

用户名和密码都限制为 16 个字节以内，只能输入字母和数字，超过此限制将无法继续输入。

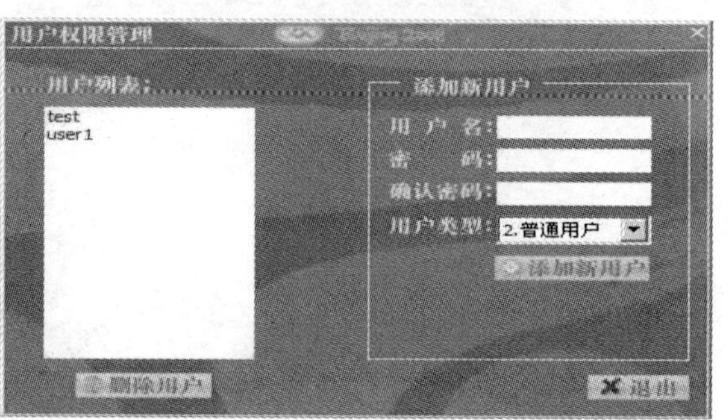

图 7.160 用户权限管理界面

7.7.6 实时控制

如图 7.161～图 7.163 所示，管理员权限的用户登录客户端后，任意点击一个网络摄像机图标进入该网络摄像机的

监控窗口，即可通过鼠标在视频画面范围内的点击实现对网络摄像机云台的远程变换控制，同样，在视频画面范围内使用鼠标滚轮可以方便地对网络摄像机焦距进行调解。此外，在网络摄像机监控窗口下侧的一排按钮中，可以通过点击“启动/停止巡逻”和“启动/停止录像”来实现对网络摄像机巡逻、录像的实时控制操作。

图 7.161　在视频画面中点击鼠标实现网络摄像机云台控制

图 7.162　点击“启动/停止巡逻”按钮实时控制网络摄像机巡逻

图 7.163　点击“启动/停止录像”按钮实时控制网络摄像机录像

7.7.7　实时监视

如图 7.164～图 7.169 所示，在客户端主窗口下侧的“控制窗口”中，分别点击“20 窗口”、“9 窗口”、“4 窗口”、“单窗口”和“全景模式”，可以在不同的视频显示模式中切换。

图 7.164　20 窗口

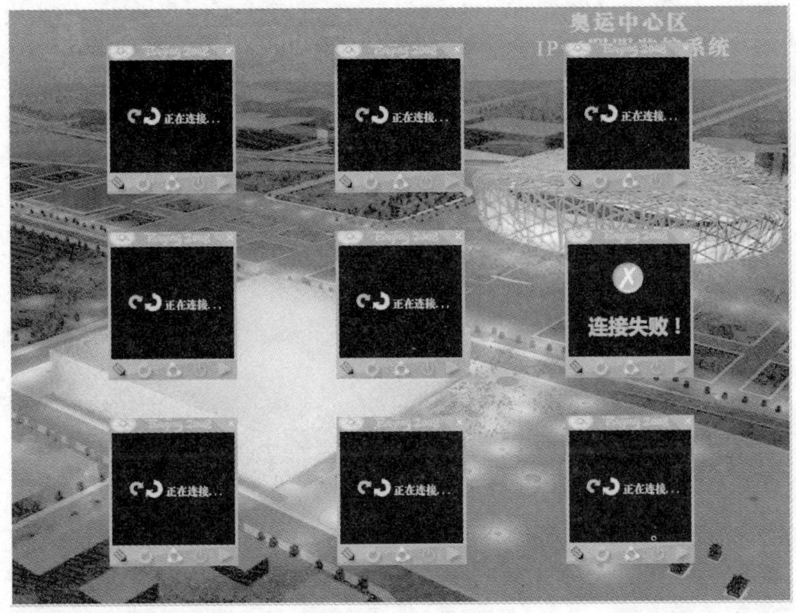

图 7.165　9 窗口

图 7.166　4 窗口

图 7.167　单窗口

图 7.168　全景模式

此外，通过“配置窗口模式”来选择各种窗口模式下的摄像机显示顺序。

图 7.169 窗口模式配置

7.7.8 日志查看

如图 7.170 和图 7.171 所示，在客户端主窗口下侧的“控制窗口”中，点击“日志查看”按钮，进入日志窗口，可以分别查看操作日志和异常日志，操作日志中记录了所有用户通过客户端进行的各种操作，异常日志中记录了服务器端程序与网络摄像机之间的连接异常情况。同时可以通过输入日志搜索日期范围（日期范围的输入格式为“YYYYMMDDHHMMSS”，例如“20080504123015”表示 2008 年 5 月 4 日 12 时 30 分 15 秒）来查询指定时间的日志内容。

7.7.9 录像回放

用户在客户端主窗口下侧的“控制窗口”中，点击“录像”按钮，进入录像回放窗口，如图 7.172 所示，在录像回放窗口中，通过选择日期和网络摄像机 ID 来查找录像文件，查找结果在“4”位置显示，从查找结果的录像文件列表中点击相应时间的录像文件即可观看到当时的视频录像。如果录像回放窗口“连接失败”，可以尝试点击窗口左下角的“备用链接”，从备用服务器获取录像内容，进入“备用链接”后，左下角按钮将变为“常用链接”，点击“常用链接”将回到主服务器获取录像内容。

图 7.170　进入日志查看

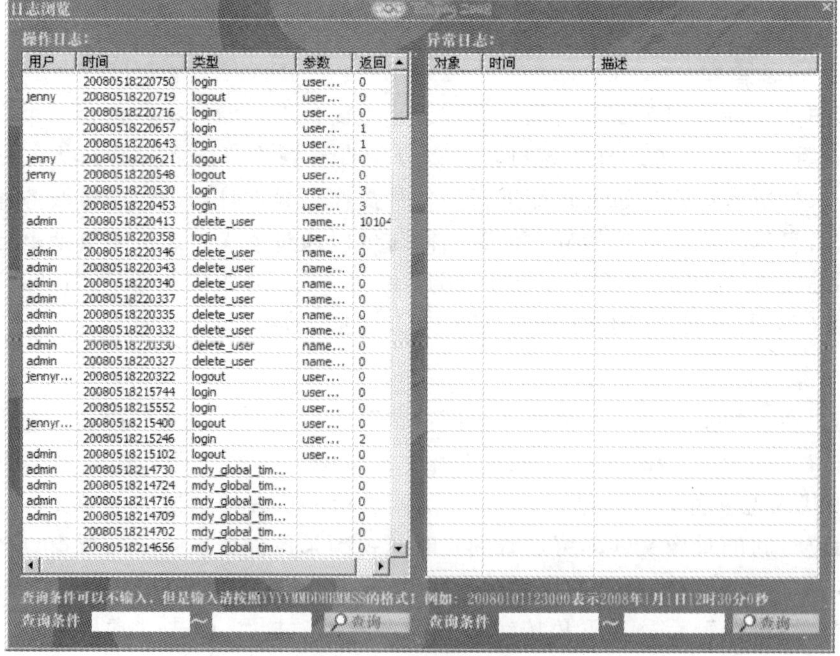

图 7.171　日志浏览界面

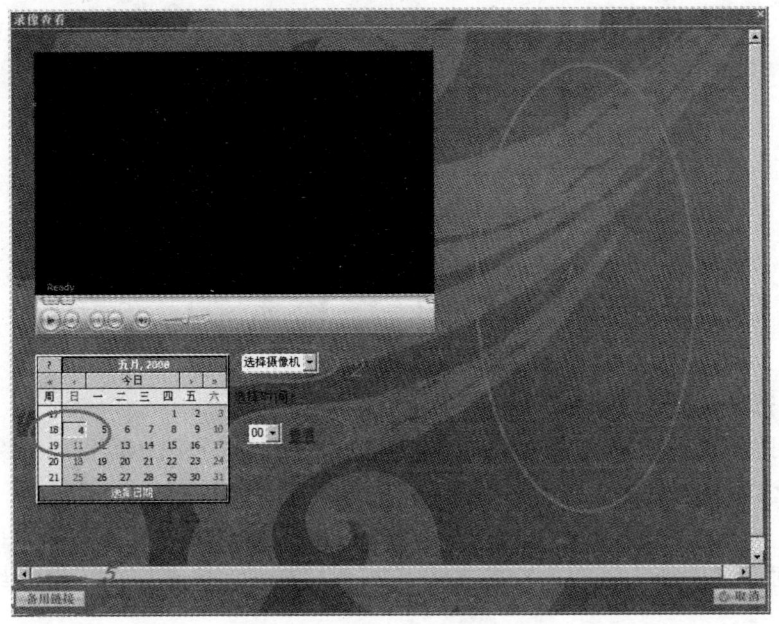

图 7.172 录像查看界面

需要说明的是，主/备服务器上的录像存在不完全一致的情况是正常的，因为主/备服务器独立执行各自的录像工作，如果其中任意一个服务器出现故障，恢复后将会缺失故障期间的录像内容，录像内容不在主/备服务器之间同步。

第8章　工　程　特　色

8.1　软件系统特点

8.1.1　适应大规模照明

照明管理与控制软件平台采用IPv6协议作为底层基础协议，充分利用IPv6协议的优势，该软件平台具有以下特点。

（1）丰富的地址空间。这是IPv6的显著特性，利用此特性，本软件平台的地址空间可以说是无限的，具有非常好的可扩充性，能够充分满足系统扩充的需要。

（2）高速连接。使用精简的报文头部结构以及良好的数据传输策略，使得系统内控制信令在网络内高速传输，保证系统内所有设备之间的高速连接。

（3）即插即用。对于IPv6而言，能够在没有他方的协助下实现地址的自动配置，因此利用IPv6的这个功能可以在系统中实现对灯的动态加入和动态退出，系统有很好的即插即用的性能。

（4）良好的移动性。IPv6通过扩展包头来对移动IP进行了很好的支持，允许主机在不改变地址的情况下进行漫游，从而使管理人员可以随时随地对照明网络进行管理和控制。

上述特点使得系统非常适合管理大规模照明。

8.1.2　智能化

（1）智能感知——获取环境信息。控制软件不仅具有当前所谓的智能照明的声控或光控等自动控制功能，还利用先进传感器网络技术，感知灯具的环境信息，实现照明灯具的自动控制。

（2）智能学习——找出规律发现问题。控制软件具有根据历史数据进行学习的能力，从而对控制策略进行动态的调整，也就是说控制软件具有学习功能。

8.1.3　绿色节能

（1）充分利用自然光。利用先进的传感器网络技术，感知照明网络设备的环境信息，充分利用自然光实现照明，实现节能，同时为照明方案的优化提供依据。

(2) 运营分析。该照明系统的高效智能控制、科学的运营管理模式和先进的照明设备，支持对照明网络的运营分析。

8.1.4 艺术性

(1) 精细的照明控制能力。通过不同的照明设备控制粒度，达到精细的照明控制能力，从而获得照明场景的艺术性。

(2) 严格的时钟同步能力。利用计算机网络时间同步的先进技术，提供严格的时钟同步功能，实现场景的预设功能。

(3) 强大的场景定制能力。利用当前流行的工作流技术，支持照明照度、图案和方位的动态变化，提供强大的场景定制能力，体现照明的艺术性。

8.1.5 分布式控制与集中式管理相结合

(1) 集中式管理：协同能力。照明系统采用集中式统一管理，建立以计算机数据库技术为核心的信息管理系统，使各个照明节点能够协同工作。

(2) 分布式控制：自治能力。利用开放式网络技术，各个照明节点建立其自己的控制管理系统，实现各节点的自治能力，在系统出现故障的时候，不会影响其节点的正常工作。

8.1.6 先进性

(1) 第一次在大规模照明领域采用 IPv6 技术。利用 IPv6 巨大的地址空间、灵活的网络互联性、高效的移动性以及高度的安全性等特点，为大规模可扩展的照明网络提供技术基础。

(2) 利用工作流技术实现艺术照明。利用当前计算机网络先进的工作流技术，支持照明色彩、图案和方位等参数的动态变化，也就是具备灵活多变的场景定制能力。

8.2 基础网络特点

8.2.1 系统高度可靠性

基础网络的设计方案以尽量保证网络的高可靠性，做到任何单个交换机或单条链路的故障都不会影响网络的连通性，保证数据链路的高可用性，达到不间断服务的目标，这就可以较好地解决降低照明系统网络瘫痪的风险问题。

8.2.2 系统高度可扩展性

基础网络的设计方案在满足现有规模网络用户和应用的需求的基础上，同时

考虑未来业务发展、规模的扩大，设计的关键网络设备具备扩展能力以及网络实施新应用的能力。设备采用开放技术、支持标准协议，具有灵活的端口扩充能力，模块扩充能力，满足网络规模的扩充，产品具有支持新应用的技术准备，能够符合实际要求，方便快捷地实施新应用。

第9章　总　　结

作为北京奥运会功能和位置的核心，同时也作为北京市中轴线上的重要环节，北京奥林匹克公园中心区的建设显得尤为重要。其中，景观照明是奥林匹克公园中心区建设内容中的重要组成部分，也是城市重要基础设施。奥林匹克公园中心区具有照明灯具数量多分布广、控制复杂精度要求高、时延敏感同步要求高、维护难度大、节能要求高的特点，实现了中心区照明设备的有效管理，从而践行了我国申办北京奥运会提出“绿色奥运、科技奥运、人文奥运”的三大理念。

北京奥林匹克公园中心区采用IPv6数字化网络照明控制系统，其先进的控制与管理功能能节约能源与延长光源使用寿命，带来直接的节能降耗经济效益；基于IPv6网络的照明控制系统体系结构设计，为城市景观照明控制系统的发展起了典型示范作用，对于硬件、软件厂商扩充产品线、提高产品竞争力起重要作用；照明设备的统一管理机制，使具有异构性的照明设备可以在同一系统中相容，并运行复杂的日程、协作等控制程序，有助于扩宽硬件设备选择范围，提高系统容错性，降低系统的建设、运营、升级成本。该项目成果成功应用于2008年北京奥运会及残奥会中，实现了97hm^2控制区域内18000只普通照明灯具、2500只LED灯的控制和管理，与传统控制方式相比，节能约20%。

针对中心区景观照明的特点，该项目通过将IPv6技术、物联网技术和大规模设备协同技术有机融合，构建了新一代数字化智能照明控制系统。项目实现了“三个第一”：第一次在国际奥林匹克运动会实现多达97hm^2的大规模区域照明，第一次在大规模区域实现基于IPv6的数字化照明的网络管理，第一次实现多达2万多部的大规模照明设备协同工作，是国内早期的物联网应用案例。

物联网被称为继计算机、互联网之后，世界信息产业的第三次浪潮。美国、欧盟等都在投入巨资深入研究物联网，我国也高度重视物联网的研究，并将物联网作为“十二五”战略性新兴产业的重要组成部分。该项目解决了大规模区域内照明设备的统一控制和管理问题，对IPv6环境下大规模物联网应用的开展进行了有益尝试。项目以大规模区域管理应用为导向，在物联网技术发展的初期阶段开始研究物联网应用中的关键技术，解决了物联网研究中的若干关键问题，形成

了多项具有自主知识产权的技术，解决了设备协同技术中的设备大规模性、控制快捷性和运营安全性问题，并开创了将物联网技术服务于大规模区域管理的先河，带动了物联网技术进步，推动了物联网技术从理论研究到工程实践的转变，有助于我国物联网发展抢占新一轮科技革命制高点，节省能源并促进整个社会可持续发展。同时也推动了 IPv6 技术的普及，开创了新型的 IPv6 典型应用，掌握了 IPv6 照明领域的标准技术，进一步提升了我国的照明控制管理的信息化水平，增强我国在 IPv6 领域和照明领域的核心竞争力。